领先之路

计算机八大专业
学习与就业指导

胡东锋 / 编著

清华大学出版社
北京

内 容 简 介

本书汇聚作者多年从事计算机教学和职业规划的经验，全面介绍了计算机八大主流专业的入门与实践内容，旨在帮助读者从零基础起步，逐步理解计算机核心技术与应用。书中的八大专业指计算机科学与技术（C++语言入门）、软件工程（Java 语言入门）、信息安全（C 语言入门）、人工智能（Java、Python）、大数据科学与技术、数字媒体、通信工程和物联网工程。每一章都通过具体的项目案例，详细讲解专业知识的设计、开发环境、技术要点和调试技巧，帮助读者通过实践掌握技能，树立自信，实现通晓技术。

在附录中进一步扩展了计算机领域的学习深度与广度，科普了计算机、人工智能和编程语言的发展历程。此外，附录还提供了关于实习和校招的实用指导，包括简历撰写、面试准备等技巧，帮助读者为求职做好充分准备。同时，书中分析了计算机学习过程中的六大常见误区，帮助读者避开常见的陷阱，规划职业发展路径，从而做出更明智的选择。

本书不仅提供了系统的学习路径，还包括作者丰富的实践经验和宝贵的职业规划建议，适合计算机专业的学生、希望转行的职场人士或有志于深入某一技术领域的开发者阅读，助力其在技术领域脱颖而出。

本书封面贴有清华大学出版社防伪标签，无标签者不得销售。
版权所有，侵权必究。举报：010-62782989，beiqinquan@tup.tsinghua.edu.cn。

图书在版编目（CIP）数据

领先之路 ：计算机八大专业学习与就业指导 / 胡东锋编著.
北京 ：清华大学出版社，2025. 6（2025.8重印）. -- ISBN 978-7-302-69494-6
Ⅰ．TP3
中国国家版本馆 CIP 数据核字第 20250UX356 号

责任编辑：赵　军
封面设计：王　翔
责任校对：闫秀华
责任印制：刘　菲

出版发行：清华大学出版社
　　　　　网　　址：https://www.tup.com.cn，https://www.wqxuetang.com
　　　　　地　　址：北京清华大学学研大厦 A 座　　　邮　　编：100084
　　　　　社 总 机：010-83470000　　　　　　　　　邮　　购：010-62786544
　　　　　投稿与读者服务：010-62776969，c-service@tup.tsinghua.edu.cn
　　　　　质 量 反 馈：010-62772015，zhiliang@tup.tsinghua.edu.cn
印 装 者：三河市铭诚印务有限公司
经　　销：全国新华书店
开　　本：190mm×260mm　　　印　张：19.25　　　字　数：519 千字
版　　次：2025 年 6 月第 1 版　　　　　　　　　　印　次：2025 年 8 月第 2 次印刷
定　　价：109.00 元

产品编号：112435-01

前　　言

本书的编写基于以下三个方面：

1. 助力专业选择，解家长与学生之惑

近年来，计算机相关专业已成为高考志愿填报的热门选项。然而，面对众多细分的计算机专业，家长和学生们常常感到困惑。为了帮助他们做出符合自身兴趣和发展方向的专业选择，本书提供了丰富的专业知识，同时确保内容通俗易懂，让普通家长和刚刚结束高考的学生都能轻松理解，并从中受益。

2. 适应大学变化，促学业与职业发展

高中生在经历高考后即将步入大学，面临着学习内容、学习方法、成长环境等多方面的重大转变。他们应该如何顺利适应这些变化，并在大学生涯中做到学有所成、学以致用，避免虚度宝贵的大学时光呢？本书通过实践项目与技术入门的有效指导，帮助他们尽快适应大学生活，为未来的职业发展打下坚实的基础。

3. 契合专业特点，助技术实践抢先机

计算机类专业对实践动手能力要求颇高。为帮助读者更好地应对这一要求，本书聚焦于计算机科学与技术、软件工程、信息安全、人工智能、大数据科学与技术、数字媒体、通信工程和物联网工程这八大专业。针对每个专业都提供从零基础开始的技术入门知识，并结合实践项目进行指导。通过这样的方式，帮助读者在大学的技术实践中抢占先机，为未来的职业发展打造优势。

本书特点

1. 助力新生快速领先，开启成功之旅

初入大学的新生们，必定渴望在计算机学习领域迅速崭露头角。想知道如何快速上手项目、轻松入门技术，并占据领先优势吗？很多同学受应试教育的影响，在进行计算机类实践学习时常常举步维艰，遭遇挫折后往往灰心丧气，从而错失大好机会。

本书作者凭借超过十年的教学经验，精心梳理了一条简洁且关键的技术路线。通过这一路线，读者能够将所学知识快速应用，收获项目成果。这样不仅能激发读者的探索热情，还能在技术学习的道路上收获满满的成就感与自信心，为实习就业之路打下坚实的基础。

2. 助力明晰专业全貌，把握全局脉络

计算机类专业分支繁多，不断涌现的新名词、新概念常常会让刚进入大学的同学们感到迷茫。面对众多专业，应该如何入手，如何选择？

本书将帮助读者全面了解计算机科学与技术、软件工程、信息安全、人工智能、大数据科学与技术、数字媒体、通信工程以及物联网工程这八大典型专业。书中将详细讲解每个专业的就业方向、学

习路线、独特的专业特征，以及这些专业之间的关联与互补，避免读者陷入"只见树木，不见森林"的困境，从而轻松把握各专业的整体脉络。

3. 附录实用且干货满满，助力精准抉择

本书附录部分干货满满，首先简要梳理了计算机、人工智能以及编程语言的发展简史，帮助读者从宏观角度理解专业选择。这些内容对正在大学阶段、面临专业方向抉择的读者而言，能大幅提升其认知水平，助力其精准把握机会，不再与机遇擦肩而过。然后，提供了实习岗位寻找、简历撰写、校招面试等实用技巧，每一项都是经过实践检验的有效策略。最后，详细剖析了计算机行业常见的误区，帮助读者提前识别并规避这些"雷区"。

4. 案例视频配套齐全，强化理解与运用

本书的一大亮点是为每个案例和关键技术点配备了详细的视频讲解。读者在阅读本书的过程中，可以通过手机扫描每章二维码观看视频，及时理解和掌握知识点。

这些视频内容不仅提供了拓展能力和挑战应对的深入分析，还能帮助读者牢固掌握所学的技术内容，以便将知识灵活运用到实际当中，真正实现学以致用，提升学习效果。

总之，本书从多个维度为读者的大学计算机学习之旅保驾护航，是一本不容错过的优质学习指导书。

5. 源代码下载

本书提供了源代码下载，以方便读者巩固学习成果，读者扫描以下二维码即可下载：

| 源代码 | 扫码看全书简介 |

如果在下载过程中遇到问题，可发送邮件至 booksaga@126.com 获得帮助，邮件标题为"领先之路：计算机八大专业学习与就业指导"。

最想让读者知道的

如果你报考了计算机相关专业，想通过实践项目快速入门并获得成就感和信心，本书精心设计的入门学习案例将助你起飞。

如果你想了解计算机相关专业的学习误区，想知道如何寻找实习、撰写简历、应对校招或面试等，本书都有详细的指导。

此外，书中还将详细讲解计算机相关专业的分类、报考时的选择方法，以及人工智能、大数据等技术的关键知识，帮助你做出明智的选择。

胡东锋

2025 年 5 月

目 录

第1章 "计算机科学与技术"专业入门实践 ··· 1
   1.1 职业前景和就业方向 ··· 2
   1.2 C++版"学生信息管理系统"项目规划 ·· 2
   1.3 C++开发环境搭建 ·· 3
   1.4 项目必用技术点 ·· 6
   1.5 "学生信息管理系统"编码实现 ·· 17
   1.6 算法竞赛入门 ··· 21
   1.7 进阶规划：C++学习大纲 ·· 26

第2章 "软件工程"专业入门实践 ·· 30
   2.1 职业前景和就业方向 ··· 31
   2.2 "创意分形画板"项目规划 ··· 31
   2.3 Java开发环境搭建 ··· 32
   2.4 项目必用技术点 ·· 33
      2.4.1 编写并编译运行第一个Java程序 ·· 33
      2.4.2 流程控制和基本数据类型 ·· 35
      2.4.3 Java中的类与对象 ··· 37
      2.4.4 用户界面构建 ·· 39
      2.4.5 事件监听机制的实现 ·· 40
      2.4.6 鼠标事件监听器的实现 ··· 45
      2.4.7 绘制3D观感的图形 ··· 48
   2.5 "创意分形画板"原型实现 ··· 50
      2.5.1 分形是什么 ··· 50
      2.5.2 门格海绵结构分析 ··· 50
      2.5.3 立方体编码实现 ·· 51
      2.5.4 绘制多个立方体 ·· 55
      2.5.5 拼装门格海绵的模块 ·· 57
   2.6 整合"创意分形画板" ·· 61
   2.7 典型竞赛算法题案例 ··· 62
      2.7.1 递归算法 ·· 62

2.7.2　动态规划算法 64
　2.8　软件工程专业进阶规划 66

第 3 章　"信息安全"专业入门实践 67
　3.1　职业前景和就业方向 68
　3.2　"RSA 加解密演示"项目规划 68
　3.3　快速上手 C 语言 69
　　　3.3.1　创建新项目 69
　　　3.3.2　输入/输出语句 70
　　　3.3.3　数据类型 72
　　　3.3.4　数组练习 75
　　　3.3.5　流程控制 77
　　　3.3.6　读写文件实践 78
　　　3.3.7　牛刀小试之异或加密 81
　3.4　"RSA 加解密演示"项目实现 83
　　　3.4.1　神奇的 RSA 83
　　　3.4.2　RSA 的数学原理 84
　　　3.4.3　RSA 加密代码实现 85
　3.5　网络安全工程师速成 87
　　　3.5.1　监控网络的 4 条命令 87
　　　3.5.2　Wireshark 89
　　　3.5.3　抓取微信聊天的数据包 91
　3.6　信息安全类专业的拓展学习指导 92

第 4 章　"人工智能"专业入门实践 94
　4.1　职业前景和就业方向 95
　4.2　从感知机到深度学习 96
　　　4.2.1　感知机是什么 96
　　　4.2.2　感知机预测案例：你能进大厂吗 97
　　　4.2.3　感知机的训练 99
　4.3　"感知机可视化"项目实现 102
　4.4　"基于贝叶斯的拼写检查"项目规划 107
　4.5　Python 开发环境和入门 107
　　　4.5.1　安装配置 Python 开发环境 107
　　　4.5.2　第一个 Python 程序 110
　　　4.5.3　输入/输出和流程控制 111
　　　4.5.4　数据结构 114

	4.5.5 文件读写和统计	116
	4.5.6 界面和事件响应	118
4.6	"基于贝叶斯的拼写检查"项目实现	119
	4.6.1 贝叶斯算法是什么	119
	4.6.2 项目需求分析	120
	4.6.3 基于贝叶斯的拼写检查算法分析	120
	4.6.4 完整项目代码实现	121
4.7	人工智能专业的拓展学习指导	124

第5章 "大数据科学与技术"专业入门实践 ... 126

5.1	职业前景和就业方向	127
5.2	"图书推荐系统"项目规划	127
5.3	余弦相似度算法	128
5.4	"图书推荐系统"项目实现	130
	5.4.1 图书建模	130
	5.4.2 计算余弦相似度	131
	5.4.3 完整的代码实现	132
5.5	"海量文件搜索系统"项目规划	136
5.6	多线程并发编程	137
5.7	"海量文件搜索系统"项目实现	140
	5.7.1 查找文件	140
	5.7.2 "海量文件搜索系统"后台实现	142
5.8	拓展学习路线指导	146

第6章 "数字媒体"专业入门实践 ... 147

6.1	职业前景和就业方向	148
6.2	"数字视频创意特效"项目规划	149
6.3	Processing 开发速通	150
	6.3.1 Processing 是什么	150
	6.3.2 Processing 编程入门	152
	6.3.3 Processing 创作基础	152
	6.3.4 掉落的小球	154
	6.3.5 鼠标互动	157
6.4	随机游走与纹理云彩实现	158
	6.4.1 随机游走	158
	6.4.2 数组的用法	161
	6.4.3 多彩花纹	162

6.4.4　图片处理 163
　6.5　"视频运动发现"项目实现 167
　　　6.5.1　下载视频处理库 167
　　　6.5.2　视频处理原理 169
　　　6.5.3　运动发现实现 171
　6.6　数字媒体拓展学习指导 173

第 7 章　"通信工程"专业入门实践 174
　7.1　职业前景和就业方向 175
　7.2　"网络协作平台"项目规划 175
　7.3　网络通信关键概念 176
　　　7.3.1　通信的模型 176
　　　7.3.2　通信的本质 177
　　　7.3.3　客户端和服务器的概念 177
　　　7.3.4　TCP/IP 通信的重要性 177
　7.4　编程通信 TCP/IP 177
　　　7.4.1　TCP/IP 通信服务器实现 177
　　　7.4.2　用 Telnet 客户端测试 180
　　　7.4.3　客户端编程实现 182
　7.5　"网络协作平台"完整实现 184
　　　7.5.1　功能分析 184
　　　7.5.2　服务器代码实现 185
　　　7.5.3　客户端代码实现 186
　　　7.5.4　"网络协作平台"项目升级规划 189
　7.6　拓展学习路线指导 190

第 8 章　"物联网工程"专业入门实践 192
　8.1　职业前景和就业方向 193
　8.2　鸿蒙开发平台简介 193
　8.3　Hello 鸿蒙 194
　　　8.3.1　下载安装 DevEco Studio 194
　　　8.3.2　开发第一个手机软件 195
　　　8.3.3　页面跳转 198
　8.4　初试 ArkTS 语言 203
　　　8.4.1　ArkTS 是什么 203
　　　8.4.2　ArkTS 基础知识 204
　　　8.4.3　ArkTS 函数定义 205

		8.4.4 ArkTS 中的 OOP	207

8.5 ArkTS 的 UI 范式 209
    8.5.1 ArkTS 界面的基本组成 209
    8.5.2 声明式 UI 描述 211
    8.5.3 整合练习：图形控制 212

8.6 物联网项目初试 215
    8.6.1 项目设计 215
    8.6.2 鸿蒙客户端实现 216
    8.6.3 计算机服务器端实现 219
    8.6.4 模拟器的功能和特点 220
    8.6.5 模拟器配置和测试 222

8.7 拓展学习路线指导 226

附录 A 计算机发展简介 227
A.1 孤胆英雄——楚泽 228
A.2 数字世界的钥匙——艾伦·图灵 228
A.3 临危受命——冯·诺依曼 229
A.4 指路的明灯——香农 230
A.5 芯片的火种——硅谷"八叛徒" 232
A.6 互联网时代——群雄并起 233

附录 B 人工智能发展简介 234
B.1 人工智能的四次发展高潮 235
    B.1.1 第一次发展高潮：达特茅斯会议 235
    B.1.2 第二次发展高潮：知识工程 236
    B.1.3 第三次发展高潮：深度学习 236
    B.1.4 第四次发展高潮：AI 大模型 238

B.2 人工智能的发展展望 239
    B.2.1 多模态大模型 239
    B.2.2 世界模型 239
    B.2.3 具身智能 240
    B.2.4 AI 推动科研 240

B.3 人工智能的安全风险 241
B.4 人工智能和计算机的关系 241
    B.4.1 共生共成 241
    B.4.2 共同的梦想和理论 243

附录C 编程语言发展简介 ··· 245

- C.1 编程语言的重要性 ··· 246
- C.2 机器语言 ··· 246
- C.3 高级语言 ··· 247
- C.4 面向对象语言 ··· 248
- C.5 常用的 8 种编程语言 ··· 249

附录D 十三家名企招聘简介和待遇 ··· 252

- D.1 字节跳动招聘简介 ··· 253
- D.2 华为公司招聘简介 ··· 253
- D.3 百度招聘简介 ··· 254
- D.4 比亚迪招聘简介 ··· 255
- D.5 小米招聘简介 ··· 256
- D.6 京东招聘简介 ··· 258
- D.7 美团招聘简介 ··· 259
- D.8 腾讯招聘简介 ··· 260
- D.9 小红书招聘简介 ··· 261
- D.10 建信金融科技招聘简介 ··· 262
- D.11 兴业数金招聘简介 ··· 263
- D.12 平安科技招聘简介 ··· 264
- D.13 阿里巴巴招聘简介 ··· 265

附录E 从简历撰写到校招面试的成功之路 ··· 267

- E.1 简历是什么 ··· 268
  - E.1.1 第二张成绩单 ··· 268
  - E.1.2 什么时候写简历 ··· 268
  - E.1.3 优秀简历示例 ··· 269
- E.2 手把手带你写简历 ··· 270
  - E.2.1 研读企业招聘需求 ··· 270
  - E.2.2 实践 STAR 法则写简历 ··· 271
- E.3 面试方法和技巧 ··· 274
  - E.3.1 面试的方法 ··· 274
  - E.3.2 面试的技巧 ··· 274
  - E.3.3 如何拿到面试机会 ··· 275
- E.4 高频笔试题 10 道初探 ··· 276

附录 F　计算机类的三大谜题与六大误区 ……………………………………… 284

谜题 1. 选 985 高校的冷门专业，还是选 211 高校的计算机类专业 ……………285
谜题 2. 就业好，还是读研好 ……………………………………………………286
谜题 3. 去大城市求发展，还是回小城市求安稳 …………………………………288
误区 1：数学不好，就学不好计算机 ……………………………………………290
误区 2：计算机是吃青春饭的，35 岁以后就不行了 ……………………………291
误区 3：低分段高考生，不适合学计算机 ………………………………………292
误区 4：女生不适合学计算机 ……………………………………………………293
误区 5：学了计算机只能当程序员 ………………………………………………294
误区 6：学编程，会被人工智能取代 ……………………………………………294

第 1 章
"计算机科学与技术"专业入门实践

本章目标

入门 C++语言,实现"学生信息管理系统"项目。

　　计算机科学与技术专业所涉及的理论和实践技能,不仅是计算机相关专业的基础,更是工科各专业的重要助推器。因此,建议所有专业的同学都阅读本章的内容。

　　本章的重点是使用 C++语言实现"学生信息管理系统"项目。首先,带领读者搭建 Visual Studio 开发环境;接着,练习 C++程序结构、输入/输出、条件判断、循环、数组、类与对象等基本技术要点,帮助读者入门 C++语言编程;然后,通过完整实现"学生信息管理系统"项目,使读者掌握技术,增强自信心。

　　本章的最后,将面向初学者讲解算法竞赛方法、时间复杂度的概念,并通过算法题案例帮助读者为加入 ACM 类竞赛做好准备。此外,本章还提供全面的 C++学习大纲,为读者的专业学习规划出清晰的路线。

1.1 职业前景和就业方向

追溯往昔，我国各大学里电子计算机专业早在 1956 年便已崭露头角。当时，清华大学向高等教育部提交了增设新专业的申请及当年的招生计划，其中数学计算仪器与装置（即电子计算机）专业赫然在列。那一年，通过全国统招选拔出来的新生汇聚一堂，组成了计 11、计 12 两个班级，总共 65 人，由钟士模教授兼任专业主任。（资料来源：《溯源中国计算机》，徐祖哲著，第 139 页。）

斗转星移，计算机科学与技术专业已成为当下大学中的"宠儿"，深受广大学子的青睐。该专业不仅在高考录取时分数线居高不下，更是许多学生在考研、考博时优先考虑的热门专业。它在就业市场上犹如一块"黄金敲门砖"，如果你的简历上写着"计算机科学与技术专业"，那么在求职时，自信心无疑会比他人强上几分。

从就业市场来看，计算机科学与技术的前景可谓一片光明，其就业方向几乎涵盖了当今市场上所有与计算机相关的职位类型：软件开发类、硬件开发类、数据科学与人工智能类、网络与安全类、系统架构与运维类、前端与用户体验类、测试与质量保证类、产品与管理类、科研与学术类等，统统都属于这个专业的"势力范围"。计算机考研 408（是计算机专业研究生入学考试的科目代码，全称为"计算机学科专业基础"）所涵盖的核心课程有《操作系统》《数据结构》《网络通信》《计算机组成与原理》，它们如同专业的"基石"，彰显出计算机科学与技术专业的核心竞争力。因此，用"炙手可热"来形容这个专业再合适不过了！

接下来，我们将通过实现一个"学生信息管理系统"项目，带领读者走上长期奋斗的征途。

1.2 C++版"学生信息管理系统"项目规划

学编程的关键在于编程实现项目，要在做中学、学中用，以项目驱动学习，完成的产品成果便是掌握的技术水平的体现。若你是零基础，那么第一步需要设定项目目标。

项目背景和需求：

班主任需要管理一个班级的学生信息，每个学生的信息包括姓名、性别、年龄和生源地。系统需要实现每个学生信息的录入、查询、修改和删除功能。项目系统的 v1.0 版本仅提供命令行操作界面，如图 1-1 所示。

图 1-1 系统界面

在技术上，我们选用 C++编程语言。通过这个项目实践，可以掌握 C++的基本语法，进行输出和流程控制。完成后，我们可以自豪地说："我已经入门 C++了！"

1.3　C++开发环境搭建

搭建C++开发环境的具体步骤如下：

步骤01 安装开发工具，配置环境。首先，我们需要下载一个专用的 IDE（Integrated Development Environment 集成开发环境）工具来编写和编译 C++语言，常用的是微软公司提供的 Visual Studio。打开 Visual Studio 官方网站 https://visualstudio.microsoft.com/zh-hans/downloads/，单击 Visual Studio 2022 社区版的"免费下载"按钮，如图 1-2 所示。

图 1-2　Visual Studio 2022 下载界面

步骤02 下载完成后，会弹出如图 1-3 所示的图标。双击该图标后，进入安装界面，按照提示单击 Next 按钮，直到安装完成，如图 1-4 所示。

图 1-3　下载成功 　　　　　　　　　　　图 1-4　安装成功

步骤03 单击"启动 Visual Studio（s）"按钮，弹出如图 1-5 所示的启动成功界面。

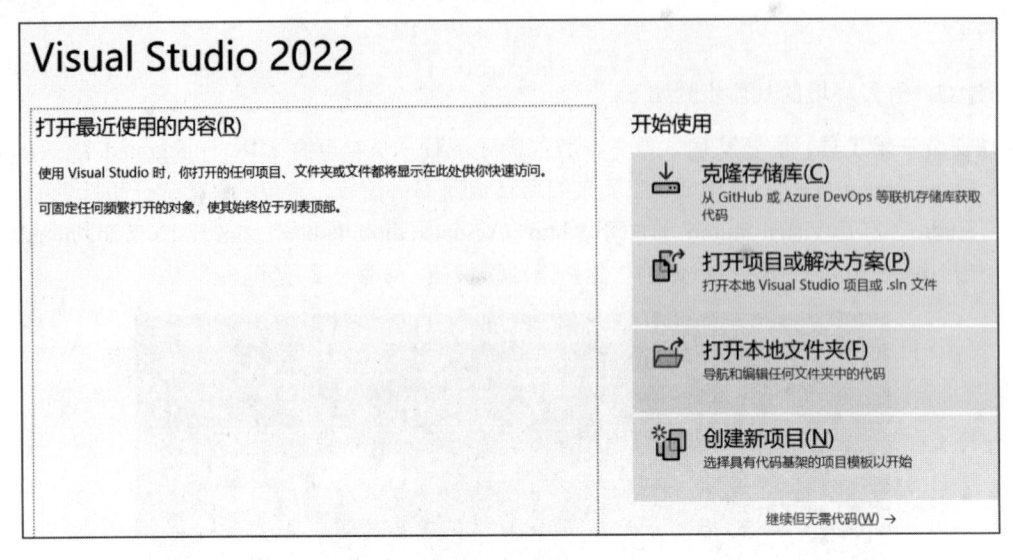

图 1-5　启动成功

步骤04 单击"创建新项目（N）"选项，在弹出的"创建新项目"界面中选择"控制台应用"选项，如图 1-6 所示。

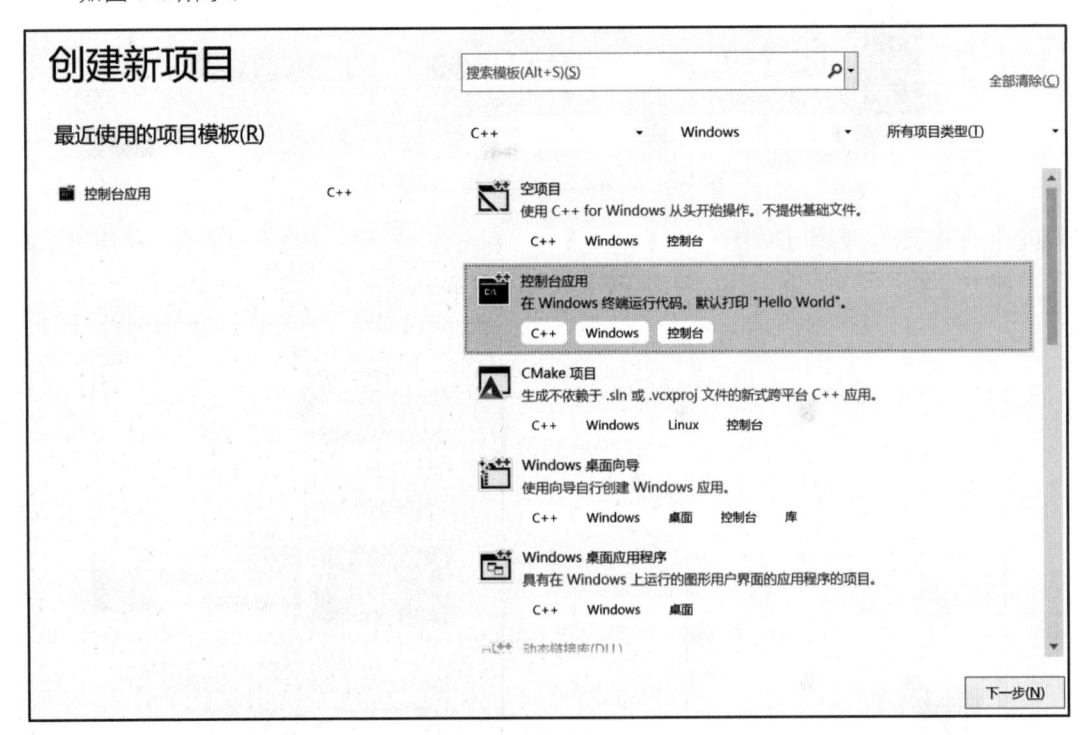

图 1-6　创建新项目

步骤05 在"控制台应用"中配置新项目。本例中，将新项目名称设置为 HelloCoder，项目的源代码存储在 D:\cpp-dev 目录下。然后单击"创建"按钮，如图 1-7 所示。

第 1 章 "计算机科学与技术"专业入门实践 | 5

图 1-7 配置新项目

步骤 06 弹出如图 1-8 所示的界面，表示项目已成功创建。

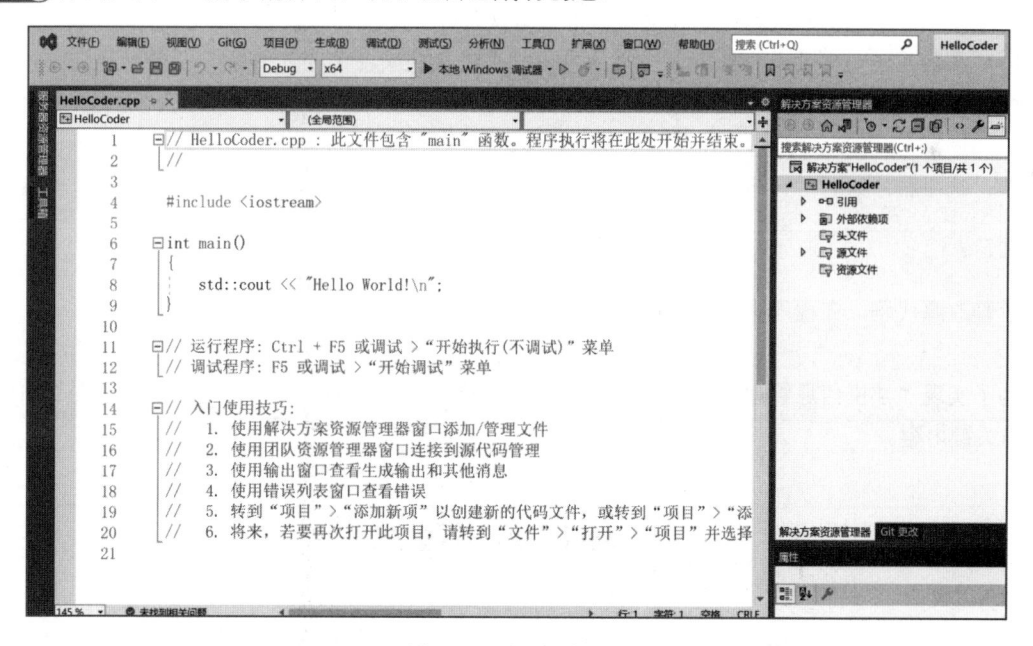

图 1-8 项目创建成功

从图 1-8 中可以看到，界面中只包含 5 行代码，接下来运行它。

步骤 07 单击图 1-9 中框选的绿色三角按钮，即可完成代码的编译和运行操作。同时，在 D:\cpp-dev\HelloCoder\x64\Debug 目录下生成了 HelloCoder.exe 可执行文件。

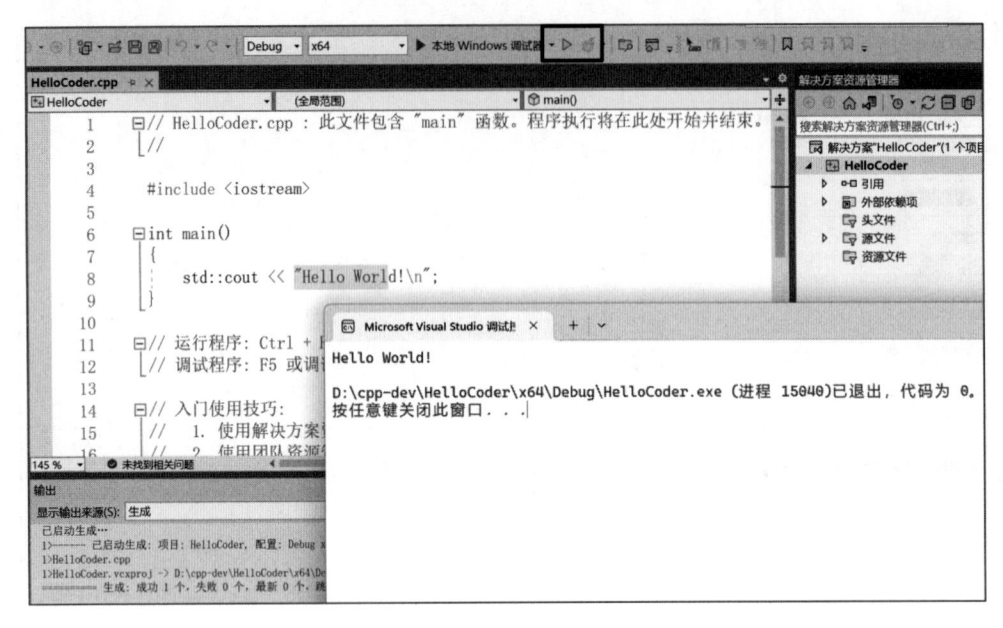

图 1-9　项目创建成功

以上步骤完成了以下 5 项任务：

- 成功安装了支持 C++编程的集成开发环境。
- 生成了名为 HelloCoder.cpp 的 C++源代码文件。
- 在该源代码文件中，包含一个主函数、一个包含头文件的宏指令和一行输出语句。
- 编译代码后，在 D:\cpp-dev\HelloCoder\x64\Debug 目录下生成了 HelloCoder.exe 可执行程序。
- 这个程序运行后，输出一行字符串：Hello World!。

练习：

请修改源代码，在程序中输出你的名字。

为了实现"学生信息管理系统"，接下来将讲解必须掌握的 8 个技术要点，它们也是 C++编程入门的关键内容。

1.4　项目必用技术点

1. C++程序的基本结构

本例中的 HelloCoder 程序共有如下 5 行代码：

```
#include <iostream>

int main()
```

```
{
    std::cout << "Hello World!\n";
}
```

代码解析：

第 1 行代码 #include <iostream> 用于将输入输出标准库包含（即复制）到当前源代码文件中。其中 iostream 是 C++内置的库函数文件。库中的函数可以理解为可调用的方法（Method），在 C++中，方法通常是指类或结构体中的成员函数（Member Function），即定义在类或结构体内部的函数，用于操作类的对象或实现特定功能。iostream 可以理解为 Input/Output Stream（输入/输出流）。计算机的基本用途之一就是输入和输出，比如从命令行读取或显示字符串时都需要用到输入和输出。本例中，需要向计算机的标准控制台（即命令行窗口）输出"Hello World"，因此首先需要用#include 宏指令包含 iostream 库。

第 2 行代码 int main()以及其后包括在一对花括号中的内容，就是一个函数（也称为方法）。int 表示该方法的返回值是整数；main 是 C++中约定的主函数。主函数指示程序从这个点开始执行。稍复杂的程序会通过在主函数中调用其他函数，其他函数再调用更多函数来完成程序的完整功能。记住一点：方法的代码包裹在一对花括号内。

第 4 行代码 std::cout << "Hello World!\n";实现了将字符串输出到命令行的功能。std::cout 调用 std 命名空间下的 cout 函数，cout 函数的作用是将<<运算符后面的字符串输出到命令行窗口。

如果程序要在多处使用 cout，可以在源代码开头通过 using namespace std 引入（或导入）std 命名空间（见图 1-10），这样就可以直接调用 cout 函数，而无须每次加上 std::。

图 1-10　包含标准输入/输出库的结构

2. 在 C++中实现信息的输入和输出

在"学生信息管理系统"中，学生数据的录入和显示分别对应代码中的输入和输出操作。在 C++中，使用 cout 和 cin 实现这些操作。代码示例如下：

```
#include <iostream>
#include <string>              // 代码中要用到 string 类，因此必须包含对应的类库
```

```cpp
using namespace std;          // 引入整个 std 命名空间

int main() {
    string s = "我是万能代码，你提问我都知道：";
    string ques;
    cout << s << endl;        // 把字符串 s 的内容输出到控制台（即命令行窗口）
    cin >> ques;              // 等待用户输入
    cout << "你的问题";       // 输出到命令行窗口，不换行
    cout<< ques << ",已有答案！" << endl;    // 换行输出
    return 0;
}
```

代码解析：

（1）#include<string>：在代码中要定义字符串类型的变量，因此必须包含该类库。

（2）string ques;：定义名为 ques 的字符串变量（或称为字符串对象），用于保存输入内容。

（3）cin>> ques：接收用户在命令行输入的内容，并将其存入 ques 变量。

（4）连续使用多个<<运算符来连接多个字符串并输出。

单击"编译执行"按钮，运行上述代码，效果如图 1-11 所示。

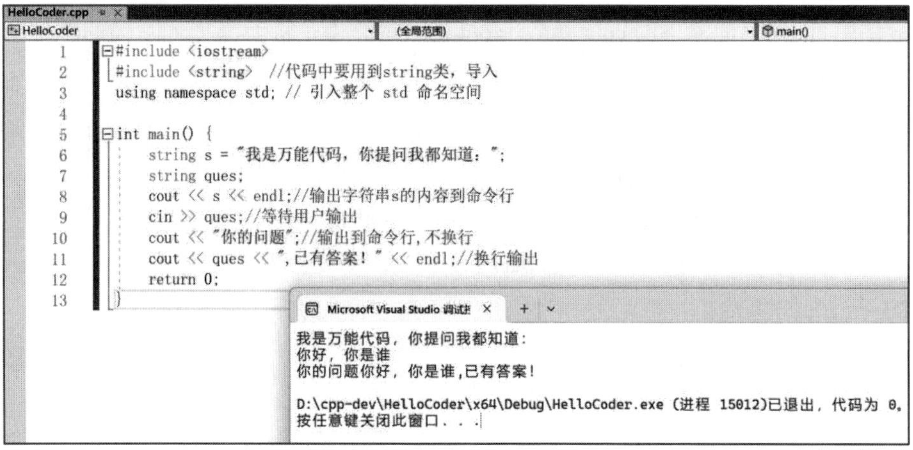

图 1-11　输入/输出效果

练习：

请修改代码，提示用户输入姓名、专业名称、年龄，再组成一句话输出。

3. 条件判断 if 语句

所有编程语言都遵循 3 种基本控制流程：顺序、条件选择和循环。以下代码是 C++中的 if 条件判断语句：

```cpp
#include <iostream>
#include <string>           // 代码中要用到 string 类，因此必须包含对应的类库
using namespace std;        // 引入整个 std 命名空间

int main() {
```

```
    string qs = "请输入你的姓名：";
    string qa = "请输入你的年龄";
    string name;
    int age;
     cout << qs <<endl ;
        cin >> name;         // 读取名字
     cout << qa << endl;
        cin >> age;          // 读取年龄
     string msg;             // 提示信息
     if (age > 200) {
        msg = "你夸大了啊:)";
     }
     else if(age<0) {
        msg = "你不应该啊！";   }
     else {
        msg = "正常年龄";      }
     cout << name << msg << "  年龄是" <<age<< endl;
     return 0;
}
```

if 条件语句的判断效果如图 1-12 所示。

图 1-12　if 条件语句的判断效果

4. 循环控制 while 语句

考虑"学生信息管理系统"项目的一个基本功能：录入 count 个学生信息之后，程序结束。代码如何编写？

```
#include <iostream>
#include <string>              // 代码中要用到 string 类，因此必须包含对应的类库
using namespace std;           // 引入整个 std 命名空间

int main() {
    string qa = "你将录入多少个学生的信息？";
    int count;
     cout << qa <<endl ;       // 输出提示
     cin >> count;             // 读取要录入的个数
     cout << "将要录入" << count << "个学生信息，开始！" << endl;

    while (count > 0) {
```

```
        string name;              // 保存录入学生的名字
        int   age;                // 保存录入的年龄
        cout << "第" << count << "个学生名字是: ";
        cin >> name;
        cout << "第" << count << "个学生年龄是: ";
        cin >> age;
        cout << count << " 名字 " << name << " 年龄 " << age << endl;
        count--;                  // 每录入一名, 计数器减 1
    }

    cout << "共录入了 " << count << " 个学生的信息 " <<endl;
    return 0;
}
```

循环录入信息的效果如图 1-13 所示。

图 1-13　循环录入信息

5. C++中数组的用法

在上例中，输入了多个学生信息，但最后的 name 和 age 变量只能保存一个数据，这显然不适用。要在程序中保存多个变量的信息，常用的方式莫过于使用数组！

例如，创建一个包含 10 个元素的数组接收输入的数据，然后输出数组中的这些数据，代码示例如下：

```cpp
#include <iostream>
#include <string>
using namespace std;        //引入整个 std 命名空间

int main() {
    // 定义一个长度为10 的整型数组
    int arrayAge[10];
    for (int i = 0; i < 10; i++) {
        cout << "请输入第" << i << "个数字: ";
        cin >> arrayAge[i];
    }
```

```
        cout << "你输出的数据分别是: " <<endl;
        for (int j = 0; j < 10; j++) {
            int v = arrayAge[j];
            cout << v << " ";
        }
        return 0;
}
```

运行上述代码,结果如图 1-14 所示。

图 1-14 输出数组

练习:

请改进上述代码,输入 10 个学生的姓名并打印出来。

接下来,在同一段代码中,输入 10 个学生的姓名、年龄和专业,并在最后输出所有信息。

在下面的章节,我们将掌握 C++(也是一般面向对象语言)中的一个关键概念:OOP(面向对象编程)。

6. C++中的类与对象

C++、Java、Python 和 Go 等主流编程语言的核心概念之一是 OOP,即首先定义类,再通过类创建对象,让程序中的数据以对象为单位被调用。

要理解代码中的概念,必须多加练习,就像多吃几种苹果,才能知道哪种更甜。先上手开发!我们要开发的"学生信息管理系统"项目需要保存多个学生的不同属性数据,学生就是一个类,多个学生的具体数据就是一个个对象。

定义学生类并创建学生对象,代码示例如下:

```
#include <iostream>
#include <string>
using namespace std;         // 引入整个 std 命名空间

class Student {              // 定义 Student 类

private:                     // 私有成员变量
    int age;
```

```cpp
        string name;
    public:
        // 构造函数，创建对象时，将传入的年龄、姓名赋值给属性
        Student(int a, string nm) {
            this->age = a;
            this->name = nm;
        }

        void setAge(int a) {              // 成员函数用于设置年龄
            age = a;
        }

        int getAge() {                    // 成员函数用于获取年龄
            return age;
        }

        void setName(std::string nm) {    // 成员函数用于设置姓名
            name = nm;
        }

        string getName() {                // 成员函数用于获取姓名
            return name;
        }
};

int main() {
    // 创建 Student 类的对象，对象名为 stA
    // 调用构造器，创建对象时，给 name 和 age 属性赋值
    Student stA(22, "张聪");

    // 调用学生对象 stA 的方法，取得姓名并输出
    string sn = stA.getName();
    int sa = stA.getAge();
    cout << "创建 stA 对象初始属性值是 " << sn << endl;
    cout << "stA name: " <<sn<< endl;
    cout << "stA age: " <<sa << endl;

    // 修改学生信息
    cout << "要修改 stA 的 name 属性为: ";
    cin >> sn;
    cout << "要修改 stA 的年龄为: ";
    cin >> sa;

        stA.setAge(sa);
        stA.setName(sn);

    // 再次打印修改后的学生信息
        cout << "update stA name: " << stA.getName() << endl;
```

```
        cout << "update stA age: " << stA.getAge() << endl;
    return 0;
}
```

要理解上述代码，最有效的方法是将代码一行一行地编写两遍，然后：

（1）给学生类（Student 类）增加学分、籍贯、入学时间、就业方向等 4 个属性。
（2）给学生类（Student 类）设计学习、玩游戏两个方法，用于增加和消耗学分。
（3）定义一个老师类和院长类，使用这些类生成的对象来模拟学校。

接下来，我们的"学生信息管理系统"将要保存多个学生对象，如何使用数组来实现呢？

7．用数组保存对象

数组的长度是固定的，可以保存两种类型的数据：一种是原始类型（如 int、short、byte 等，即基本数据类型）；另一种是对象类型，即通过类创建的对象。在本例中，我们将使用数组来保存 Student 类创建的对象。需要注意的是，为了能够在数组中存储 Student 对象，我们必须为 Student 类创建一个无参构造器。具体代码如下：

```
#include <iostream>
#include <string>
using namespace std;         // 引入整个 std 命名空间

// 定义 Student 类
class Student {

public:                      // 公有成员变量，可通过对象直接调用
    int age;
    string name;

public:
    Student() {              // 默认的无参构造器
        age = 0;
        name = "未知";   }

    // 有参构造器，创建对象时，将传入的年龄、姓名复制给属性
    Student(int a, string nm) {
        this->age = a;
        this->name = nm;   }

    void showInfo() {        // 输出自己的属性信息
        cout << "名字：" << name <<" 年龄："<<age<<endl;
    }
};

int main() {
    const int stCount =4;    // 要保存的学生对象个数，即数组长度
    Student sts[stCount];    // 定义用以保存学生对象的数组

    // 创建学生对象，给姓名和年龄赋值，之后存入数组中
```

```cpp
    for (int i = 0; i<stCount; i++) {
        string sn;
        int sa;
            cout << "输入姓名：";
            cin >> sn;
            cout << "输入年龄:";
            cin >> sa;
        Student st(sa,sn);   // 根据输入信息，创建学生对象
        sts[i]=st;           // 将这个学生对象存入数组中
    }
    cout << "以下是已存储学生的信息： " << endl;

    // 遍历数组，显示每个学生的信息
    for (int j = 0; j < stCount; j++) {
        Student st = sts[j];
        st.showInfo();
    }
    return 0;
}
```

用数组保存对象并输出的效果如图 1-15 所示。

图 1-15　用数组保存对象并输出

本例中，需要注意以下 4 点：

● 在定义数组长度的变量时，使用 const 关键字将其定义为常量，即赋值后不能被修改。
● 给 Student 类定义了无参构造器，当创建数组时，使用默认的赋值。
● 将 Student 类的 age 和 name 属性设置为 public，允许通过对象直接访问。
● 给 Student 类增加了一个 showInfo()方法，用于输出其属性信息。

数组有一个明显的缺点：一旦定义，长度固定，且不支持插入和删除新数据。然而，"学生信息管理系统"需要存储的学生数量是动态变化的。为了解决这个问题，我们可以使用一个能动态增长的类——vector，即动态队列或向量。接下来将演示 vector 的用法。

8. 动态数组 vector 的用法

vector 是 C++语言库中的一个标准类，通过 vector 类创建的对象即为动态数组。vector 除了可以像数组一样存储和取出数据外，还可以插入、删除其中的数据，而且插入和删除后，vector 对象的长度会随之改变。具体来说，vector 的长度始终等于实际存储的数据量。以下是 vector 基本用法的演示：

```cpp
#include <iostream>
#include <vector>
using namespace std;

int main() {
    // 1. 创建一个用于存储 string 的 vector 对象
    vector<string> sv;
    // 2. 向动态数组 sv 中添加字符串
    sv.push_back("work");
    sv.push_back("hard");
    sv.push_back("c++");
    sv.push_back("我将");

    cout << "此 sv 对象中存有如下字符串："<<endl;
    // 3. 通过索引，遍历输出 vector 对象中存储的数据
    for (int i = 0; i < sv.size();i++) {
        string s = sv[i];
        cout<< s << " ";
    }
     cout <<endl;   //输出一个换行

    return 0;
}
```

使用 vector 保存字符串并输出的结果如图 1-16 所示。

图 1-16　用 vector 保存字符串并输出

可以看出，vector 和数组的用法非常类似。它们的最大区别是，vector 不需要在创建时指定长度。中文一般将 vector 称作变长队列、向量或动态数组等，它在开发中的应用非常广泛。

在以上代码中，要注意以下几点：

- 通过#include <vector>指令导入 vector 类。
- 在创建 vector 对象时，<>内指定了存储类型。如果要存储 Student 类对象，则在定义对象时需要写成 vector<Student> vs;，即规定存入和取出的都是学生类对象。
- 调用 push_back（数据）向 vector 的末尾存入一条数据。

- size()方法返回实际存储的元素个数,使用下标引用vector[i]来访问队列中的第i个元素。

如果要从vector中删除一个元素,则需要使用vector::iterator(即迭代器),代码如下:

```cpp
#include <iostream>
#include <vector>
using namespace std;

int main() {
    vector<string> sv;                  // 1. 创建一个用于存储string的vector对象
    sv.push_back("work");               // 2. 向动态数组sv中添加字符串
    sv.push_back("hard");
    sv.push_back("c++");
    vector<string>::iterator it =sv.begin() + 1;   // 3. 获取指向第二个元素的迭代器
    sv.erase(it);                                   // 4. 删除第二个元素
    cout << "此sv对象中存有如下字符串:" << endl;
    for (int i = 0; i < sv.size(); i++) {           // 5. 遍历输出vector对象中存储的数据
        cout << sv[i] << " ";
    }
    return 0;
}
```

删除vector中的某个字符串并输出的结果如图1-17所示。

图1-17 删除vector中的某个字符串并输出

如果要删除vector中的所有元素,则代码示例如下:

```cpp
#include <iostream>
#include <vector>
using namespace std;

int main() {
    vector<string> sv;                  // 1. 创建一个用于存储string的vector对象
    sv.push_back("work");               // 2. 向动态数组sv中添加字符串
    sv.push_back("hard");
    sv.push_back("c++");
    cout << "删除前元素个数是: " << sv.size() << endl;
    int count = sv.size();              // 3. 获取队列长度,即元素个数
    for (int i = 0; i < count; i++) {   // 4. 用迭代器删除队列中的count个元素
        vector<string>::iterator it = sv.begin();
        sv.erase(it);                   // 5. 删除一个元素
    }
    cout << "删除后-队列中元素个数是: "<<sv.size() << endl;
    return 0;
}
```

删除vector中所有元素的结果如图1-18所示。

图 1-18　删除 vector 中的所有元素

接下来，我们来看如何用 vector 存取自定义类的对象，代码示例如下：

```cpp
#include <iostream>
#include <vector>
#include <string>
using namespace std;
// 定义 Student 类
class Student {
  public:  int age;                      // 公有成员变量，可通过对象直接调用
  public:  string name;
  // 有参构造器，创建对象时，将传入的年龄、姓名赋值给属性
  public:  Student(int a, string nm) {
      this->age = a;
      this->name = nm;
  }

  public:  void showInfo() {    // 输出自己的属性信息
      cout << "名字: " << name << " 年龄: " << age << endl;
  }
};

int main() {
vector<Student> sv;                 // 1. 创建存储 Student 对象的 vector 对象
for (int i = 0; i < 3; i++) {       // 2. 创建 4 个学生对象，存入队列中
    Student st(20 * i, "学名" + to_string(i));
    sv.push_back(st);
}
cout << "输出队列中学生对象如下: " << endl;
for (int i = 0; i < sv.size(); i++) {     // 3. 遍历输出 vector 对象中存储的数据
    Student st = sv[i];
    st.showInfo();
}
    return 0;
}
```

以上代码中需要注意的是，to_string(i)将 i 这个 int 类型转为字符串。

至此，通过练习几遍 C++ 的输入、输出、条件判断、循环、类定义、对象创建、数组和动态队列这 8 种基本操作，就能掌握实现"学生信息管理系统"项目所需的基础代码技巧。

1.5　"学生信息管理系统"编码实现

"学生信息管理系统"界面提供了 5 种操作功能，如图 1-19 所示。

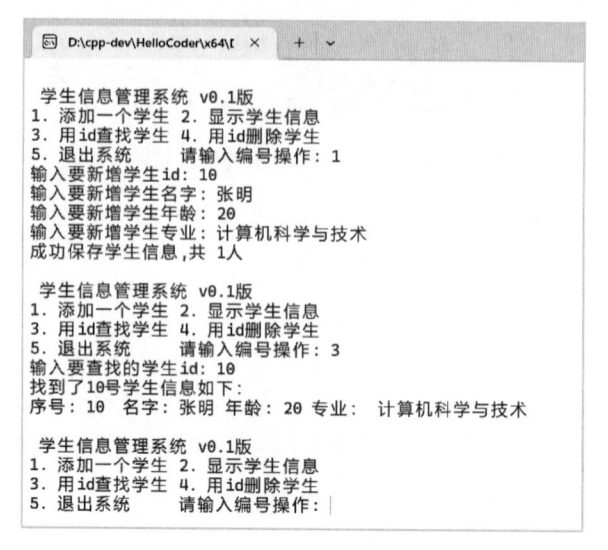

图 1-19 "学生信息管理系统"界面

程序结构设计分析如下：

- Student 类：系统中需要用到许多学生对象，因此需要定义一个学生类 Student，类中定义了需要保存的属性变量，如 id、姓名、年龄、专业等。为了简洁起见，本例中将所有的属性设置为 public，便于通过对象直接访问。Student 类定义了构造器（构造函数），在创建对象时传入参数为属性赋值。
- STM 类：该类定义了对学生对象的增、删、查、显示等方法，供使用者调用。STM 类中定义了一个 vector 对象，用来保存所有的 Student 类对象；在对外提供调用的方法内部，都是对 vector 对象进行操作。需要注意的是，vector 对象在内存中，当程序退出时，输入的数据将丢失（这一问题可通过保存文件来解决）。
- main 函数：首先输出用户的选择菜单，让用户输入编号选择具体操作，然后调用 STM 对象中的方法，增改 vector 对象中的数据。

具体代码如下：

首先定义 Student 类：

```cpp
// 定义 Student 类
class Student {

public:
 Student(int id, string name, int age, string major) {
        this->id = id;
        this->name = name;
        this->age = age;
        this->major = major;
    }
    void printInfo() {
      cout << "序号: " << id << " 名字: " << name;
      cout<< " 年龄: " << age << " 专业: " << major << endl;
```

```cpp
    }
    int id, age;
    string name,major;
};
```

然后定义管理学生对象数据的 STM 类：

```cpp
/**
学生信息管理系统类，
其中定义了数据增、删、查、显示的方法，供主函数调用
*/
class STM {

// 在内存中保存学生对象的动态数组
private:vector<Student> students;

// 增加一个学生的信息
public:   void andStu(int id, string name, int age, string ma) {
        students.push_back(Student(id, name, age, ma));
        cout << "成功保存学生信息,共 " <<students.size()<<"人" << endl;
    }
// 显示所有学生的信息
public:   void disStu() {
        for (int i = 0; i < students.size(); i++) {
            students[i].printInfo();
        }


    }
// 根据 id 查找学生的信息
public: void findStu(int id) {
        for (int i = 0; i < students.size(); i++) {
            if (students[i].id == id) {
            cout << "找到了" << id << "号学生信息如下: " << endl;
            students[i].printInfo();
                return;           // 结束查找
            }
        }
        cout << "!!!未找到" << id << "号学生信息" << endl;
    }
// 删除一个学生的信息
public:    void delStu(int id) {
        for (int i = 0; i < students.size(); i++) {
            if (students[i].id == id) {
                vector<Student>::iterator it = students.begin()+i;
                students.erase(it);          // 从队列中删除这个学生的信息
                cout << "已删除" << id << "号学生信息,现有学生如下" << endl;
                disStu();                    // 显示所有学生信息
                return;
            }
        }
    }
```

```
            cout << "!!!未找到" << id << "号学生信息" << endl;
        }
};
```

最后，在主函数中输出菜单，调用 STM 中的方法，实现功能如下：

```
int main() {
    STM sms;               // 增、删、查、显示方法的类
    int choice;            // 选择操作命令
    while(true){
        cout << "\n \t 学生信息管理系统 v0.1 版 \n";
        cout << "1. 添加一个学生\t" << "2. 显示学生信息\t\n";
        cout << "3. 用id查找学生\t" << "4. 用id删除学生\t\n";
        cout << "5. 退出系统\t"       << "请输入编号操作: ";
        cin >> choice;
        if(choice==1) {
            int id, age;
            string name, major;
            cout << "输入要新增学生id: ";
            cin >> id;
            cout << "输入要新增学生名字: ";
            cin >> name;
            cout << "输入要新增学生年龄: ";
            cin >> age;
            cout << "输入要新增学生专业: ";
            cin >> major;
            sms.andStu(id, name, age, major);
        }
        else if (choice == 2) {
            sms.disStu();
        }
        else if (choice == 3) {
            int id;
            cout << "输入要查找的学生id: ";
            cin >> id;
            sms.findStu(id);
        }
        else if (choice == 4) {
            int id;
            cout << "输入要删除的学生id: ";
            cin >> id;
            sms.delStu(id);
        }
        else if (choice == 5) {
            cout << "系统退出，再见! \n";
            exit(0);        }
        else {
            std::cout << "更多新功能, 敬请期待! .\n";
        }
    }
```

```
    return 0;
}
```

至此，我们的"学生信息管理系统"基本成型，赶快动手试一试，改一改！

当然，这个系统还存在很多不完善的地方，比如：

（1）没有校验用户输入的数据是否合格。例如，年龄必须是整数，如果用户输入字符串，如何处理？姓名的长度应有限定，如何校验？读者可以进一步完善，以提高自己的 C++ 代码熟练程度。

（2）本例中用 vector 存取数据，简单地使用了索引访问，并未使用迭代器，这会限制进一步的扩展开发。请多加练习 vector 类的其他调用方法，以便在项目中灵活运用。

（3）现在的系统是命令行界面，显然已过时。如何将其改进为图形用户界面（GUI），包括保存用户的图像信息？这将是读者的升级之路。

（4）本系统的数据保存在内存中，退出程序时立即丢失。如何将数据保存到文件？读者需要探索 C++ 中的文件读写功能。进一步可以考虑连接数据库，例如使用 MySQL 存取数据。

（5）一个强烈的建议：在读者能够独立完成这个小项目后，可以根据这些基本技术（如 C++ 输入/输出、流程控制、数组、动态数组的用法）重新设计一个系统。例如，设计一个管理自己零花钱的记账本。相信通过代码实现自己的设计思想，读者会更加有成就感！

1.6 算法竞赛入门

计算机科学与技术专业的学生，从大一开始就会接触到许多比赛，比如算法竞赛、ACM（美国计算机协会）国际大学生程序设计竞赛（International Collegiate Programming Contest，简称 ICPC）、CCF（中国计算机学会）大学生计算机系统与程序设计竞赛、蓝桥杯等。这些比赛为学生们提供了提高能力、展示自我才华的好机会。这些比赛的共通要求是"刷题"。本节将从零起步，带领读者进入算法竞赛的大门！

1. 算法题入门

题目描述：给你一个整型数组 nums，在数组中找出由 3 个数求得的最大乘积，并输出这个乘积。

示例 1：输入：nums = [1,2,3]　　　　输出：6
示例 2：输入：nums = [1,2,3,4]　　　输出：24
示例 3：输入：nums = [-1, -2, -3]　　输出：-6

提示：

3 <= nums.length <= 10000
-1000 <= nums[i] <= 1000

- 第一步：读题

这是一道入门级别的算法竞赛题，题目由三个部分组成：

第一部分，题目描述：说明了需要编程解决的问题，必须仔细阅读，确保理解清楚，它是我们编程的基础。

第二部分，示例：展示了输出和输入数据的格式。在本例中，输入的是一个整型数组，我们将在编写的方法体内使用；输出必须是一个整数，表示代码的返回值。

第三部分，提示信息：说明了边界条件。在本例中，输入数组的长度大于或等于 3，小于或等于 10000；数组中的数字范围在正负 1000 之间。我们的代码需要根据这些边界条件，在最短时间内计算出结果。

简而言之，竞赛的关键在于如何在最短时间内通过编写代码来解题！

- 第二步：分析编码逻辑

首先，仔细阅读并理解题目的描述、示例和提示，然后分析出大概的编码逻辑，进入探索性编码、测试、改进和迭代的过程。

对于这道题，我们的编码逻辑如下：

要求的是数组中 3 个数的最大乘积，数组中的整数是随机的。如果我们将数组从小到大排序，后面的 3 个数会是最大的，那么我们只需要计算后 3 个数的乘积即可。

需要注意，数组中可能包含负数。两个最小的负数相乘会得到最大的正数；但如果第三个也是负数，则结果会变成负数。因此，我们要考虑 4 种情况：三正数、三负数、两正一负和两负一正。通过对排好序的数组进行比较，最终得出最大乘积。

- 第三步：探索性编码

下面对输出的数组 nums 进行排序。常用的排序算法包括冒泡排序、插入排序、归并排序、快速排序等 8 种。最易于理解和实现的排序算法是冒泡排序，以下是其代码实现：

```cpp
#include <iostream>
using namespace std;

// 冒泡排序函数
void bubbleSort(int arr[], int n) {
    for (int i = 0; i < n - 1; i++) {
        for (int j = 0; j < n - 1 - i; j++) {
            if (arr[j] > arr[j + 1]) {
                // 交换 arr[j]和 arr[j + 1]
                int temp = arr[j];
                arr[j] = arr[j + 1];
                arr[j + 1] = temp;
            }
        }
    }
}

int main() {
    int n;
    cout << "请输入数组的大小: ";
    cin >> n;
    int* arr = new int[n];        // 动态分配数组
```

```
    cout << "请输入数组的元素：";
    for (int i = 0; i < n; i++) {
        cin >> arr[i];
    }
    // 调用冒泡排序函数对数组进行排序
    bubbleSort(arr, n);
    // 输出排序后的数组
    cout << "排序后的数组：";
    for (int i = 0; i < n; i++) {
        cout << arr[i] << " ";
    }
    cout << std::endl;
    // 释放动态分配的内存
    delete[] arr;
    return 0;
}
```

输入数组并排序输出，结果如图 1-20 所示。

图 1-20　输入数组并排序输出

这段代码较长，其中的关键部分是 bubbleSort 方法。在此方法中实现了冒泡排序的算法，对乱序数组进行了处理并返回排序后的数组。

冒泡排序是一种简单的排序算法，它的基本思想是多次遍历待排序的数列，逐次比较相邻的元素，如果顺序错误就交换它们的位置；重复这个过程，直到没有元素需要交换，整个数列就排序完成了。

有了经过测试的冒泡排序数组，我们就可以初步完成这道题目。代码示例如下：

```
#include <iostream>
using namespace std;

// 冒泡排序函数
void bubbleSort(int nums[], int n) {
    for (int i = 0; i < n - 1; i++) {
        for (int j = 0; j < n - 1 - i; j++) {
            if (nums[j] > nums[j + 1]) {
                // 交换 arr[j]和 arr[j + 1]
                int temp = nums[j];
                nums[j] = nums[j + 1];
                nums[j + 1] = temp;
            }
        }
    }
}
```

```cpp
int main() {
    int n = 6;              // 数组的长度
    // 创建数组，并以初始化方式给数组赋了 6 个乱序的值
    int nums[] = { 8,2,4,1,5,9 };
    // 调用已测试好的冒泡排序函数对数组进行排序
    bubbleSort(nums, n);
    // 比较前 3 个最小乘积和后 3 个最大乘积
    int r1 = nums[0] * nums[1] * nums[n - 1];
    int r2 = nums[n - 3] * nums[n - 2] * nums[n - 1];
    // 输出最大乘积
    if (r1 > r2)    cout <<r1<<endl;
        else  cout << r2 << endl;

    return 0;
}
```

三个数的最大乘积输出结果如图 1-21 所示。

图 1-21　三个数的最大乘积输出结果

练习：

（1）请动手实现以上代码，并改为动态输入数组元素进行测试。

（2）尝试输入多个负数和 0，看看结果是否正确。

编写代码时要考虑问题的全面性。这段代码只能处理全是正数的情况。如果出现三负、两正一负、两负一正或包含 0 的情况，就会输出错误的结果。发现问题是学习编程的关键所在，由问题驱动学习，即遇到问题时，我们有机会学习并改进。现在就把这个机会留给读者，尝试解决这个问题吧！

对于进一步的"刷题"，推荐使用力扣（LeetCode），它被誉为全球极客挚爱的技术成长平台，这个网站上有各类竞赛题，从简单到复杂，涵盖了 ACM、CCF 和蓝桥杯的算法笔试题集，以及各大互联网公司的算法笔试和面试题集。

接下来，我们讲解算法竞赛中的一个关键概念：时间复杂度（Time Complexity）。

2. 在实践中理解时间复杂度

在算法竞赛中，正确性是最重要的，取胜的关键在于编写的代码能以较低的时间复杂度得到正确的结果。因此，理解时间复杂度这个关键概念是非常必要的。

时间复杂度是用来衡量算法运行时间与输入数据规模之间的关系的概念。它衡量的是随着输入数据规模的增大，算法执行时间如何变化。

我们通过一个查找素数（即质数）的算法来理解时间复杂度：

- 从 0 开始查找 100 个素数，需要 10 秒。

- 从 0 开始查找 10000 个素数，需要 1000 秒吗？

显然不是！这不是简单的线性关系。由于素数分布的稀疏性呈现指数增长的趋势，因此查找素数的算法的时间复杂度也会呈现出指数增长。代码示例如下：

```cpp
#include <iostream>
#include <cmath>
#include <chrono>
using namespace std;

// 判断一个数是否为素数的函数
bool isPrime(int num) {
    if (num <= 1) return false;
    if (num == 2) return true;
    if (num % 2 == 0) return false;
    for (int i = 3; i <= sqrt(num); i += 2) {
        if (num % i == 0) return false;
    }
    return true;
}

int main() {
    int count = 10000;        // 要查找素数的个数
    int p = 0;                // 从 0 开始查找
    auto start = chrono::system_clock::now();//计时
    while(count>0) {
        if (isPrime(p)) {
            //cout << " " << p;
            count--;
        }
        p++;
    }
    auto end = chrono::system_clock::now();
    chrono::milliseconds diff = chrono::duration_cast< chrono::milliseconds>(end - start);
    cout << "时间差（毫秒）: "<< diff.count() << std::endl;
    return 0;
}
```

修改上述代码中的 count 值，测试查找 1 万、10 万、100 万、200 万个素数时，算法执行所需的时间，并进行比较。

从结果来看，这段代码可以正确查找 1 万、10 万个素数，但当查找 100 万、200 万个素数时，就会发现所需时间并非线性关系，而是呈现指数增长关系。这就是时间复杂度 $O(n)$ 和 $O(n^2)$ 的区别。

在大数据时代，程序需要处理比我们想象的更大的数据量，因此对问题规模和时间复杂度的理解变得尤为重要。不同算法在处理小规模问题时差异不大，但在面临大规模数据时差别巨大。这也解释了为什么理解时间复杂度如此重要。

3. 时间复杂度的定义

时间复杂度是指当问题的规模从 1 增加到 n 时，依据求解该问题的算法所编写的程序在运行时所消耗的时间，通常记作 $O(n)$。其中 n 表示数据规模，$O(n^2 + 2n + 1)$ 可以简化为 $O(n^2)$。

算法设计的关键在于考虑到最坏情况、平均情况与最好情况。时间复杂度通常关注的是最坏情况，即对于所有可能的输入，算法执行时间的上界。此外，还有平均情况时间复杂度和最好情况时间复杂度，但在实际分析中，最坏情况时间复杂度更为常用。

常见的时间复杂度类型有以下几种：

- $O(1)$：常数时间复杂度，表示算法执行时间与输入数据规模无关。
- $O(\log n)$：对数时间复杂度，表示算法执行时间与输入数据规模的对数成正比。
- $O(n)$：线性时间复杂度，表示算法执行时间与输入数据规模成正比。
- $O(n \log n)$：线性对数时间复杂度，表示算法执行时间与输入数据规模的对数乘以其规模成正比。
- $O(n^2)$：平方时间复杂度，表示算法执行时间与输入数据规模的平方成正比。
- $O(2^n)$：指数时间复杂度，表示算法执行时间与输入数据规模的 n 次方成正比。

时间复杂度是衡量算法效率的重要指标，在处理大规模数据时，选择时间复杂度较低的算法可以显著提高程序的运行效率。

总之，时间复杂度是描述算法运行时间随输入规模增长的趋势的一种度量方式，它对于算法的选择和优化具有重要意义。

练习：

本例中，查找素数的算法是简单循环法。请查阅相关资料，尝试用埃拉托斯特尼筛法、欧拉筛法等其他算法来查找素数，并比较它们在不同规模下耗费的时间。通过这个实例，可以帮助读者更好地理解时间复杂度这一重要概念。

1.7　进阶规划：C++学习大纲

计算机科学与技术专业的特点是底子宽，出路广，而熟练掌握一门编程语言是在此专业领域发展的重点。本章前几节带领读者学习了 C++ 的入门知识，对于接下来的深入学习，读者可以参考这份 C++ 语言学习大纲。

1. 基础语法

1）数据类型

- 基本数据类型（int、char、float、double 等）。
- 派生数据类型（数组、指针、引用等）。
- 自定义数据类型（结构体、联合体、枚举等）。

2）变量与常量

- 变量的声明与定义。
- 变量的作用域与生命周期。

- 常量的定义（const、#define 等方式）。

3）运算符

- 算术运算符（+、-、*、/等）。
- 关系运算符（>、<、==等）。
- 逻辑运算符（&&、||、!等）。
- 位运算符（&、|、^ 等）。
- 其他运算符（sizeof、?:等）。

2. 程序结构

1）语句类型

- 声明语句。
- 表达式语句。
- 控制语句（if、switch、for、while、do-while 等）。
- 跳转语句（break、continue、goto 等）。

2）函数

- 函数的定义与声明。
- 参数的传递（值传递、引用传递等）。
- 函数重载。
- 内联函数。
- 递归函数。

3. 面向对象编程

1）类与对象

- 类的定义（成员变量、成员函数等）。
- 对象的创建与初始化。
- 构造函数与析构函数。
- 访问控制（public、private、protected）。

2）继承

- 单继承。
- 多继承。
- 虚继承。
- 派生类的构造与析构。

3）多态

- 函数重载（静态多态）。
- 虚函数与动态绑定（运行时多态）。

- 纯虚函数与抽象类。

4. 数据结构与容器

1）数组

- 一维数组。
- 多维数组。
- 数组作为函数参数。

2）指针与动态内存分配

- 指针的基本概念与操作。
- new 与 delete 操作符。
- 动态数组与对象。

3）标准容器

- vector（动态数组）。
- list（双向链表）。
- deque（双端队列）。
- set（集合）。
- map（映射）。
- 容器的遍历、插入、删除等操作。

5. 输入/输出流

1）标准输入/输出流（iostream）

- cout、cin 的使用。
- 格式化输入/输出（操纵符如 setw、setprecision 等）。

2）文件输入/输出流（fstream）

- 文件的打开与关闭。
- 文件的读写操作（文本文件、二进制文件）。

6. 模板与泛型编程

1）函数模板

- 定义与使用。
- 模板参数推导。

2）类模板

- 创建与实例化。
- 模板特化。

7. 异常处理

try-catch 语句

- 异常抛出（throw）。
- 捕获不同类型的异常。
- 异常处理流程。

8. C++的新特性

- 新的数据类型（如 nullptr、auto 等）。
- 智能指针（unique_ptr、shared_ptr 等）。
- 范围 for 循环。
- Lambda 表达式。

9. 代码风格与规范

- 命名约定。
- 代码缩进与排版。
- 注释规范。

10. 实践与项目

- 小型示例程序：如计算器、学生管理系统、操作系统调度仿真等。
- 深度实践项目：如仿 QQ 通信系统、仿 MySQL 的微型数据库系统。

进一步地深入学习，肯定是一个长期且刻苦的过程，为难事者，必从易图之。在此，向各位新手推荐清华大学出版社出版的笔者编著的《Java 图解创意编程：从菜鸟到互联网大厂之路》，如图 1-22 所示。

图 1-22 《Java 图解创意编程：从菜鸟到互联网大厂之路》封面

第 2 章

"软件工程"专业入门实践

本章目标

入门 Java 编程语言,实现"创意分形画板"项目。

软件工程专业,相比计算机科学与技术专业,侧重于应用开发和系统架构方面的工程实践。强悍的代码编程能力,通常是本专业学生的优势。当然,编程也是计算机相关专业学生需要学习的内容。

本章重点围绕用 Java 语言实现"创意分形画板"展开。首先,引导读者搭建 Eclipse 开发环境;然后,带领读者学习 Java 程序结构、流程控制、数据类型、类与对象、界面事件、图像绘制等基本技术要点,从而入门 Java 语言编程;接下来,通过完整实现"创意分形画板"项目,激发读者兴趣,树立读者在专业领域的信心。

本章最后,通过竞赛算法题案例,讲解递归、动态规划等经典算法,帮助读者具备竞赛优势。此外,还将介绍软件工程专业的进阶拓展规划,助力读者实现长足发展。

2.1 职业前景和就业方向

软件工程专业比计算机科学与技术专业起步晚，它起源于 1998 年。然而，其学习内容与计算机科学与技术专业有很大的相似度。二者的核心课程和专业技能要求基本相同；最大的区别在于：许多高校的软件工程专业在教学过程中提供更多实习机会，实践性课程也更为丰富，部分高校将大四这一年专门安排给学生外出实习；而计算机科学与技术专业的学生一般在大四还需要继续上课。

在就业方向上，软件工程和计算机科学与技术专业基本相同。无论是各互联网大厂，还是各大银行、券商的金融科技岗，或是国企、央企的计算机相关技术研发岗位，都非常欢迎软件工程专业的学生。

2.2 "创意分形画板"项目规划

面对枯燥的代码，如何保持热情去探索？

面对一个个 bug，一次次失败，如何保持兴趣？

如果你领略到了代码的神奇，并体验到正向反馈的驱动，相信你会爱上编程！

分形就是这样一种练习。它结合了数学、自然美学以及计算机科学，让你通过代码绘制出惊艳的图形，体会到简单却神奇的逻辑之美！

本章将带领读者入门 Java，初步实现一个"分形创意画板"项目。希望这个项目能帮助读者打开软件工程的大门，更希望神奇的分形能激发读者学编程的热情！

之所以选择 Java 语言，有以下 3 个原因：

（1）企业需求大，就业面广泛：如果查看人才招聘网站，如百度、腾讯、阿里、华为等的招聘要求，可以发现以 Java 语言为关键字的招聘岗位数量相对较多。各大企业和基础平台的开发，以及大型团队项目，通常以 Java 语言为主。

（2）适用面广，生态丰富：Java 语言经过近 40 年的发展，无论是从前端到后端，从服务器到客户端，还是从机器学习框架到云计算平台，都有其身影。掌握 Java 语言，几乎可以覆盖全系统开发。特别是 Java 众多开放的开源社区，更为学习者提供了端到端的全系统学习资源。

（3）简单易学，对初学者友好：Java 语言从设计之初便注重纯粹的面向对象编辑（OOP），并摒弃了 C 语言以及 C++语言中一些晦涩难懂的功能和概念，使初学者能快速上手项目，进而增强其在软件开发中的自信心。

如图 2-1 所示，这是本章要实现的"创意分形画板"项目。

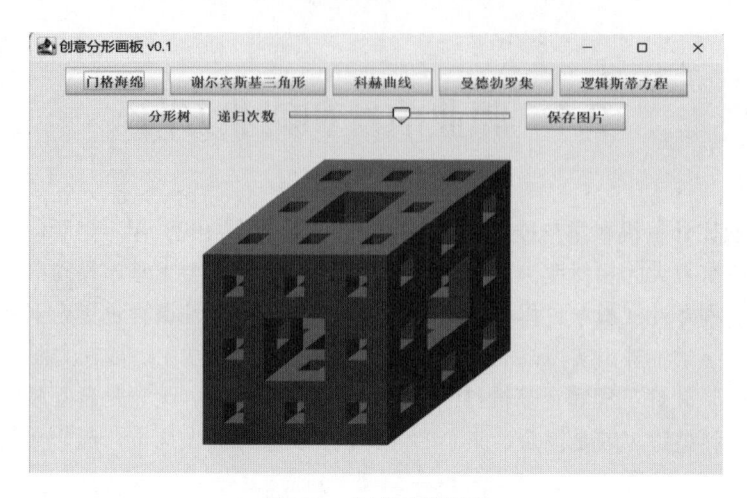

图 2-1　分形画板界面

"创意分形画板"项目规划和技术要求：

项目功能：用户单击界面上的按钮，即可画出对应的精美分形图形。拓展功能是根据用户输入的参数，能够调整不同的分形结构。

技术要求：

（1）安装并配置 Java 开发环境，掌握面向对象的基本语法规范。
（2）掌握定义类、创建对象、调用方法、控制分支和循环流程的方法。
（3）利用 Swing 组件创建用户界面，掌握按钮事件和鼠标事件监听器机制。
（4）理解图像的基本原理，能够在界面上画出 3D 图形。
（5）实现不同分形的关键算法代码，整合并实现项目的最终成品。
（6）熟悉递归算法，并能在项目中熟练应用。

2.3　Java 开发环境搭建

Java 开发环境搭建的操作步骤如下：

步骤 01 安装 Java 的集成开发工具 Eclipse。首先，访问 Eclipse 官方网站，进入下载页面，单击 Download 按钮进行下载，如图 2-2 所示。

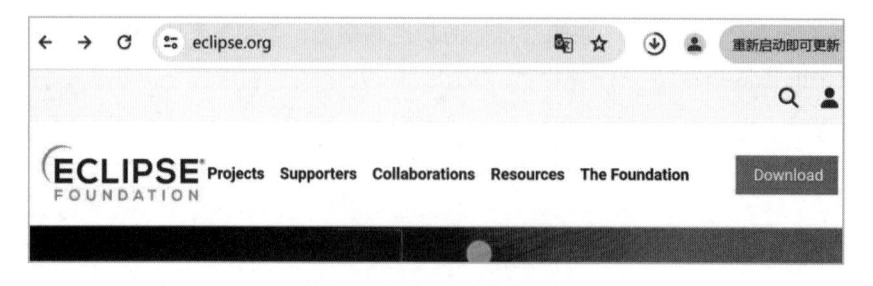

图 2-2　Eclipse 下载界面

步骤02 下载成功后，单击  图标进入安装过程。选择 Eclipse IDE for Java Developers，将其安装到指定目录下，如图 2-3 所示。

步骤03 下载安装包需要一段时间，安装的内容包括 Java Developer Kit（简称 JDK，提供了 Java 语言编译器、Java 虚拟机 JVM 和官方的 API 库）以及 Eclipse 编辑器。Eclipse 安装成功后如图 2-4 所示。

图 2-3　Eclipse 安装选择 　　　　　　　图 2-4　Eclipse 安装成功

2.4　项目必用技术点

2.4.1　编写并编译运行第一个 Java 程序

首先，在 Eclipse 中依次单击 File→New→Project 选项，新建一个 Java 项目，如图 2-5 所示。

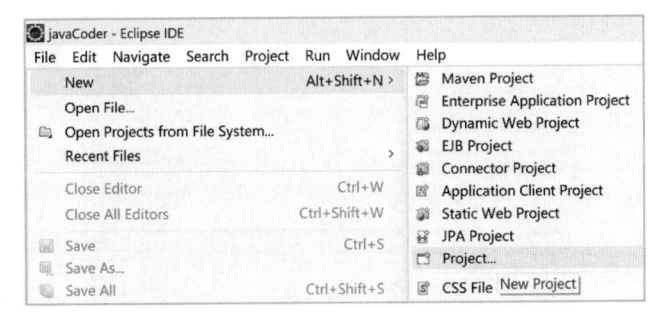

图 2-5　Eclipse 创建新项目

创建项目时，不仅可以输入项目名称，还可以指定存储源代码的目录，如图 2-6 所示。

项目创建成功后，Eclipse 开发界面如图 2-7 所示。

接下来，就可以在项目中创建类。通常，一个项目由多个类组成。

创建一个 Java 类：在 src 目录上右击，在弹出的快捷菜单上依次选择 New→Class 选项，如图 2-8 所示。

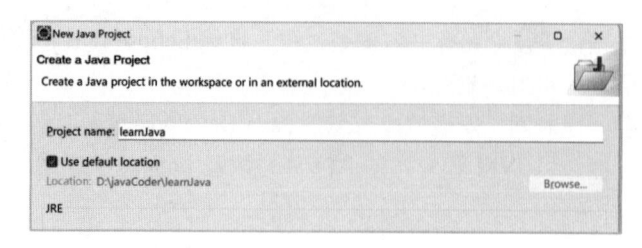

图 2-6　输入项目名称

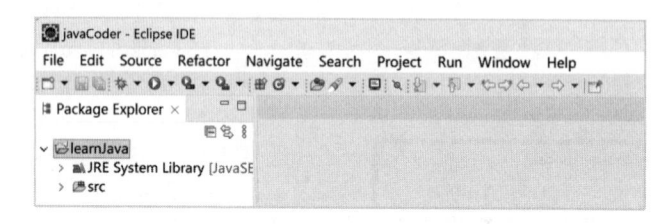

图 2-7　Eclipse 项目创建成功

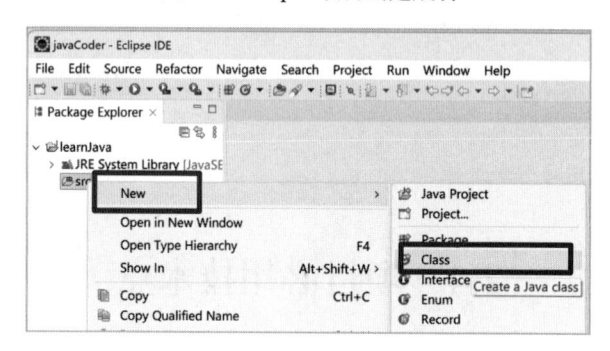

图 2-8　在 Eclipse 中创建新类

新建的类名称为 HelloJava。记着勾选 public static void main(String[ ] args) 复选框，这是让 Eclipse 自动生成主函数，如图 2-9 所示。

图 2-9　创建新类时生成主函数

创建新类成功后，在 main 函数中写上经典的"hello world"：

```
System.out.println("hello world !");
```

然后单击图 2-10 中框选的绿色三角按钮，即编译运行，可以看到图中最下面输出"Hello world!"。这就是我们的第一个 Java 程序，运行成功了。

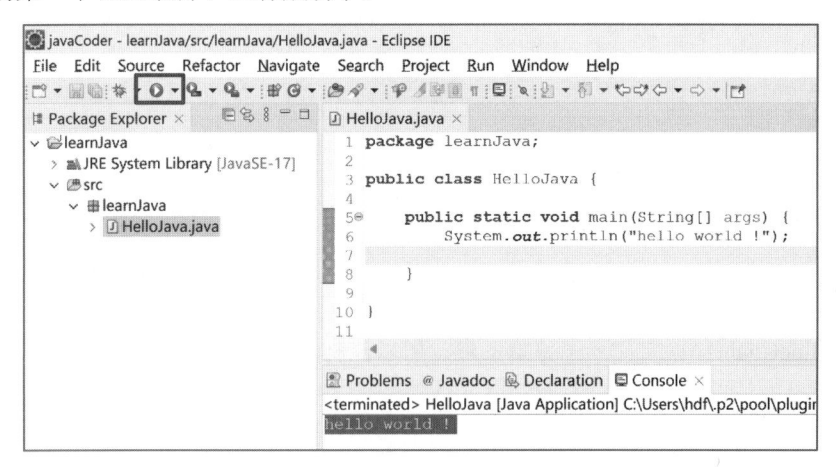

图 2-10 运行第一个 Java 程序

至此，我们完成了开发环境和工具的配置，编写并编译运行了第一个 Java 程序。代码说明如下：

```
package learnJava;              // 包名，相当于C++中的命名空间
// 定义了名为 HelloJava 的类
public class HelloJava {
        // 主函数，固定格式，程序从主函数开始执行
        public static void main(String[] args) {
                //调用系统函数，向控制台输出一行字符串
                    System.out.println("hello world !");
        }
}
```

> **注　意**
>
> Java 程序以类为单位，类名首字母必须大写；主函数 main 的格式是固定的。读者可以试用 System.out.println 方法，多输出几行字符串！

2.4.2 流程控制和基本数据类型

Java 中的数据类型分为两大类：一类是基本类型，如 byte、int、long 等；另一类是以类为单位的类型（也称作复合类型或对象类型）。在流程控制方面，顺序、条件分支和循环是所有编程语言的基本功能。接下来，我们通过打印字符图形来练习流程控制，代码如下：

```
package learnJava;
public class HelloJava {                            // 定义了名为 HelloJava 的类

public static void main(String[] args) {            // 主函数
```

```
        int lineCount = 6;                    // 要输出的行数
        for(int i=0; i<lineCount; i++) {
                for(int j=0; j< lineCount; j++) {
                System.out.print("A");         // 不换行
                }//end for j
        System.out.println("--"+i);            // 换行
        } //end for i
    }//end main

}
```

运行上述代码后，在控制台中输出如图 2-11 所示的字符图形。

关键技术点解析：

（1）int lineCount=6：定义一个整型变量，用以控制输出的行列数。

图 2-11　字符图形

（2）for 循环的格式固定,用于控制循环体内的循环次数。

（3）System.out.print()：输出不换行的字符串。

（4）System.out.println()：输出换行的字符串。

（5）println()括号内可以将整数和字符串用+号连接，然后输出。

（6）花括号（{}）必须成对出现，main 函数要放在类的一对花括号之内。

（7）Java 语言区分字母大小写，这一点需要特别注意。

练习：

请练习编码，输出如图 2-12 所示的 3 种字符串图形。

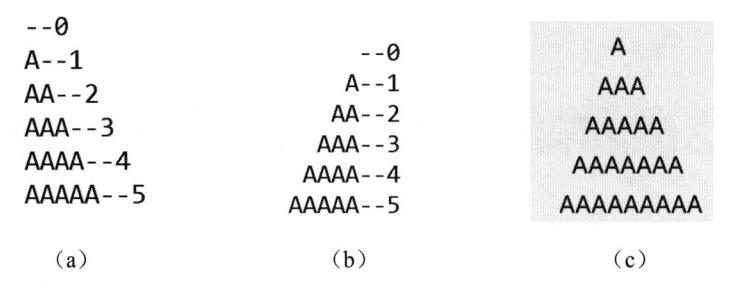

```
    --0                    --0              A
    A--1                   A--1            AAA
    AA--2                  AA--2          AAAAA
    AAA--3                 AAA--3        AAAAAAA
    AAAA--4                AAAA--4      AAAAAAAAA
    AAAAA--5               AAAAA--5
    
     (a)                    (b)            (c)
```

图 2-12　3 种字符串图形

前两种字符串图形的实现代码如下：

（1）图 2-12（a）的实现代码如下：

```
package learnJava;

// 定义了名为 HelloJava 的类
public class HelloJava {
```

```java
// 主函数，固定格式，程序从主函数开始执行
public static void main(String[] args) {

int lineCount = 7;          // 要输出的行数
for(int i=0; i<lineCount; i++) {       // 此处控制在每一行前面输出几个空格
    for(int j=0; j< i ; j++) {         // 此处j<i，控制了第几行，输出几个字符
        System.out.print("A");         // 不换行
    }
    System.out.println("--"+i);        // 换行
  }
 }
}
```

（2）图 2-12（b）的实现代码如下：

```java
package learnJava;
public class HelloJava {    // 定义了名为HelloJava的类

public static void main(String[] args) {       // 主函数

   int lineCount = 7;                          // 要输出的行数
  for (int i = 0; i < lineCount; i++) {        // 此处控制在每一行前面输出几个空格
      for (int t = 0; t < lineCount - i; t++) {
          System.out.print(" ");
         }
      for (int j = 0; j < i; j++) {            // 此处j<i，控制了第几行，输出几个字符
            System.out.print("A");             // 不换行
         }
      System.out.println("--" + i);            // 换行
     }
 }
}
```

图 2-12（c）的实现代码留给读者自己编写，挑战一下自己。

2.4.3　Java 中的类与对象

类与对象是 Java 编程的核心概念。首先看如下代码，定义一个学生类：

```java
public class Student {      // 定义学生类
  private int scro=0;       // 学分属性
  private String name;      // 姓名属性

 public void setName(String s){
      this.name=s;
  }

 public void study(int hour){
      scro=hour*2;
  }
```

```
public void showInfo(){
String msg=name+"学分是 "+scro;
System.out.println(msg);
    }

}
```

类的规范：

- 类名大写，并与文件名相同。
- 类中可定义属性和方法。
- 在方法体内可以修改属性值。

然后通过这个类创建对象，调用方法：

```
public class Master {

public static void main(String[]args) {
// 使用学生类：创建两个对象并调用方法修改属性值
Student st1=new Student();
        st1.setName("关山月");
        st1.study(10);

        Student st2=new Student();
        st2.setName("大漠风");
        st2.study(30);

        st1.showInfo();
        st2.showInfo();
    }
}
```

创建对象的规范：

- 用 new 关键字创建对象：

类名 对象名=new 类名( )

- 通过对象调用方法：

对象名.方法名( );

- 调用方法可以给对象传入参数：

返回值类型 变量名 = 对象名.方法名(<参数类型 参数值>);

练习：

请根据以上规范，练习自定义类。一定要多写，熟练基本语法规则。

接下来，所有的代码都会用到定义类、创建对象、调用方法这 3 种功能。

2.4.4 用户界面构建

本小节将带领读者快速实现如图 2-13 所示的系统登录界面。

这个系统登录界面由 4 部分组成：

（1）窗体：创建 JFrame 类的对象，窗体上再摆放其他的组件。

图 2-13 系统登录界面

（2）标签：放在输入框前，用 JLabel 类实现。

（3）输入框：让用户输入文字内容，用 JTextField 类实现。

（4）按钮：用 JButton 类实现，可响应用户单击事件。

常用的界面类在 JDK 中已经提供，我们只需调用即可。接下来我们练习如下代码：

```java
package learnJava;
import java.awt.FlowLayout;                  // 导入布局管理
import javax.swing.*;                        // 导入界面库

public class UserLogin {
public void showUI() {                       // 显示一个界面的方法
    JFrame jf=new JFrame("系统登录");         // 创建窗体对象
        jf.setSize(600,400);                 // 设定窗体大小
    FlowLayout fl=new FlowLayout();          // 设定流式布局
        jf.setLayout(fl);
    JButton buLogin=new JButton("登录");      // 按钮对象
    JLabel laName=new JLabel("用户名: ");     // 标签对象
    JTextField jtfName=new JTextField(20);   // 输入框对象
        jf.add(laName);                      // 将标签加入界面
        jf.add(jtfName);                     // 将输入框加入界面
        jf.add(buLogin);                     // 将按钮加入界面
        jf.setVisible(true);                 // 显示界面
    }

public static void main(String[] args) {     // 主函数
    UserLogin user=new UserLogin();          // 创建对象
        user.showUI();                       // 调用显示界面的方法
    }
}
```

运行代码后，可以看到如图 2-14 所示的简单界面。

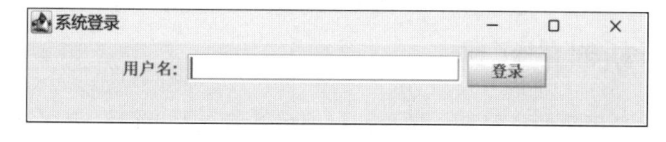

图 2-14 简单界面

需要注意以下几点：

（1）界面相关的类都在 javax.swing.* 这个包下，类开头要导入该包。

（2）创建对象时，可以通过构造器指定参数，例如：

```
JButton bu=new JButton("登录");
```

就是用构造器传入了按钮上的标签。一个类可以有多种构造器。如果：

```
JButton bu=new JButton();
```

则调用的是无参构造器，因此按钮上不显示文字。

（3）在给 JFrame 对象放置组件前，需要创建布局管理器，例如：

```
FlowLayout fl=new FlowLayout();     // 创建流式布局管理器对象
jf.setLayout(fl);                    // 将布局管理器设置给窗体
```

如果不加布局管理器，那么窗体上的组件就会叠加在一起，效果如图 2-15 所示。

图 2-15　未加布局管理器的界面

（4）界面相关组件主要是 javax.swing 包下以 J 开头的组件。

练习：

请读者自行练习，实现如图 2-16 所示的两种界面显示效果。

图 2-16　两种界面效果

现在的问题是：单击按钮后，如何让程序有所响应？这就需要"事件监听机制"。

2.4.5　事件监听机制的实现

事件监听指的是，当用户通过鼠标、键盘或触摸屏与程序交互时，程序会根据用户操作执行相应的代码，并展示结果。在本例中，我们要实现的功能是：当单击"登录"按钮时，程序将检测输入框中的内容。如果内容为"acde"，则显示"登录成功"；否则显示"登录失败"。那么，如何实现这一功能呢？

1. 初步理解"接口"概念

要理解"接口"概念,我们可以先看一下以下代码:

```java
public interface IUser {                    // 使用interface定义一个接口类
    public void work(int hour);             // 接口中只有方法的定义,不能有方法体
    public int getResult();
}
```

这段代码定义了一个接口类。接口的规则是:接口是一种特殊的类,用 interface 关键字定义,接口中的方法只定义方法签名,不能包含方法的实现。要调用这个接口,必须创建一个类来实现它。例如,在以下示例中,用 Student 类实现 IUser 接口:

```java
// 实现接口的类,使用 implements 关键字
public class Student implements IUser{

    private int money;                      // 类中的属性

    public void work(int hour) {            // 实现接口中的方法
        money+=hour*2;
    }

    public int getResult() {                // 实现接口中的方法
        return money;
    }

    public void workHard() {                // 实现类中自定义的方法
        money++;
    }
}
```

实现接口是在另一个类中,需要遵循以下 3 条规则:

(1)使用 implements 关键字实现接口。
(2)必须实现接口中定义的所有方法。
(3)实现类内部可以自定义属性和其他方法。

实现接口后的类,可以通过如下代码进行调用:

```java
public static void main(String args[]) {
    IUser user=new Student();
    user.work(10);
    int re=user.getResult();
    System.out.println("结果是: "+re);
}
```

以上代码的规则是:

(1)接口可以作为类型使用,比如 IUser user=,这里 IUser 为接口类型。
(2)自动转型:创建对象时,以前的格式是:

```
类名 对象名=new 类名();
```

而本例中的格式是：

```
接口名 对象名=new 实现接口的类名();
```

这就是自动转型，即子类的变量自动转换为父类类型。这里的子类是实现类，父类是接口类。

接口的作用：接口定义了类应该具备的方法，而不关心如何实现这些方法。接口的使用可以让程序更加灵活和松耦合，方便扩展和维护。

接下来看一下事件的实现，我们在实践中学习。

2. 按钮事件的实现

为了让鼠标在单击界面的 JButton 时有反应，我们需要为按钮添加动作监听器 ActionListener。

（1）JButton 有一个 addActionListener(ActionListener l)方法，可以用来为按钮添加监听器。

（2）参数类型 ActionListener 是一个已定义的接口，我们需要编写一个类来实现该接口。

（3）在实现 ActionListener 接口的类中，重写 actionPerformed 方法，以便在事件发生时执行相应的操作。

以下是一个示例，首先编写一个实现 ActionListener 接口的类，功能是在控制台输出鼠标点击次数：

```java
import java.awt.event.ActionEvent;      // 导入事件监听接口需要的类
import java.awt.event.ActionListener;

public class LoginLis implements ActionListener {
    private int count=0;               // 自定义的计数器
    // 实现方法，单击按钮时将被调用
    public void actionPerformed(ActionEvent e) {
        count++;
        System.out.println("点击次数: "+count);
    }
}
```

> **注　意**
>
> 按钮监听器在 java.awt.event 包中，需要用 import 指令导入该包。可通过选中 ActionListener 接口名并右击，在弹出的快捷菜单中选择"查看源代码"命令，详细查看监听器中的源代码，并直接复制代码框架。

给按钮添加监听器后，即可实现相应的功能：

```java
import java.awt.FlowLayout;
import java.awt.event.ActionListener;
import javax.swing.*;

public class UserLogin {
```

```java
public void showUI() {                  // 示例按钮监听器的实现
    JFrame jf=new JFrame("系统登录");
    jf.setSize(600,400);
    FlowLayout fl=new FlowLayout();
    jf.setLayout(fl);
    JButton buLogin=new JButton("登录");
    jf.add(buLogin);
    // 创建按钮监听器类的实现对象
    ActionListener al=new LoginLis();
    // 给按钮对象添加这个监听器
    buLogin.addActionListener(al);
    jf.setVisible(true);
}

public static void main(String[] args) {
    UserLogin user=new UserLogin();
    user.showUI();
}
}
```

代码解析：

（1）ActionListener al=new LoginLis()：创建了实现监听接口的类对象。

（2）buLogin.addActionListener(al)：将监听器对象传入要监听的按钮对象。

（3）当单击"登录"按钮时，LoginLis 中实现的 ActionListener 接口中的 actionPerformed 方法将被执行，如图 2-17 所示。

3. 将界面组件参数传入监听器

如何在监听器中获取界面输入组件 JTextField 中的内容？如图 2-18 所示。

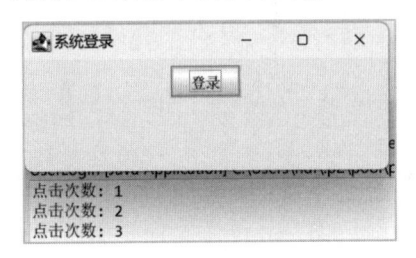

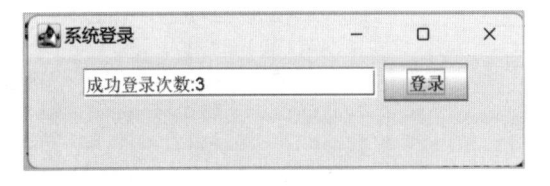

图 2-17　按钮监听器效果　　　　图 2-18　按钮监听器关联输入框效果

编程思路是，首先将界面的 JTextField 对象传入实现的监听器类中，代码如下：

```java
package learnJava;
// 导入事件监听接口需要的类
import java.awt.event.*;
import javax.swing.*;

public class LoginLis implements ActionListener {
    private int count=0;                     // 自定义的计数器
    private JTextField tf;                   // 定义变量接收界面传入的输入框
```

```
        public LoginLis(JTextField jtf) {       // 自定义构造器传参
               this.tf=jtf;
        }
        // 实现方法，单击按钮时将被调用
        public void actionPerformed(ActionEvent e) {
               count++;
               String msg=tf.getText();          // 获取输入框的内容
               if(msg.equals("abc")) {
                      tf.setText("成功登录次数:"+count);
               }else {
                      tf.setText("请重新输入");
               }
        }
}//end class
```

代码解析：

（1）在 LoginLis 实现类中定义 private JTextField tf，用于接收界面输入框的变量。

（2）自定义有参构造器，在创建 LoginLis 对象时传入输入框对象。

（3）在 actionPerformed 方法中，使用 tf 指向界面的输入框。可以调用它的 get/setText 方法来获取和设置输入框内容。

然后使用这个监听器实现类，代码如下：

```
import java.awt.FlowLayout;
import java.awt.event.ActionListener;
import javax.swing.*;

public class UserLogin {
      public void showUI() {       // 示例按钮监听器的实现
             JFrame jf=new JFrame("系统登录");
             jf.setSize(600,400);
             FlowLayout fl=new FlowLayout();
             jf.setLayout(fl);
             // 1.界面上的输入框，会被传入监听器对象中使用
             JTextField jtfName=new JTextField(20);
             jf.add(jtfName);
             JButton buLogin=new JButton("登录");
             jf.add(buLogin);
             // 2.创建按钮监听器类对象时，传入输入框对象
             ActionListener al=new LoginLis(jtfName);
             // 将这个监听器对象加给按钮对象
             buLogin.addActionListener(al);
             jf.setVisible(true);
      }
      public static void main(String[] args) {
         UserLogin user=new UserLogin();
         user.showUI();
      }
```

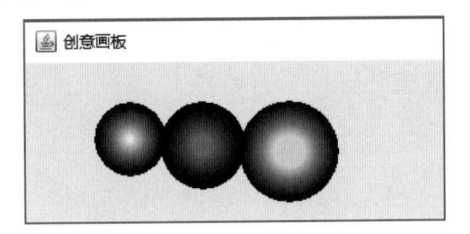

}
```

这里关键的代码就是：

```
// 2．创建按钮监听器类对象时，传入输入框对象
ActionListener al=new LoginLis(jtfName);
```

由于事件监听器定义了有参构造器，因此必须传入一个 JTextField 类型的对象。传入后，在监听器中使用的输入框就是界面上创建的 jtfName 输入框对象。

练习：

请练习如上代码，熟练后，再实现两个输入框和一个计算器。

2.4.6　鼠标事件监听器的实现

本小节我们将介绍鼠标监听器和 Color 类的基本用法，实现如图 2-19 所示的 3D 绘图效果。

图 2-19　3D 绘图效果

1. 给 JFrame 界面加上鼠标监听器 MouseListener

首先，通过调用 JFrame 对象的 addMouseListener()方法，传入一个实现了 MouseListener 接口的类的对象。MouseListener 接口已由系统定义，位于 java.awt.event 包中，我们可直接使用，其源代码如下：

```
package java.awt.event;
public interface MouseListener extends EventListener {
 public void mouseClicked(MouseEvent e);      // 单击
 public void mousePressed(MouseEvent e);      // 鼠标在界面上按下
 public void mouseReleased(MouseEvent e);     // 鼠标在界面上松开
 public void mouseEntered(MouseEvent e);      // 进入界面
 public void mouseExited(MouseEvent e);       // 离开界面
}
```

可以看出，MouseListener（鼠标事件）接口中定义了 5 个方法：响应鼠标在 JFrame 界面上按下（Pressed）、松开（Released）、进入（Entered）、退出（Exited）、单击（Clicked）。我们只需要创建一个类来实现 MouseListener 接口，然后在对应的方法中编写代码即可。

以下是一个简单的实现鼠标监听器的代码示例：

```
import java.awt.event.*;
// 鼠标监听器实现测试
```
```

```java
public class DrawLis implements MouseListener{
    public void mouseClicked(MouseEvent e) {
        System.out.println("单击了一下");
    }
    public void mousePressed(MouseEvent e) {
        System.out.println("按下了一下");
    }

    public void mouseReleased(MouseEvent e) {
        System.out.println("松开了一下");
    }

    public void mouseEntered(MouseEvent e) {
        System.out.println("鼠标进入了界面");
    }
    public void mouseExited(MouseEvent e) {
        System.out.println("鼠标移出了界面");
    }
}//end class
```

为 JFrame 对象添加 DrawLis 监听器：

```java
import java.awt.event.MouseListener;
import javax.swing.JFrame;

// mini 画板
public class DrawPand {
    public void showUI() {                        // 添加鼠标监听器
        JFrame jf=new JFrame("mini 画板 v0.1");
        jf.setSize(600,400);
        jf.setVisible(true);
        MouseListener lis=new DrawLis();          // 创建 Mouse 监听器对象
        jf.addMouseListener(lis);                 // 并添加给界面
    }
    public static void main(String[] args) {
        DrawPand user=new DrawPand();
        user.showUI();
    }
}// end class
```

运行代码，效果如图 2-20 所示。

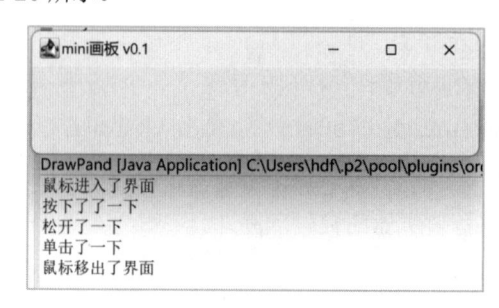

图 2-20　鼠标监听器效果

2. 当鼠标按钮松开时画图

要在界面上画图，需要用到 Graphics 类的对象，通常称之为"画布"。将界面获取的画布传入鼠标监听器，即可调用其方法画图，并设定颜色。

首先，编写监听器实现类，在监听器中定义构造器，传入画布对象：

```java
import java.awt.Graphics;
import java.awt.event.*;
// 鼠标监听器画图实现
public class DrawLis implements MouseListener{
    private Graphics g;

    public DrawLis(Graphics g){          // 自定义构造器，传入界面上的画布对象
        this.g=g;
    }

    // 主要用到了鼠标释放事件
    public void mouseReleased(MouseEvent e) {
        int x=e.getX();                  // 获取鼠标释放点的 x、y 坐标
        int y=e.getY();
        g.fillOval(x, y, 150, 200);      // 画一个宽 150、高 200 的圆
        System.out.println("Mouse 松开了 x "+x+" y "+y);
    }
    // 其他方法未使用，就暂时留空
    public void mousePressed(MouseEvent e) {}
    public void mouseClicked(MouseEvent e) {}
    public void mouseEntered(MouseEvent e) {}
    public void mouseExited(MouseEvent e) {}
}
```

代码解析：

（1）自定义有参构造器 public DrawLis(Graphics g)，需要传入一个 Graphics 类型的对象，该对象从界面 JFrame 中取得，将用于在监听器中画图。

（2）通过 e.getX() 和 e.getY() 获取鼠标的屏幕坐标，屏幕坐标系以左上角为原点（0，0），屏幕的宽和高分别对应 x 和 y 坐标值，均为正数。

（3）画图形时调用 Graphics 对象的 g.fillOval() 方法绘制并填充一个圆形。Graphics 还提供了 drawLine、drawOval 等方法来绘制不同图形。

接下来，将这个监听器添加到界面中。给窗体添加监听器的代码示例如下：

```java
import java.awt.event.MouseListener;
import javax.swing.JFrame;

// mini 画板
public class DrawPand {
    public void showUI() {                    // 添加鼠标监听器
        JFrame jf=new JFrame("mini 画板 v0.1");
        jf.setSize(600,400);
```

```
            jf.setVisible(true);
            java.awt.Graphics g=jf.getGraphics();    // 获取界面画布对象
            MouseListener lis=new DrawLis(g);        // 在监听器对象中传入画布
            jf.addMouseListener(lis);                // 将监听器添加到界面中
        }
        public static void main(String[] args) {
            DrawPand user=new DrawPand();
            user.showUI();
        }
}// end class
```

运行代码，效果如图 2-21 所示。

图 2-21　鼠标监听器效果

这里关键的代码是以下两行：

（1）java.awt.Graphics g=jf.getGraphics()：获取界面的画布对象。这行代码中的 g 代表画布，用于画图。获取画布必须在界面设置为 setVisible（可见）之后执行。

（2）MouseListener lis=new DrawLis(g)：将界面画布传入鼠标监听器。当然，前提是 DrawLis 中定义了接收 Graphics 类型的有参构造器。

练习：

在完成上述代码后，尝试调用画布对象 g 的 drawLine、drawOval、setColor 等方法进行拓展练习。

2.4.7　绘制 3D 观感的图形

要绘制不同颜色的图形，需要用到 Color 对象。颜色在代码中通过 3 个 0~255 的数字来表示，分别对应 R（红）、G（绿）、B（蓝）3 种分量的值，从而调配出不同的颜色。

例如，`Color c=new Color(255,0,0)`;表示红色，调用画布 Graphics 对象的 g.setColor(c) 方法，画出的图形将会是红色。请参见图 2-22 和图 2-23 所示的效果及对应的 Color 对象颜色配比值。

```
Color c=new Color(255,0,0);
g.setColor(c);
g.fillOval(x, y, 150, 200);
```

图 2-22　红色参数

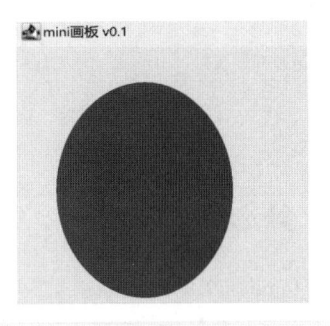

```
Color c=new Color(0,100,255);
g.setColor(c);
g.fillOval(x, y, 150, 200);
```

图 2-23　蓝色参数

在 DrawLis 监听器中修改鼠标松开时的画图代码如下：

```java
// 主要用到了鼠标释放事件
public void mouseReleased(MouseEvent e) {
    int x=e.getX();
    int y=e.getY();
    for(int i=0;i<255;i++) {
        Color c=new Color(i,0,0);
        g.setColor(c);
        g.fillOval(x+i/2, y+i/3, 255-i, 255-i);
    }
}
```

结果如图 2-24 所示，画出了 3D 小球。

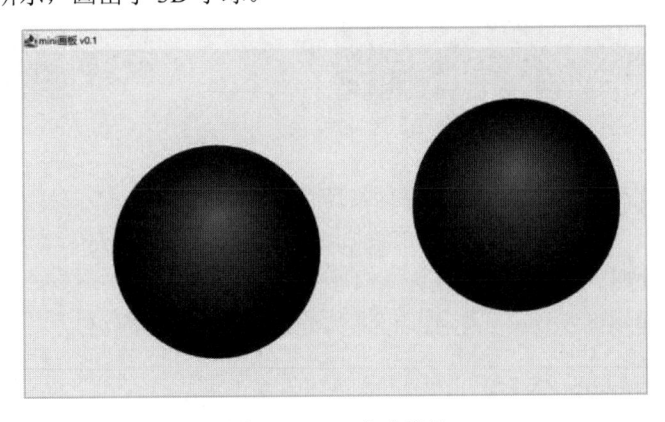

图 2-24　3D 小球效果

扫码看效果图

编程学习注重实践，这意味着我们应先通过动手实现效果，再分析其原理，最后尝试自己的推理创意。这就是"做中学"的精神。

练习：

请尝试画出你自己的个性 3D 创意图。

2.5 "创意分形画板"原型实现

2.5.1 分形是什么

分形（Fractal）这一术语由数学家曼德勃罗（见图 2-25）在 1975 年提出，并在他的著作《分形：形状、机遇和维数》中正式介绍。分形指的是具有自相似、自组织以及自成系统的结构。仔细观察自然界，会发现许多植物、矿物、山川河流等都呈现出分形的特征，如图 2-26 所示。

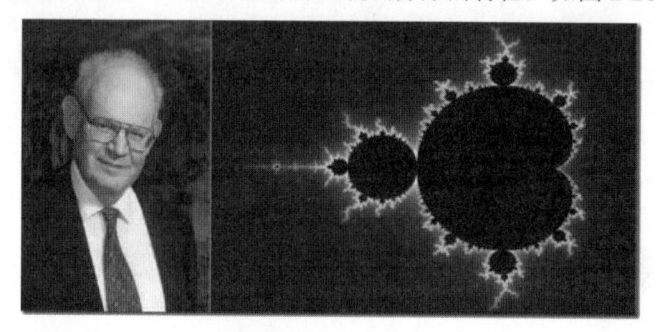

图 2-25　曼德勃罗

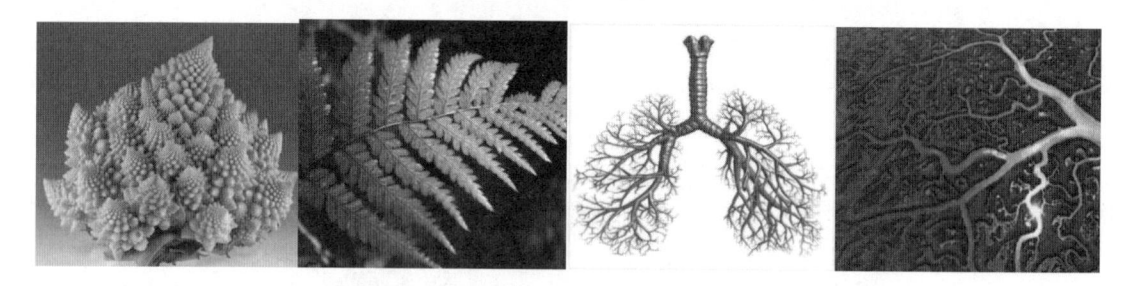

图 2-26　自然界的分形示例

如今，分形广泛应用于计算机科学、金融市场、美学艺术设计、工程技术乃至社会文化等多个领域，并且是研究非线性系统、耗散结构和混沌动力学的重要工具。天体物理学泰斗约翰·惠勒曾说："明天谁不熟悉分形，谁就不能被认为是科学文化人。"

接下来，我们将带领读者使用代码实现经典的分形图——门格海绵！

2.5.2 门格海绵结构分析

在某部电影中，有一个外星人带来了一种小型多孔盒，进入其中的人发现到处都是路，但无论怎么走都无法走出来，类似于希腊神话中的"迷楼"。这正是门格海绵（见图 2-27）。今天，我们将通过代码实现门格海绵结构。

首先，我们分析门格海绵的结构特征，演变过程如图 2-28 所示。

图 2-27　门格海绵

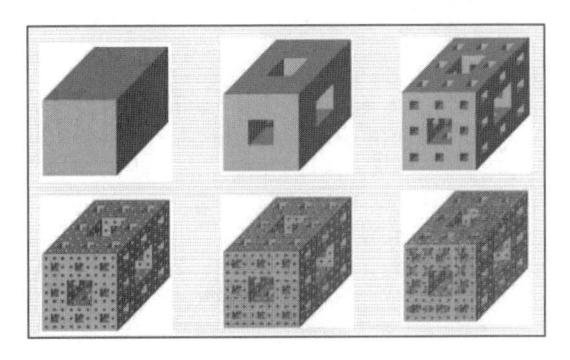

图 2-28　门格海绵演变过程

门格海绵中的每个立方体都由如图 2-29 所示的三层结构组成。

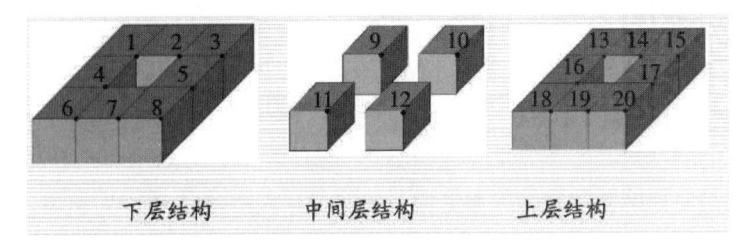

图 2-29　三层结构图

绘制门格海绵图形的算法思路是：画出一个立方体，并对它不断进行规则裂变，从而生成更为复杂的图形。因此，第一步是画出一个立方体。

2.5.3　立方体编码实现

一个立方体的形状如图 2-30 所示。画立方体看起来有点复杂，但我们可以简化它。首先画出一个线框图，如图 2-31 所示。

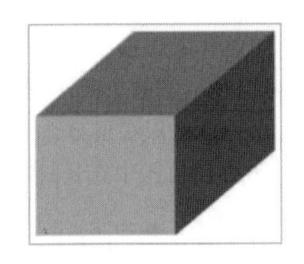

图 2-30　立方体

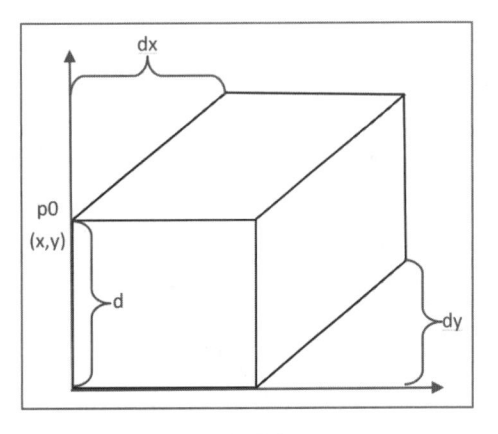

图 2-31　线框图

画这个线框图需要 3 个参数：①立方体的顶点 p0(x,y)，②立方体的高度 d，③透视偏移量 dx 和 dy。

以下是在按钮事件监听器中绘制线框图的代码示例：

```java
import java.awt.*;
import java.awt.event.*;
// 按钮监听器实现类：指定参数，实现线框图的绘制
public class DrawAction implements ActionListener {
    private Graphics g;
public DrawAction(Graphics g) {                 // 构造器，传入画布
    this.g=g;
}
// 按钮事件响应：在此中画出线框图
public void actionPerformed(ActionEvent e) {
    int x=300,y=200;                            // 立方体的顶点坐标
    int d=200,dx=200,dy=100;                    // 立方体的高度和透视偏移量
    Point p0=new Point(x,y);
    draw(g,p0.x,p0.y,d,dx,dy);
    }
// 画一个立方体线框图
private void draw(Graphics g,int x, int y,int d, int dx, int dy){
        Point p0=new Point(x, y);               // 计算6个顶点的位置
        Point p1=new Point(x-d, y);
        Point p2=new Point(x-d, y+d);
        Point p3=new Point(x, y+d);
        Point p4=new Point(p3.x+dx, p3.y-dy);
        Point p5=new Point(p0.x+dx, p0.y-dy);
        Point p6=new Point(p0.x-(d-dx), p0.y-dy);
        g.drawLine(p0.x, p0.y, p1.x, p1.y);     // 画9条线
        g.drawLine(p1.x, p1.y, p2.x, p2.y);
        g.drawLine(p2.x, p2.y, p3.x, p3.y);
        g.drawLine(p3.x, p3.y, p0.x, p0.y);
        g.drawLine(p1.x, p1.y, p6.x, p6.y);
        g.drawLine(p6.x, p6.y, p5.x, p5.y);
        g.drawLine(p0.x, p0.y, p5.x, p5.y);
        g.drawLine(p5.x, p5.y, p4.x, p4.y);
        g.drawLine(p4.x, p4.y, p3.x, p3.y);
    }
}//end class
```

接下来，编写一个界面，界面上只有一个按钮，并为该按钮添加上述监听器：

```java
import java.awt.FlowLayout;
import javax.swing.*;
public class FractalUI {
   public void showUI() {                       // 添加鼠标监听器
      JFrame jf=new JFrame("创意分形画板 v0.1");
            jf.setSize(600,500);
      FlowLayout fl=new FlowLayout();
            jf.setLayout(fl);
      JButton buDraw=new JButton("门格海绵");
            jf.add(buDraw);
            jf.setVisible(true);
      java.awt.Graphics g=jf.getGraphics();     // 获取界面画布对象
      DrawAction lis=new DrawAction(g);         // 在按钮监听器对象中传入画布
```

```
            buDraw.addActionListener(lis);
    }
    public static void main(String[] args) {
    FractalUI user=new FractalUI();
    user.showUI();
    }
} //end class
```

运行程序，结果如图 2-32 所示。

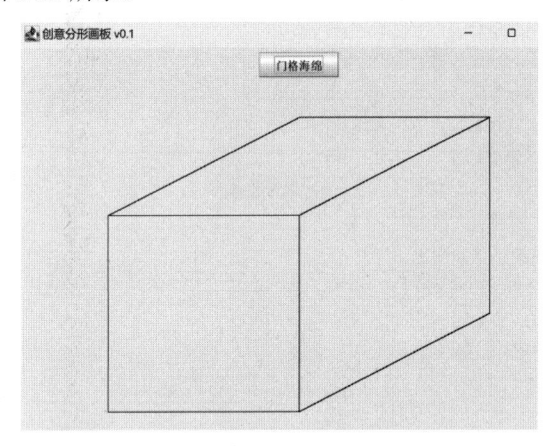

图 2-32　程序画的线框图

现在，立方体有了一些基础的感觉！接下来，我们给立方体上色。在计算机的世界中，"数即是色"。为了呈现更逼真的立体效果，需要对立方体的三个面填充相近的三种颜色。可通过为每个面的 4 个顶点创建一个 Polygon（多边形）对象，并调用 Graphics 对象的 fillPolygon()方法来实现这一效果。改进后的 DrawAction 类代码如下：

```
import java.awt.*;
import java.awt.event.*;

// 按钮监听器实现类：实现多边形填充
public class DrawAction implements ActionListener {
    private Graphics g;
    public DrawAction(Graphics g) {
        this.g=g;
    }
    // 按钮事件响应：在此中画出线框图
    public void actionPerformed(ActionEvent e) {
        int x=300,y=200;                        // 立方体的顶点坐标
        int d=200,dx=200,dy=100;                // 立方体的高度和透视偏移量
        Point p0=new Point(x,y);
        draw(g,p0.x,p0.y,d,dx,dy);
    }
    // 画一个立方体线框图
    private void draw(Graphics g,int x, int y,int d, int dx, int dy){
        Point p0=new Point(x,y);                // 计算 6 个顶点的位置
        Point p1=new Point(x-d, y);
```

```
            Point p2=new Point(x-d, y+d);
            Point p3=new Point(x, y+d);
            Point p4=new Point(p3.x+dx, p3.y-dy);
            Point p5=new Point(p0.x+dx, p0.y-dy);
            Point p6=new Point(p0.x-(d-dx), p0.y-dy);
            g.drawLine(p0.x, p0.y, p1.x, p1.y);          // 画 9 条线
            g.drawLine(p1.x, p1.y, p2.x, p2.y);
            g.drawLine(p2.x, p2.y, p3.x, p3.y);
            g.drawLine(p3.x, p3.y, p0.x, p0.y);
            g.drawLine(p1.x, p1.y, p6.x, p6.y);
            g.drawLine(p6.x, p6.y, p5.x, p5.y);
            g.drawLine(p0.x, p0.y, p5.x, p5.y);
            g.drawLine(p5.x, p5.y, p4.x, p4.y);
            g.drawLine(p4.x, p4.y, p3.x, p3.y);

            // 填充第一个面,创建一个多边形对象
            Polygon pon1=new Polygon();
            pon1.addPoint(p0.x,p0.y);
            pon1.addPoint(p1.x,p1.y);
            pon1.addPoint(p2.x,p2.y);
            pon1.addPoint(p3.x,p3.y);
            g.setColor(new Color(250,150,0));
            g.fillPolygon(pon1);
            // 填充第二个面,再创建一个多边形对象
            Polygon pon2=new Polygon();
            pon2.addPoint(p0.x,p0.y);
            pon2.addPoint(p1.x,p1.y);
            pon2.addPoint(p6.x,p6.y);
            pon2.addPoint(p5.x,p5.y);
            g.setColor(new Color(250,130,0));
            g.fillPolygon(pon2);
            // 第三个面,等你来填充
            // 画出每个顶点的编号,便于调试
            g.setColor(Color.BLACK);
            g.drawString("p0.x, p0.y", p0.x,p0.y);
            g.drawString("p1.x, p1.y", p1.x,p1.y);
            g.drawString("p2.x, p2.y", p2.x,p2.y);
            g.drawString("p3.x p3.y", p3.x,p3.y);
            g.drawString("p4.x p4.y", p4.x,p4.y);
            g.drawString("p5.x, p5.y", p5.x,p5.y);
            g.drawString("p6.x, p6.y", p6.x,p6.y);
     }
}//end class
```

在上面的代码中,新增了填充部分,根据 4 个顶点来创建并填充一个多边形。此外,为了方便调试,使用 Graphics 的 drawString 方法在每个顶点处显示了编号。

界面类的源代码没有任何改变,依旧是把这个监听器添加到界面按钮上:

```
java.awt.Graphics g=jf.getGraphics();     // 获取界面画布对象
DrawAction lis=new DrawAction(g);         // 在按钮监听器对象中传入画布
```

```
buDraw.addActionListener(lis);
```

运行程序后，将看到如图 2-33 所示的效果。

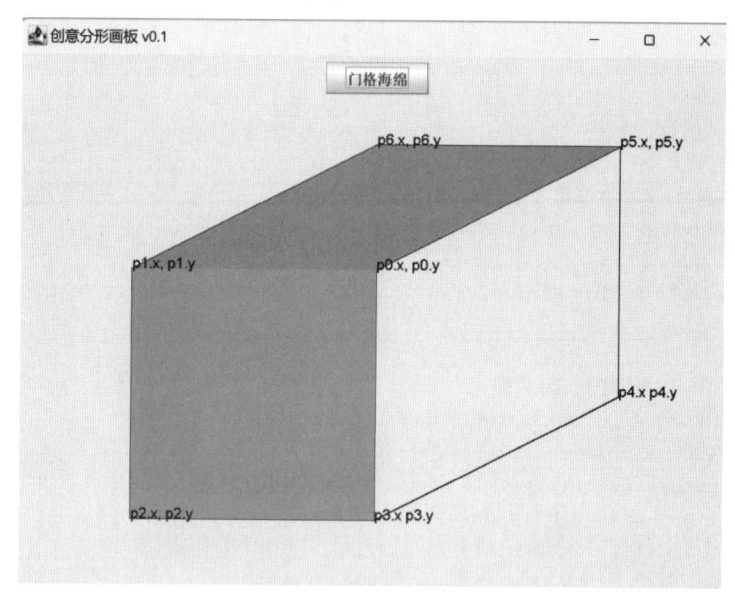

图 2-33　填充颜色后的效果

练习：

在图 2-33 中，侧面没有填充颜色，这是留给读者的任务，请尝试实现它。

2.5.4　绘制多个立方体

在 2.5.3 节中，根据一组给定的参数绘制了一个立方体。那么，如何绘制更多的立方体呢？一旦得到一个立方体的 6 个顶点坐标，我们就可以基于这些坐标绘制另外 6 个立方体（实际上只需要绘制 3 个可见的立方体），如图 2-34 所示。

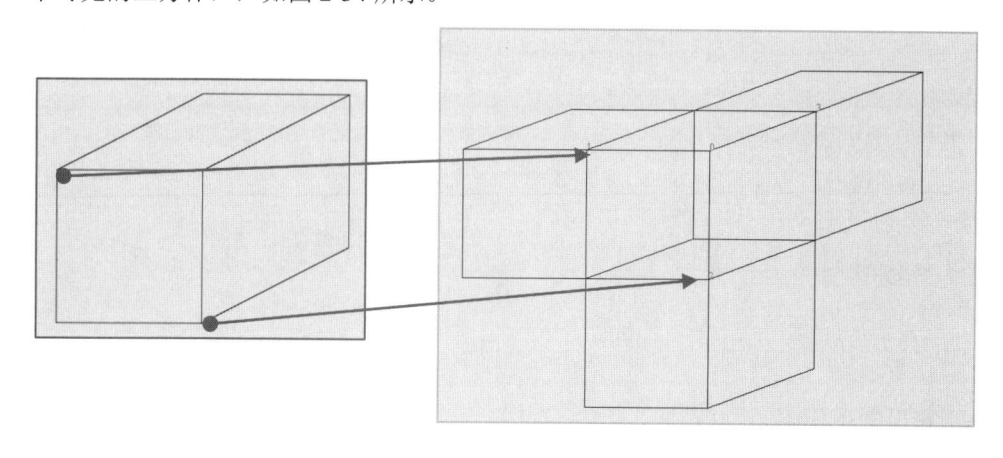

图 2-34　画多个立方体

首先，根据给定的顶坐标绘制第一个立方体；然后，根据第一个立方体的 3 个顶点坐标绘制另外 3 个立方体，代码如下：

```java
package menge;

import java.awt.*;
import java.awt.event.*;

// 按钮监听器实现类：在一个线框立方体周围绘制 3 个立方体
public class DrawAction implements ActionListener {
    private Graphics g;
    public DrawAction(Graphics g) {
        this.g=g;
    }
    // 按钮事件响应：在此中画出线框图
    public void actionPerformed(ActionEvent e) {
        int x=400,y=200,d=160,dx=140,dy=50;
        Point p0=new Point(x,y);
        Point[] ps= draw(g,p0,d,dx,dy,0);
        for(int i=0;i<ps.length;i++){          // 画出周围的立方体
            Point[] ps2= draw(g, ps[i], d, dx,dy,i+1);
        }
    }
    // 根据一个立方体，画出边上的 3 个立方体
    private Point[] draw(Graphics g, Point p0,int d, int dx, int dy,int count){
        Point p1=new Point(p0.x-d,p0.y);
        Point p2=new Point(p0.x-d,p0.y+d);
        Point p3=new Point(p0.x,p0.y+d);
        Point p4=new Point(p3.x+dx,p3.y-dy);
        Point p5=new Point(p0.x+dx,p0.y-dy);
        Point p6=new Point(p0.x-(d-dx),p0.y-dy);
        g.drawLine(p0.x, p0.y, p1.x, p1.y);     // 连线
        g.drawLine(p1.x, p1.y, p2.x, p2.y);
        g.drawLine(p2.x, p2.y, p3.x, p3.y);
        g.drawLine(p3.x, p3.y, p0.x, p0.y);
        g.drawLine(p1.x, p1.y, p6.x, p6.y);
        g.drawLine(p6.x, p6.y, p5.x, p5.y);
        g.drawLine(p0.x, p0.y, p5.x, p5.y);
        g.drawLine(p5.x, p5.y, p4.x, p4.y);
        g.drawLine(p4.x, p4.y, p3.x, p3.y);
        g.drawString(""+count, p0.x,p0.y);      // 画出编号
        // 保存顶点数据对象的数组
        Point[] ps=new Point[3];
        ps[0]=p1; ps[1]=p3; ps[2]=p5;
        return ps;
    }
}//end class
```

界面代码不需要改变。

通过这一步，我们实现了通过一组坐标绘制一个立方体，然后基于这个立方体生成了 3 个立方体。接着，这 3 个立方体再生成 9 个，以此类推。最终画出的线框图如图 2-35 所示。

练习：

请对每个立方体的 3 个面填充颜色，要考虑绘制的顺序。填充出错的图形可能会是图 2-36 所示的结果。

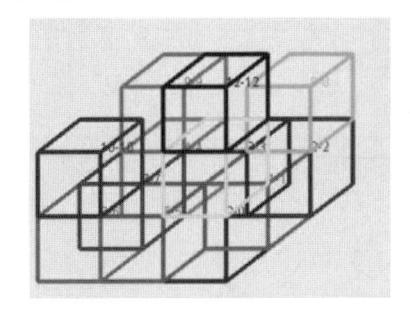

图 2-35　画多个线框　　　　图 2-36　填充出错的图形

2.5.5　拼装门格海绵的模块

要拼出复杂的门格海绵结构，我们需要将其拆分成一个个小立方体。拆分后会发现，只要能画出一个立方体，就能画出任意复杂的门格海绵。具体思路如图 2-37 所示。

显然，这个编码过程需要非常细心和耐心，但即使出错，也可能收获意想不到的结果。图 2-38 所示是我们实现的一个门格海绵模块。

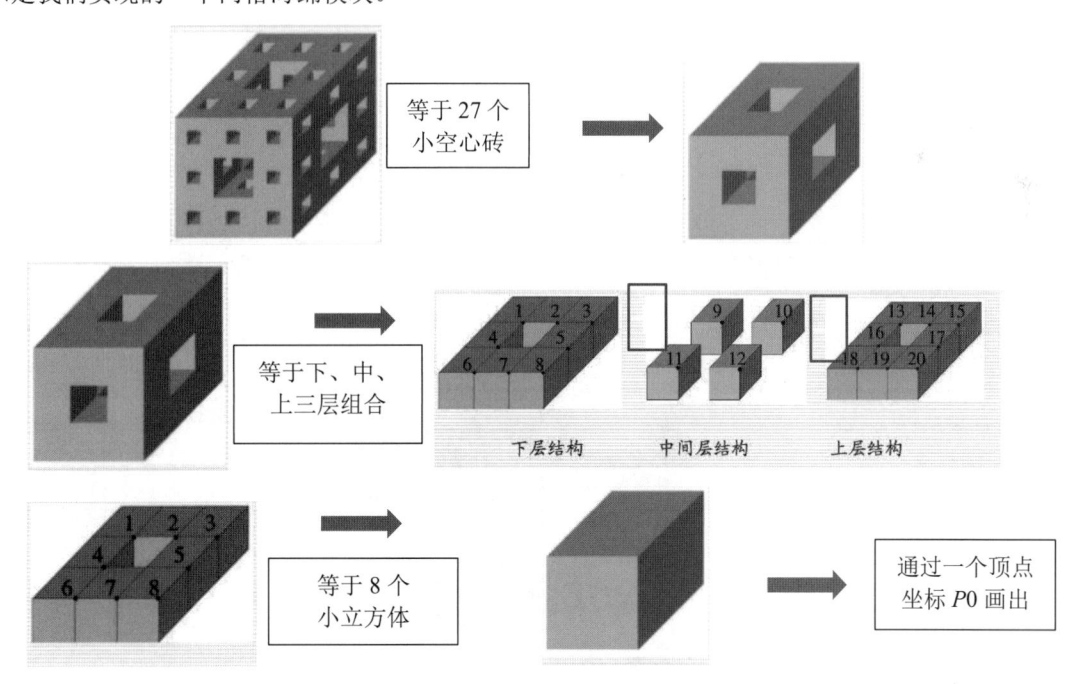

图 2-37　门格海绵的推导思路

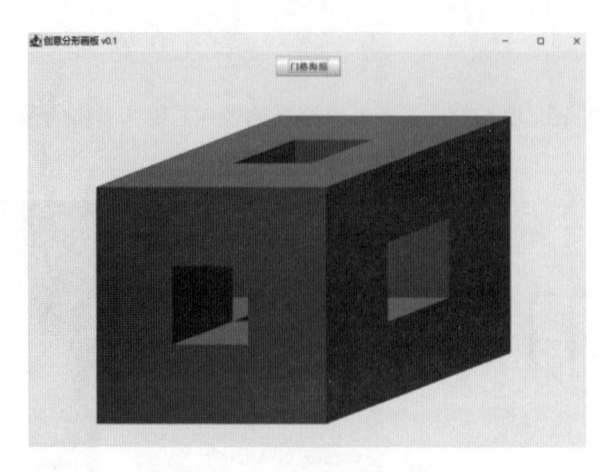

图 2-38 一个门格海绵模块

改进后的按钮监听器（界面代码不需要改动）代码如下：

```java
import java.awt.*;
import java.awt.event.*;

// 按钮监听器实现类：画出门格海绵的一个基础模块，三层结构
public class DrawAction implements ActionListener {
    private Graphics g;
    public DrawAction(Graphics g) {
        this.g=g;
    }
    // 按钮事件响应：在此中画出门格海绵的一组基本结构
    public void actionPerformed(ActionEvent e) {
        int x=400,y=200,d=100,dx=80,dy=30;
        Point p0=new Point(x, y);//起点
        // 画出一组结构
        drawButtonLevel(g,p0,d,dx,dy);        // 画下层
        drawMidLevel(g,p0,d,dx,dy);           // 画中层
        drawTopLevel(g,p0,d,dx,dy);           // 画上层
    }
```

// 只画出上层结构，没有画中间层（注释掉 DrawMidlevel 这个画中间层的方法），如图 2-39 所示

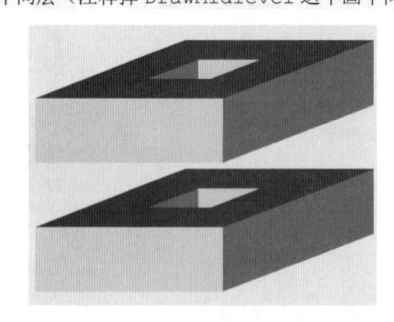

图 2-39 注释掉 drawMidlevel 的效果

```java
    private void drawTopLevel(Graphics g, Point p0,int d, int dx, int dy) {
        Point[] ps1=getPointByP0(p0,d,dx,dy);          // 根据起点得到另外 6 个点
        Point[] ps2=getPointByP0(ps1[5],d, dx, dy);    // 根据起点得到另外 6 个点
```

```
        draw(g,ps2[0],ps2[1],ps2[2],ps2[3],ps2[4],ps2[5],ps2[6]);    // 画出第一个长方体
        Point[] ps3=getPointByP0(ps2[5],d, dx, dy);            // 根据起点得到另外 6 个点
        Point[] ps4=getPointByP0(ps3[1],d, dx, dy);            // 根据起点得到另外 6 个点
        Point[] ps5=getPointByP0(ps4[1],d, dx, dy);            // 根据起点得到另外 6 个点
        Point[] ps7=getPointByP0(ps1[1],d, dx, dy);            // 根据起点得到另外 6 个点
        Point[] ps8=getPointByP0(ps7[1],d, dx, dy);            // 根据起点得到另外 6 个点
        Point[] ps9=getPointByP0(ps8[5],d, dx, dy);            // 根据起点得到另外 6 个点
        draw(g,ps5[0],ps5[1],ps5[2],ps5[3],ps5[4],ps5[5],ps5[6]);    // 画出第一个长方体
        draw(g,ps4[0],ps4[1],ps4[2],ps4[3],ps4[4],ps4[5],ps4[6]);
        draw(g,ps9[0],ps9[1],ps9[2],ps9[3],ps9[4],ps9[5],ps9[6]);
        draw(g,ps8[0],ps8[1],ps8[2],ps8[3],ps8[4],ps8[5],ps8[6]);
        draw(g,ps7[0],ps7[1],ps7[2],ps7[3],ps7[4],ps7[5],ps7[6]);
        draw(g,ps3[0],ps3[1],ps3[2],ps3[3],ps3[4],ps3[5],ps3[6]);
        draw(g,ps2[0],ps2[1],ps2[2],ps2[3],ps2[4],ps2[5],ps2[6]);
        draw(g,ps1[0],ps1[1],ps1[2],ps1[3],ps1[4],ps1[5],ps1[6]);
}
```

// 画出中间层，效果图如图 2-40 所示

图 2-40　中间层效果图

```
private void drawMidLevel(Graphics g, Point p0,int d, int dx, int dy) {
    Point[] ps1=getPointByP0(p0,d,dx,dy);         // 根据起点得到另外 6 个点
    // 第一个已经画了
    draw(g,ps1[0],ps1[1],ps1[2],ps1[3],ps1[4],ps1[5],ps1[6]);    // 画出第一个长方体
    Point[] ps2=getPointByP0(ps1[3],d, dx, dy);      // 这个点放到最后画
    Point[] ps3=getPointByP0(ps2[5],d, dx, dy);      // 这个不需要画出来
    Point[] ps4=getPointByP0(ps3{5],d, dx, dy);
    draw(g,ps4[0],ps4[1],ps4[2],ps4[3],ps4[4],ps4[5],ps4[6]);    // 画出第一个长方体
    Point[] ps5=getPointByP0(ps4[1],d, dx, dy);      // 这个不需要画出来
    Point[] ps6=getPointByP0(ps5[1],d, dx, dy);      // 这个不需要画出来
    draw(g,ps6[0],ps6[1],ps6[2],ps6[3],ps6[4],ps6[5],ps6[6]);    // 画出第一个长方体
    
    Point[] ps7=getPointByP0(ps2[1],d, dx, dy);      // 这个不需要画出来
    Point[] ps8=getPointByP0(ps7[1],d, dx, dy);      // 这个不需要画出来
    draw(g,ps8[0],ps8[1],ps8[2],ps8[3],ps8[4],ps8[5],ps8[6]);    // 画出第一个长方体
    draw(g,ps2[0],ps2[1],ps2[2],ps2[3],ps2[4],ps2[5],ps2[6]);    // 画出第一个长方体
}
```

// 画出下层结构
```
private void drawButtonLevel(Graphics g, Point p0,int d, int dx, int dy) {
    Point[] ps1=getPointByP0(p0,d,dx,dy);         // 根据起点得到另外 6 个点
    ps1=getPointByP0(ps1[3],d,dx,dy);             // 根据起点得到另外 6 个点
    ps1=getPointByP0(ps1[3],d,dx,dy);             // 根据起点得到另外 6 个点
```

```
        Point[] ps2=getPointByP0(ps1[5],d, dx, dy);    // 根据起点得到另外 6 个点
        draw(g,ps2[0],ps2[1],ps2[2],ps2[3],ps2[4],ps2[5],ps2[6]);   // 画出第一个长方体
        Point[] ps3=getPointByP0(ps2[5],d, dx, dy);    // 根据起点得到另外 6 个点
        Point[] ps4=getPointByP0(ps3[1],d, dx, dy);    // 根据起点得到另外 6 个点
        Point[] ps5=getPointByP0(ps4[1],d, dx, dy);    // 根据起点得到另外 6 个点
        Point[] ps7=getPointByP0(ps1[1],d, dx, dy);    // 根据起点得到另外 6 个点
        Point[] ps8=getPointByP0(ps7[1],d, dx, dy);    // 根据起点得到另外 6 个点
        Point[] ps9=getPointByP0(ps8[5],d, dx, dy);    // 根据起点得到另外 6 个点
        draw(g,ps5[0],ps5[1],ps5[2],ps5[3],ps5[4],ps5[5],ps5[6]);   // 画出第一个长方体
        draw(g,ps4[0],ps4[1],ps4[2],ps4[3],ps4[4],ps4[5],ps4[6]);
        draw(g,ps9[0],ps9[1],ps9[2],ps9[3],ps9[4],ps9[5],ps9[6]);
        draw(g,ps8[0],ps8[1],ps8[2],ps8[3],ps8[4],ps8[5],ps8[6]);
        draw(g,ps7[0],ps7[1],ps7[2],ps7[3],ps7[4],ps7[5],ps7[6]);
        draw(g,ps3[0],ps3[1],ps3[2],ps3[3],ps3[4],ps3[5],ps3[6]);
        draw(g,ps2[0],ps2[1],ps2[2],ps2[3],ps2[4],ps2[5],ps2[6]);
        draw(g,ps1[0],ps1[1],ps1[2],ps1[3],ps1[4],ps1[5],ps1[6]);
    }
    // 根据 0 号点，得到另外几个点的坐标
    private Point[] getPointByP0(Point p0,int d, int dx, int dy) {
        Point p1=new Point(p0.x-d,p0.y);
        Point p2=new Point(p0.x-d,p0.y+d);
        Point p3=new Point(p0.x,p0.y+d);
        Point p4=new Point(p3.x+dx,p3.y-dy);
        Point p5=new Point(p0.x+dx,p0.y-dy);
        Point p6=new Point(p0.x-(d-dx),p0.y-dy);
        Point[] ps=new Point[7];
        ps[0]=p0; ps[1]=p1; ps[2]=p2;
        ps[3]=p3; ps[4]=p4; ps[5]=p5;
        ps[6]=p6;
        return ps;
    }
    // 给定 6 个点，填充 3 个面，呈现立体效果
    private void draw(Graphics g, Point p0,Point p1,Point p2, Point p3,Point p4,Point p5,Point p6) {
        Polygon ponlygon3=new Polygon();
        ponlygon3.addPoint(p0.x,p0.y);
        ponlygon3.addPoint(p3.x,p3.y);
        ponlygon3.addPoint(p4.x,p4.y);
        ponlygon3.addPoint(p5.x,p5.y);
        g.setColor(new Color(255,0,0));
        g.fillPolygon(ponlygon3);
        Polygon ponlygon1=new Polygon();
        ponlygon1.addPoint(p0.x,p0.y);
        ponlygon1.addPoint(p1.x,p1.y);
        ponlygon1.addPoint(p2.x,p2.y);
        ponlygon1.addPoint(p3.x,p3.y);
        g.setColor(new Color(0,255,0));
        g.fillPolygon(ponlygon1);
        Polygon ponlygon2=new Polygon();
        ponlygon2.addPoint(p0.x,p0.y);
```

```
            ponlygon2.addPoint(p5.x,p5.y);
            ponlygon2.addPoint(p6.x,p6.y);
            ponlygon2.addPoint(p1.x,p1.y);
            g.setColor(new Color(0,0,255));
            g.fillPolygon(ponlygon2);
    }
}//end class
```

完整效果图如图 2-41 所示。

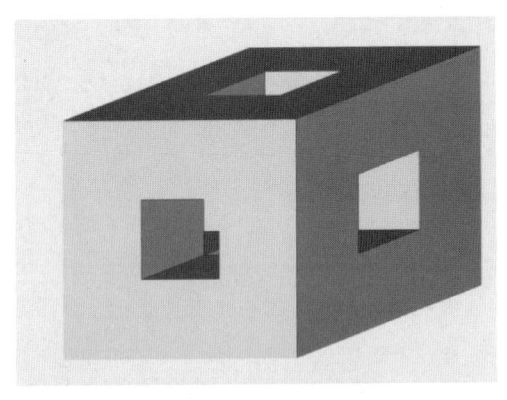

图 2-41　完整效果图

最后一步是留给读者的挑战。如果不出错，你将能画出与众不同的结构！例如，笔者就画出了这么奇特的结构，如图 2-42 所示。

图 2-42　特殊门格海绵的效果

这也许就是分形的魅力：即使按照简单的规则不断重复细化，也会带来惊喜！

2.6　整合"创意分形画板"

编程的本质是技术，还是一种艺术，这尚无定论。

人与人之间的沟通能力不仅仅取决于对语言和文字的掌握，还需要重视修辞艺术。同样，作为人与机器之间对话的桥梁，代码是否也需要融入一些艺术感和审美能力？在人机共存的时代，或许让机器呈现一个温情的世界，也是一种值得探索的方向。分形作为代码和艺术之美的结合，是一个很好的切入点。

希望读者能继续探索分形之美，开发出一个程序，能够通过调整各种参数，展示门格海绵、谢尔宾斯基三角形、科赫曲线、分形树仿真等经典的分形图案。

图 2-43 所示为设想中的"创意分形画板"展示界面。

图 2-43　创意分形画板

要进一步完善项目，需要参考以下资料和技术要点：

- 递归算法的应用。
- 分形理论和示例大全：https://paulbourke.net/fractals/。
- 探索如何读取和保存图片文件。

2.7　典型竞赛算法题案例

2.7.1　递归算法

递归算法既是计算机科学与技术专业的重要内容，也是 ACM、蓝桥杯、CCF 等编程竞赛中常见的考点，还是软件工程专业常见的实践方向之一。

计算机中经典的 5 种算法包括递归算法、动态规划算法、贪心法、分治法和回溯法。在这些算法中，递归被誉为"算法之母"，因为它是程序化思维模式的基石。递归提供了一种分层、嵌套、逐步逼近的方法，将一个大问题逐步拆解为同类型的小问题，直到达到一个可以直接解决的基础问题。可以说，递归是计算思维的精髓。

下面我们通过一个求斐波那契数列第 n 项的例子来掌握递归的应用。

题目：给定一个整数 n，请返回斐波那契数列的第 n 项。

示例 1：输入：n = 4　　　　　输出：4
解释：t_3 = 0 + 1 + 1 = 2;　　t_4 = 1 + 1 + 2 = 4

示例 2：输入：n = 25　　　输出：1389537
提示：0 <= n <= 37

答案保证是一个 32 位整数，即 answer <= 2^31-1。

解法：通过递归算法求解斐波那契数列，代码如下：

```java
// 递归算法求解
public class Solution {
    public static int fib(int n) {
        if (n == 0) {
            return 0;
        }
        if (n == 1) {
            return 1;
        }
        return fib(n - 1) + fib(n - 2);   // 递归调用
    }

    public static void main(String[] args) {
        int n = 3;
        System.out.println("第 " + n + " 个斐波那契数是： " + fib(n));
    }
}// end class
```

通俗地说，递归就是一个函数调用自己。在算法相同的情况下，我们可以通过递归算法求解。下面再看一个例子，计算阶乘，代码如下：

```java
// 递归算法计算阶乘
public static int factorial(int n) {
    if (n <= 1) {           // 基本情况：如果 n 是 0 或 1，则阶乘结果是 1
        return 1;
    }
    else {                  // 递归情况：n! = n * (n-1)!
        return n * factorial(n - 1);
    }
}

public static void main(String[] args) {
    int n = 8;
    System.out.println( n + " 的阶乘是： " + factorial(n));
}
```

可以看出，应用递归有两个基本条件：

（1）算法相同：即每次递归都应该是相同类型的子问题。

（2）退出条件：递归必须有一个明确的退出条件，如果没有退出条件，递归会无限进行，最终导致栈溢出的错误。

```java
// 例子：没有退出条件，会导致栈溢出的递归
public static int stackOver(int n) {
```

```
        n=n+1;
        int t=stackOver(n);      // 递归调用
        return t;
    }

    public static void main(String[] args) {
        stackOver(1);
    }
}
```

执行这段代码最终会导致栈溢出，JVM 会报错：

```
Exception in thread "main" java.lang.StackOverflowError
    at learnJava.Solution.stackOver(Solution.java:12)
```

2.7.2 动态规划算法

在上一小节中，我们用递归算法求解斐波那契数列。分析代码流程后，我们会发现递归算法先要计算到最后，即 *n*=0，再往回计算。这个过程存在许多重复计算。为此，我们在代码中输出每一步的计算结果，代码如下：

```
// 递归算法求解
public class Solution {
    private static int count=0;      // 递归深度计数器
    public static int fib(int n) {
        if (n == 0) {
            return 0;
        }
        if (n == 1) {
            return 1;
        }
        count++;     // 对调用次数进行计算
        System.out.println(count+"次计算结果 "+n);
        return fib(n - 1) + fib(n - 2);    // 递归调用
    }

    public static void main(String[] args) {
        int n = 8;
        System.out.println("第" + n + "个斐波那契数是: " + fib(n));
    }
}
```

代码运行结果如图 2-44 所示。

可以发现，本例中求第 8 个斐波那契数（即斐波那契数列的第 8 项）时，计算了 33 次。

如果要求第 16 个斐波那契数，则计算了 1598 次！请读者自行测试。

接下来，我们将采用动态规划的思路来计算斐波那契数：

```
1 次计算结果 8
2 次计算结果 7
3 次计算结果 6
4 次计算结果 5
5 次计算结果 4
6 次计算结果 3
7 次计算结果 2
8 次计算结果 2
9 次计算结果 3
10 次计算结果 2
11 次计算结果 4
12 次计算结果 3
13 次计算结果 2
14 次计算结果 2
15 次计算结果 5
16 次计算结果 4
17 次计算结果 3
18 次计算结果 2
19 次计算结果 2
20 次计算结果 2
21 次计算结果 2
22 次计算结果 6
23 次计算结果 5
24 次计算结果 4
25 次计算结果 3
26 次计算结果 2
27 次计算结果 2
28 次计算结果 3
29 次计算结果 2
30 次计算结果 4
31 次计算结果 3
32 次计算结果 2
33 次计算结果 2
第 8 个斐波那契数是：21
```

图 2-44　运行结果

（1）创建一个长度为 n+1 的数组 dp，用于存储已计算得到的斐波那契数，并将 dp[0]初始化为 0，dp[1]初始化为 1，它们对应了斐波那契数列的前两项的值。

（2）通过循环，从第 2 项开始，根据斐波那契数列的递推公式 dp[i] = dp[i - 1] + dp[i - 2]，利用之前已计算得到并存储在数组中的斐波那契数来计算当前项的斐波那契数，并将计算的结果存储到 dp 数组中。

（3）最后返回 dp[n]，即第 n 个斐波那契数。

使用动态规划法可以避免重复多次计算斐波那契数列的中间项，效率比递归算法高很多。

采用动态规划法求解斐波那契数列的代码如下：

```java
// 采用动态规划法求解斐波那契数列
public class Solution {

    public static int fibDP(int n) {
        if (n == 0) {
            return 0;
        }
        int[] dp = new int[n + 1];
        dp[0] = 0;
        dp[1] = 1;
        // 避免重复计算，保存前两项结果
        for (int i = 2; i <= n; i++) {
            dp[i] = dp[i - 1] + dp[i - 2];
        }
        return dp[n];
    }

    public static void main(String[] args) {
        int n = 16;
        int result=fibDP(n);
        System.out.println("第" + n + "个斐波那契数是："+result);
    }
}
```

运行以上代码，比较递归算法求解和动态规划法求解的耗时，当 n=16 时：

```java
public static void main(String[] args) {
    int n = 16;
    long start=System.currentTimeMillis();          // 记录开始时间
    int result=fibDP(n);
    long cost=System.currentTimeMillis()-start;    // 计算消耗时间
    System.out.println("求" + n + "数是："+result+" 用时 "+cost);
}
```

以上代码用于计算出运行 fibDP 方法（或函数）所用的时间，请读者自行测试比较。

算法往往以高深莫测的形象令许多新手望而却步，本练习旨在帮助新手克服这种恐惧心理。只有多加实践，熟练掌握基础代码，才能在各种竞赛中取得好成绩。

2.8 软件工程专业进阶规划

软件工程专业的学习实践涉及面非常广,基础部分可参考第 1 章计算机科学与技术专业的学习规划。在此,笔者结合多年指导经验,给出以下 3 条建议:

(1) 熟练掌握一门编程语言,以写十万行代码为目标。

(2) 深度实现一个系统级项目,比如一个微型数据库、分布式缓存系统等。

(3) 尽早编写简历,通过面试了解企业的实际要求,尽早参加至少十次面试。

在具备了基本编程能力后,可以考虑以下 3 个职业发展方向:

(1) 人工智能和大数据:了解机器学习的基础算法(如线性回归、决策树等),利用 Python 机器学习库(如 Scikit-learn)实现简单的数据分类或预测任务。探索深度学习框架(TensorFlow、PyTorch)的基础知识,尝试搭建简单的神经网络进行图像识别(例如手写数字识别)。掌握大数据处理框架 Hadoop(如 MapReduce 原理、HDFS 文件系统操作)的基本原理与实践。

(2) 云计算和分布式:学习分布式一致性算法(如 Paxos、Raft 原理)、分布式存储(如 Ceph 等分布式存储系统架构)。参与分布式项目实践,例如搭建分布式缓存系统,理解分布式系统的容错与高可用特性。熟悉主流云计算平台(如 AWS、阿里云等)的基础服务(如 EC2 实例创建、存储服务使用),了解云架构设计(如弹性计算、负载均衡原理),并将简单的 Web 应用部署到云端。

(3) 移动开发和前端技术:掌握 Android 或 iOS 开发基础(如界面布局、组件使用、事件处理等),开发一个简易的待办事项 APP,了解移动应用的后端交互(如 RESTful API 调用)与推送通知等功能的实现。熟悉 HTML5、CSS3、JavaScript 核心知识,使用前端框架(如 Vue.js、React)构建交互性强的 Web 页面(如企业官方网站前端页面),并优化页面性能(如加载速度和响应式设计)。

最后,推荐阅读笔者编写的、由清华大学出版社出版的《Java 图解创意编程:从菜鸟到互联网大厂之路》一书(见图 2-45)。书中具体、细致、扎实的项目案例有助于读者打牢基础!

图 2-45 推荐书籍

第 3 章
"信息安全"专业入门实践

本章目标

入门 C 语言,实现 "RSA 加解密演示" 项目;初步掌握网络监控和数据包抓取技术。

信息安全专业除了安全相关的特色内容之外,其余知识与计算机科学与技术专业和软件工程专业结合度较高,并且与密码学、网络空间安全等专业的学习内容有较多相似之处。因此,信息安全专业的学生应注重计算机理论知识的学习和编程能力的培养。

本章将重点介绍如何使用 C 语言实现 "RSA 加解密演示" 项目。首先,带领读者练习 C 语言的输入/输出、数据类型、数组应用、流程控制和文件读写;然后,通过 "异或加密文件" 项目综合练习 C 语言的编程要点;接着介绍 RSA 的来源、加密机制的特点及其数学原理;最后逐步演示编码执行过程,详细展示 RSA 加密解密的每个步骤。通过实现一个可动态演示 RSA 加解密的项目,既带领读者学习 C 语言编程,又让读者动手实现密码学的经典项目,更重要的是领略信息安全专业的特色。

本章最后,将以 "网络安全工程师速成" 为引线,带领读者掌握网络监控的关键命令,演示如何使用 Wireshark 抓取网络数据包,以及给出信息安全专业的拓展指导,进一步激发读者探索信息安全专业的兴趣。

3.1 职业前景和就业方向

安全加密是一切系统的基石。想象一下，如果你的银行账号、手机密码、微信密码轻而易举被破解，会带来什么后果？因此，信息安全、网络空间安全、密码学等专业的学习内容，主要是应对信息、网络、计算机软硬件和人工智能系统在安全方面面临的挑战。这个专业的人，堪称数字世界的守护神（见图3-1）。

十年前，我们的安全问题大多集中在物理空间：海、陆、空、天、地以及个人的财产隐私等。例如，书信和钱财多以物理形态保存。如今，随着我们进入数字世界，从国家安全到个人财产，几乎一切都以数字形态存在。因此，无论是企业还是社会，都对信息安全类专业的

图 3-1　守护数字世界的安全

学生，以及从事安全工程项目开发的专业人士，存在着巨大的需求。除了从事密码研究、网络安全防护、漏洞发掘测试等工作，通用软件开发也是安全类专业学生的主流就业方向。

安全类专业有两个显著特点：

（1）与数学紧密结合：特别是密码学体系，像 RSA、MD5、椭圆曲线密码等，无不与数学计算原理紧密相关。因此，数学功底好的同学在这一领域会有一定的优势。

（2）是计算机科学的延伸：安全类专业所面对的问题，都是计算机世界中的问题；必须掌握的原理和技能，都离不开扎实的计算机科学理论和编程功底。如果对网络通信原理、计算机操作系统原理理解不够深入，就难以成为优秀的安全工程师。

领先一步的学习计划：

本章将采用"项目驱动"的方式，以经典的非对称加密 RSA 算法为例，带领读者实现"RSA 加解密演示"项目。在实现过程中，读者将领会信息安全理论的精髓，激发对信息安全专业的兴趣。

3.2 "RSA 加解密演示"项目规划

首先，参看图 3-2 所示的 RSA 加解密过程和简单数据示例，其中展示了加密和解密过程中每一步的数学计算公式（有兴趣的读者可深入研究这些数学公式的原理），旨在帮助读者初步了解 RSA 加解密过程。本项目将根据这些加解密过程，通过用户交互输入和输出相关参数，然后观察加解密过程每一步的数据变换。

第一步 选择大质数：	$p = 3, q = 11$
第二步 计算模数 n：	$n = p * q = 33$
第三步 欧拉函数 $\phi(n)$：	$\varphi(n) = (p - 1) * (q - 1) = 20$
第四步 选择公钥 e：	$e = 3$ ($1 < e < \varphi(n)$ 且 $\gcd(e, \varphi(n)) = 1$)
第六步 计算私钥 d：	$d = 7$ (($d * e$) $\mod \varphi(n) = 1$)
第七步 加密（明文 $m = 2$）：	密文 $c = m^e \mod n = 8$
第八步 解密（密文 $c = 8$）：	解密 $M = c^d \mod n = 2$
验证解密后的 M 与原始 m 是否一致？	

图 3-2　RSA 过程示意图

这个实践项目为信息安全专业的学生提供了一个理解密码学的工具。在进一步的拓展中，该项目还可以将 MD5、DES、数字证书等一系列安全相关技术进行可视化演示，乃至发布一款面向信息安全学子的学习平台。

开发计划：

（1）编程语言：本项目选用 C 语言。C 语言被誉为"编程语言之母"，其语法简洁精炼且功能强大。C 语言是 C++语言的一个子集，也是 C++的基础。因此，C 和 C++都是学习编程的基础，在许多情况下，它们可以互相替代。本章将带领读者练习 C 语言的输入/输出、基本流程控制、数据类型的转换、数组等基本用法。

（2）开发工具：本项目的 IDE（集成开发环境）选用微软公司提供的 Visual Studio。

Visual Studio 的详细安装和配置过程，可参考 1.3 节 "C++开发环境搭建"。

3.3　快速上手 C 语言

3.3.1　创建新项目

步骤 01 打开 Visual Studio，选择"创建新项目"，如图 3-3 所示。

图 3-3　在 Visual Studio 中新建项目

步骤02 选择"控制台应用"中的C++语言,如图3-4所示。

图3-4 选择C++

步骤03 单击"生成"按钮后,系统会生成一个名为 CRSA.cpp 的代码模板。至此,项目创建成功,如图3-5所示。

图3-5 C语言代码框架

接下来,我们将编写C语言练习代码。

3.3.2 输入/输出语句

学习任何编程语言,掌握输入/输出语句是第一步。将系统生成的CRSA.cpp文件中的代码删掉,然后重新输入以下C语言代码:

```
#include <stdio.h>

int main() {
    // 使用printf函数把"Hello, World!"输出到控制台
    printf("Hello, World!\n");

    // 返回0表示程序正常结束
    return 0;
}
```

编辑器的界面如图3-6所示。

图 3-6　编辑器界面

单击编译执行按钮，如果控制台输出如图 3-7 所示，就表示第一个 C 语言程序运行成功了。

图 3-7　运行 C 语言程序

代码解析：

（1）#include <stdio.h>是 C 语言中的一个预处理指令，它的作用是将标准输入/输出库（Standard Input/Output library）的头文件（header file）包含到 C 程序中。这个头文件包含了进行输入/输出操作所需的函数声明。

（2）int main()是程序主函数，代码从主函数开始执行。

（3）printf()是标准输出函数，用于将括号中的内容输出到控制台。

接下来练习更多的输入/输出语句。

（1）输入多个数字，输出计算结果：

```c
#include <stdio.h>
int main()
{
    int a = 0;      // 定义变量
    int b = 0;
    int c = 0;
    printf("请输出 a b 两个数的值：\n");
    scanf_s("%d %d %d", &a, &b,&c);
    int r = a + b + c;
    printf("%d", r);
    return 0;
}
```

输出结果如图 3-8 所示。

图 3-8　输出结果

（2）输入不同类型的数据：

```c
#include <stdio.h>

int main() {
    int number;
    float decimal;
    char character;

    printf("请输入一个整数: ");
    scanf_s("%d", &number);

    printf("请输入一个小数: ");
    scanf_s("%f", &decimal);          // 输入，某些版本用 scanf();

    printf("请输入一个字符: ");
    scanf_s(" %c", &character);       // 输入一个字符

    printf("\n 输入的整数是: %d\n", number);
    printf("输入的小数是: %f\n", decimal);
    printf("输入的字符是: %c\n", character);
    return 0;
}
```

输入/输出练习结果如图 3-9 所示。

图 3-9　输入/输出练习

3.3.3　数据类型

在所有编程语言中，最小的数据单位是位（即 bit），一个二进制 0 或 1 称作 1 位。8 个位称作 1 个字节（byte），1 个字节能表示-127~128 或 0~255 个数字。其他的 int、long 等，是在此基础上的拓展，本质上是指一个数据类型占用的位数。

C 语言中常用的数据类型如下：

```
char            // 字符类型
short           // 短整型
int             // 整型
long            // 长整型
long long       // 更长的整型
float           // 单精度浮点型
double          // 双精度浮点型
```

代码演示如下：

```
#include <stdio.h>
#include <limits.h>
#include <float.h>
int main() {
    // 演示 char 类型
    char ch = 'A';
    printf("char 类型：\n");
    printf("存储空间大小：%zu 字节\n", sizeof(char));
    printf("示例值：%c，对应的 ASCII 码值：%d\n", ch, ch);
    printf("取值范围：%d 到 %d\n", SCHAR_MIN, SCHAR_MAX);
    printf("\n");
    // 演示 short 类型
    short num_short = 100;
    printf("short 类型：\n");
    printf("存储空间大小：%zu 字节\n", sizeof(short));
    printf("示例值：%d\n", num_short);
    printf("取值范围：%d 到 %d\n", SHRT_MIN, SHRT_MAX);
    printf("\n");
    // 演示 int 类型
    int num_int = 200;
    printf("int 类型：\n");
    printf("存储空间大小：%zu 字节\n", sizeof(int));
    printf("示例值：%d\n", num_int);
    printf("取值范围：%d 到 %d\n", INT_MIN, INT_MAX);
    printf("\n");
    // 演示 long 类型
    long num_long = 300L;   // 注意长整型常量后面通常加 L 后缀
    printf("long 类型：\n");
    printf("存储空间大小：%zu 字节\n", sizeof(long));
    printf("示例值：%ld\n", num_long);
    printf("取值范围：%ld 到 %ld\n", LONG_MIN, LONG_MAX);
    printf("\n");
    // 演示 long long 类型
    long long num_long_long = 400LL;   // 注意更长整型常量后面加 LL 后缀
    printf("long long 类型：\n");
    printf("存储空间大小：%zu 字节\n", sizeof(long long));
    printf("示例值：%lld\n", num_long_long);
    printf("取值范围：%lld 到 %lld\n", LLONG_MIN, LLONG_MAX);
    printf("\n");
    // 演示 float 类型
    float num_float = 3.14f;     // 注意单精度浮点型常量后面加 f 后缀
```

```c
    printf("float 类型：\n");
    printf("存储空间大小：%zu 字节\n", sizeof(float));
    printf("示例值：%f\n", num_float);
    printf("精度：大约 6 位有效数字\n");
    printf("取值范围：大约 %e 到 %e\n", FLT_MIN, FLT_MAX);
    printf("\n");
    // 演示 double 类型
    double num_double = 3.1415926;
    printf("double 类型：\n");
    printf("存储空间大小：%zu 字节\n", sizeof(double));
    printf("示例值：%lf\n", num_double);
    printf("精度：大约 15 位有效数字\n");
    printf("取值范围：大约 %e 到 %e\n", DBL_MIN, DBL_MAX);
    printf("\n");
    return 0;
}
```

运行上述代码，输出结果如图 3-10 所示。

```
char类型：
存储空间大小：1字节
示例值：A，对应的ASCII码值：65
取值范围：-128 到 127

short类型：
存储空间大小：2字节
示例值：100
取值范围：-32768 到 32767

int类型：
存储空间大小：4字节
示例值：200
取值范围：-2147483648 到 2147483647

long类型：
存储空间大小：4字节
示例值：300
取值范围：-2147483648 到 2147483647

long long类型：
存储空间大小：8字节
示例值：400
取值范围：-9223372036854775808 到 9223372036854775807

float类型：
存储空间大小：4字节
示例值：3.140000
精度：大约6位有效数字
取值范围：大约 1.175494e-38 到 3.402823e+38

double类型：
存储空间大小：8字节
示例值：3.141593
精度：大约15位有效数字
取值范围：大约 2.225074e-308 到 1.797693e+308

D:\cpp-dev\CRSA\x64\Debug\CRSA.exe (进程 29760)已退出，代
```

图 3-10　C 语言中的数据类型

需要注意的是，这些代码不需要死记硬背。在具体使用时，应根据需要表示的数据的范围选用合适的数据类型。例如，表示年龄可以用 char 类型，而表示全国人口数量则应该用 int 类型。

3.3.4 数组练习

先讲一个冷笑话：某程序员下班后一直在电梯里上上下下，总是到不了 1 楼，因为他在电梯里找不到 0 层按钮；第二天去上班，他又一直进不了办公室，因为办公室在 5 楼，而他总是按 4 层的按钮。为什么？

数组是所有编程语言中最为常用的复合数据结构，它的特征是长度固定，可以通过下标访问数组中的各个元素。需要注意的是，如果数组的长度是 n，则最后位置的下标是 $n-1$，因为数组的下标是从 0 开始的。如果用超过 $n-1$ 的下标访问数组元素，就会发生数组越界的错误。

以下代码演示了 C 语言中数组的定义、遍历和修改：

```c
#include <stdio.h>

int main() {
    int arr[5] = { 1, 2, 3, 4, 5 };        // 定义并初始化一个一维整型数组

    printf("数组元素依次为：\n");
    for (int i = 0; i < 5; i++) {           // 遍历数组并输出每个元素
        printf("%d ", arr[i]);
    }
    printf("\n");

        printf("修改后的数组元素依次为：\n");
    for (int i = 0; i < 5; i++) {           // 将数组中的每个元素乘以 5
        arr[i] = arr[i] * 5;
    }
    int sum = 0;
    for (int i = 0; i < 5; i++) {           // 计算数组元素的总和，最后输出
        sum += arr[i];
    }
    printf("数组元素总和为：%d\n", sum);
    return 0;
}
```

以上演示的是一维数组，在实际应用中，还有二维、三维等数组类型。它们的本质都是一维数组，比如二维数组可以对应表格、矩阵结构。如果将一维数组视为一根绳子，那么二维数组就相当于把这根绳子折叠起来。

以下代码演示了二维数组的创建和遍历：

```c
#include <stdio.h>

int main() {
    // 定义并初始化一个二维整型数组
    int arr[3][4] = {
        {1, 2, 3, 4},
        {5, 6, 7, 8},
        {9, 10, 11, 12}
    };
    int i, j;
```

```c
    // 遍历二维数组并输出每个元素
    printf("二维数组元素依次为：\n");
    for (i = 0; i < 3; i++) {
        for (j = 0; j < 4; j++) {
            printf("%d ", arr[i][j]);
        }
        printf("\n");
    }

    // 计算二维数组所有元素的总和
    int sum = 0;
    for (i = 0; i < 3; i++) {
        for (j = 0; j < 4; j++) {
            sum += arr[i][j];
        }
    }
    printf("二维数组元素总和为：%d\n", sum);

    return 0;
}
```

输出结果如图 3-11 所示。

```
二维数组元素依次为：
1 2 3 4
5 6 7 8
9 10 11 12
二维数组元素总和为：78
```

图 3-11　输出二维数组

如何用数组表示字符串？C 语言中没有内置定义的字符串类型，字符串是通过 char 数组来实现的，如下代码所示：

```c
#include <stdio.h>
int main()
{
    char arr1[] = "hello这是一条大河";         // char 数组
    char arr2[] = { 'h','e','l','l','o' };
    printf("%s\n", arr1);
    for (int i = 0; i < 5; i++) {
        char c = arr2[i];

        printf("%c", c);
        printf("%s", "的ASCII 值是：");
        printf("%d\n", c);
    }
    return 0;
```

}

在上述代码中，需要注意以下两点：

- 输出格式：printf 中的第一个参数，%c 表示以字符形式输出；%s 表示以字符串格式输出；%d 表示以数字形式输出。
- 转义字符：当程序中需要输出单引号、双引号以及换行符等一些不可见字符时，需要使用反斜杠（\）表示转义，例如，\n 表示换行，\t 表示 Tab 键（四个空格）。

执行上述代码，输出结果如图 3-12 所示。

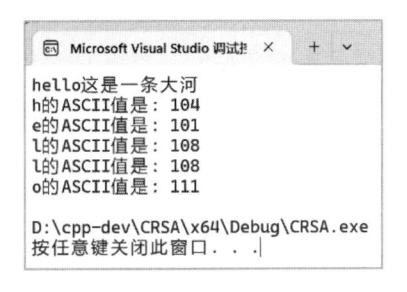

图 3-12 输出 ASCII 码

新手在学编程时通常会遇到许多困难，这归根结底是因为熟练度不足。请读者多做练习，并采用不同的方式进行练习。熟能生巧，只有不断实践，才能真正掌握编程技能。

接下来，我们通过一个示例来学习 C 语言中的流程控制。

3.3.5 流程控制

要求：用户在控制台输入行数以及用于填充的字符，而程序根据用户输入的行数和填充字符在控制台输出一个等腰三角形。代码示例如下：

```
#include <stdio.h>

int main() {
    int rows;     // 三角形的行数
    char ch;      // 用于填充三角形的字符

    printf("请输入一个整数定义行数: ");
    scanf_s("%d", &rows);        // 等待用户输入

    printf("请输入一个字符填充三角形: ");
    scanf_s(" %c", &ch);         // 输入一个字符

    for (int i = 0; i < rows; i++) {            // 输出行数，控制三角形的形状
        for (int j = 0; j < rows - i; j++) {    // 输出空格形成等腰的效果
            printf(" ");
        }
        for (int j = 0; j < 2 * i + 1; j++) {   // 输出每一行的字符
            printf("%c", ch);
```

```
        }
        printf("\n");//换行
    }
    return 0;
}
```

以上代码的输出结果如图 3-13 所示。

图 3-13 输出字符图形

练习：

请参照上面的代码示例，编写程序：

（1）输出一个靠右、靠左的直角三角形。
（2）输出一个倒置的等腰三角形。
（3）输出一个菱形。

要实现我们的加密解密项目，还需要用编程实现文件读写，下面就来实践读写文件。

3.3.6 读写文件实践

1. 读取文件

从文件中读取字符并显示到控制台，在 C 语言中要先调用 fopen 函数打开文件，再调用 fgetc 函数逐个读取字符，最后调用 putchar 或 printf 函数将字符输出到控制台。本例演示读取笔者计算机中的 D:\cpp-dev\CRSA.c.txt 文件。注意要确保文件名和路径正确。在程序代码中路径用双斜杠表示，第一个反斜杠为转义字符。代码示例如下：

```
#define _CRT_SECURE_NO_WARNINGS
#include <stdio.h>
#include <stdlib.h>
int main() {
    FILE* file;
    int ch;

    // 以读取模式打开文件
```

```
    file = fopen("D:\\cpp-dev\\CRSA.c.txt", "r");
    if (file == NULL) {
        perror("无法打开文件");
        return EXIT_FAILURE;
    }      // 逐个字符读取文件内容并显示到控制台
    while ((ch = fgetc(file)) != EOF) {
        putchar(ch);
    }
    fclose(file);// 关闭文件
    return 0;
}
```

运行上述程序，从文件中读取字符并显示到控制台，如图 3-14 所示。

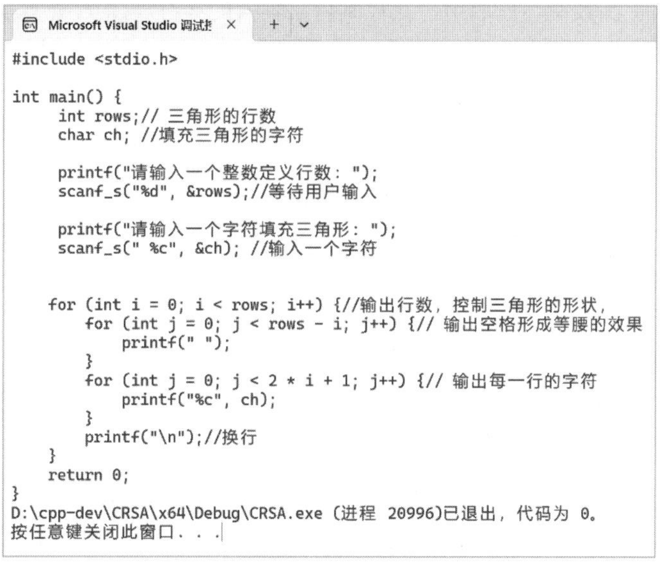

```
Microsoft Visual Studio 调试控
#include <stdio.h>

int main() {
     int rows;// 三角形的行数
     char ch; //填充三角形的字符

     printf("请输入一个整数定义行数: ");
     scanf_s("%d", &rows);//等待用户输入

     printf("请输入一个字符填充三角形: ");
     scanf_s(" %c", &ch); //输入一个字符


    for (int i = 0; i < rows; i++) {//输出行数，控制三角形的形状，
        for (int j = 0; j < rows - i; j++) {// 输出空格形成等腰的效果
            printf(" ");
        }
        for (int j = 0; j < 2 * i + 1; j++) {// 输出每一行的字符
            printf("%c", ch);
        }
        printf("\n");//换行
    }
    return 0;
}
D:\cpp-dev\CRSA\x64\Debug\CRSA.exe (进程 20996)已退出，代码为 0。
按任意键关闭此窗口. . .
```

图 3-14　读取文件的内容并输出

2. 写入文件

等待用户从控制台输入字符串，程序接收后写入指定文件，代码示例如下：

```
#define _CRT_SECURE_NO_WARNINGS
#include <stdio.h>
#include <stdlib.h>

int main() {
    FILE* file;
    int ch;
    // 以写入模式打开文件，如果文件不存在，则创建它
    file = fopen("D:\\cpp-dev\\CRSA.c.txt", "w");
    if (file == NULL) {
        perror("无法打开文件");
        return EXIT_FAILURE;
}
    printf("请输入字符（按 Ctrl+C 结束输入）：\n");
```

```c
    // 从控制台逐个字符地读取用户输入，并写入文件
    while ((ch = getchar()) != EOF) {
        fputc(ch, file);
    }
    fclose(file);// 关闭文件
    printf("字符已保存到文件。\n");
    return 0;
}
```

代码解析：

（1）调用 fopen 函数以写入模式（"w"）打开文件。如果文件不存在，则先创建文件。

（2）如果 fopen 返回表示文件打开失败的 NULL，则可以调用 perror 函数打印错误信息。

（3）调用 getchar 函数循环读取用户在控制台上输入的字符。Getchar 函数每次读取一个字符，并返回该字符对应的 ASCII 码值。

（4）调用 fputc 函数将读取的字符写入文件。

（5）当用户按下 Ctrl+C 组合键时，输入结束，getchar 函数返回结束标志 EOF。

运行上述程序，在控制台上输入字符，结果如图 3-15 所示。

图 3-15　写入文件

接下来，我们整合文件读写功能并实现文件复制功能。

3. 文件复制

文件加密和解密过程首先是一个文件的复制过程，只是在复制时对读取的数据进行加密处理。下面的代码将演示复制文件：

```c
#define _CRT_SECURE_NO_WARNINGS
#include <stdio.h>
#include <stdlib.h>  //D:\\cpp-dev\\CRSA.c.txt

int main() {
    FILE* src, * dst;
    int ch;

    src = fopen("D:\\cpp-dev\\CRSA.c.txt", "r");      // 以读模式打开源文件
    dst = fopen("D:\\cpp-dev\\CRSA.bak.txt", "w");    // 以写模式打开目标文件
    printf("文件打开成功：\n");
```

```
    int count = 0;
    if (src == NULL || dst == NULL) {     // 源或目标文件打开失败，中止文件复制
        perror("文件打开失败");
        return -1;
    }

    while ((ch = fgetc(src)) != EOF) {    // 从源文件逐字符读取，直到文件末尾
        count++;
        fputc(ch, dst);                   // 将读取到的字符写入目标文件
    }

    fclose(src);                          // 关闭源文件和目标文件
    fclose(dst);

    printf("文件复制成功，共复制字节数：\n");
    printf("%d/n", count);
    return 0;
}
```

需要注意的是：在源代码的第一行一定要加上#define_CRT_SECURE_NO_WARNINGS 指令，否则会有许多关于 C 语言不兼容的提示，编译不会通过。

在读写文件时，要细心检查路径、文件扩展名等，多使用 printf 语句进行验证，比如本例中加了计数器，还统计了复制数据量。

3.3.7 牛刀小试之异或加密

有了前面的基本练习，本小节我们将实现异或加密（XOR Encryption）。

异或加密是一种基于异或（XOR）运算（二进制运算）的简单加密算法。其规则是：当两个对应的二进制位相同时，结果为 0；当两个对应的二进制位不同时，结果为 1。异或运算通常用符号"^"表示。

1. 异或加密原理

异或是一种逻辑运算，其运算规则如下（以二进制位为例）：

0 ^ 0 = 0
0 ^ 1 = 1
1 ^ 0 = 1
1 ^ 1 = 0

由以上运算规则可知，异或运算是可逆运算。这也是解密的原理。

2. 加密过程

加密过程是指对明文使用密钥加密。明文可以是任意的文本、图像、音频等字节序列。密钥可以是一个数字，也可以是一串与明文数据长度相同的字节。如果将明文的每一位（通常以字节为单位，逐个字节进行操作）与密钥相对应位置的每一位进行异或运算，那么得到的结果就是密文。

例如，明文是 1 字节的数据 01100101（对应 ASCII 码中的字符 e），密钥是 10101010，加密过程如下：

```
   01100101    （明文）
^  10101010    （密钥）
= 11001111    （密文）
```

3. 解密过程

解密利用了异或运算的可逆性特征。解密时使用相同的密钥进行异或运算就能还原出明文。以上面加密后的密文 11001111 和密钥 10101010 为例进行解密：

```
   11001111    （密文）
^  10101010    （密钥）
= 01100101    （还原出的明文）
```

可以看到，经过解密操作，又得到了最初的明文数据。

4. 异或加密代码实现

以下代码将演示如何读取文件并进行异或加密，然后将其输出到新文件：

```c
#define _CRT_SECURE_NO_WARNINGS
#include <stdio.h>
#include <stdlib.h>
    int main() {
        FILE* fp_in, * fp_out;
        int ch;
        char KEY = 66;        // 用作异或加密的 key
        // 以二进制模式读写加解密文件
        fp_in = fopen("D:\\cpp-dev\\xor 待加密文件.txt", "rb");
        fp_out = fopen("D:\\cpp-dev\\xor 加密后的文件.txt", "wb");
        if (fp_in == NULL || fp_out == NULL) {
            perror("文件打开失败");
            return -1;
        }
        // 对读取到的字节与密钥进行异或运算实现解密，并写入输出文件
        while ((ch = fgetc(fp_in)) != EOF) {
            fputc(ch ^ KEY, fp_out);
        }
        fclose(fp_in);
        fclose(fp_out);
        printf("加密完成，已保存到加密文件中。\n");
        return 0;
    }
```

代码解析：

（1）异或加密时的 key 可以是一个字节，也可以是一个字节数组。

（2）打开文件时，fopen 函数中的参数"rb"表示以二进制方式打开文件。

（3）写文件时，参数"wb"指定了如果文件不存在，则创建新文件。

练习：

异或加密的特征是简单且可逆，加密与解密过程是一样的。请读者测试，将加密后的文件再用密钥 key=66 的值进行异或运算，就能得到原文。

图 3-16 所示是部分明文和密文的比较。在下一节，我们将实现"RSA 加解密演示"项目。

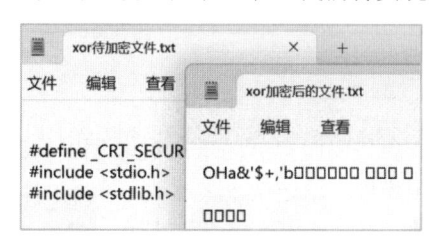

图 3-16　明文和密文的比较

3.4　"RSA 加解密演示"项目实现

3.4.1　神奇的 RSA

在 1976 年以前，世界上的所有加密算法都属于同一种模式：共享密钥（也叫对称加密）。甲方用一种规则（密钥）加密，乙方用同一规则（同一密钥）进行解密。加解密双方必须共享同一密钥或规则，这就是"对称"一词的来历。这种模式的最大问题是密钥如何保密，以及如何将密钥传递给网络另一方？

1977 年，麻省理工学院的三位科学家，罗纳德（Ronald Linn Rivest）、萨莫尔（Adi Shamir）和阿德曼（Leonard Adleman），共同提出了一种基于大数分解的非对称加密算法，并用他们三人姓氏的首字母将其命名为 RSA 算法。RSA 算法解决了上述难题，至今仍是整个计算机世界安全的基石。可以说，如果不了解 RSA，就是信息安全盲。RSA 发明者的照片如图 3-17 所示。

图 3-17　RSA 发明者

RSA 算法的加密和解密过程描述如下：

（1）乙方生成两把密钥（公钥和私钥）。公钥是公开的，任何人都可以获得；私钥则是保密的，只需要自己保存，不必传给任何人。

（2）需要对数据加密的甲方获取乙方的公钥，并用该公钥对数据进行加密。

（3）加密后的数据可以公开，以任意方式传递给乙方，但只有乙方的私钥能解密。

这是不是很神奇？RSA 非对称加密算法，又称作 Diffie-Hellman 密钥交换算法。公钥加密只能由私钥解密的机制，也成了数字身份认证的基础，例如我们常用的数字证书。

相信读者此刻已经迫不及待地想了解 RSA 算法的数学原理了！

3.4.2　RSA 的数学原理

RSA 的数学原理及其加解密过程非常巧妙。它的安全性基于以下两个数学难题：

（1）大整数质因数分解的困难性：给定两个大质数 p 和 q，计算它们的乘积 $n=pq$ 是容易的，但反过来，给定 n，想要找到 p 和 q 则非常困难，尤其是在 n 非常大的情况下。

（2）欧拉函数和模反元素：欧拉函数 $\phi(n)$ 表示小于 n 且与 n 互质的正整数的数量。对于 $n=pq$，$\phi(n)=(p-1)(q-1)$。模反元素是指，如果存在整数 d，使得 $ed \equiv 1 \pmod{\phi(n)}$（$e$ 称作公钥指数，是预先选取的整数，$1<e<\phi(n)$，并且 e 与 $\phi(n)$ 互质，即 e 和 $\phi(n)$ 的最大公约数为 1），则称 d 是 e 模 $\phi(n)$ 的模反元素。

加密和解密的计算过程如下：

（1）生成密钥：

- 选择两个大质数 p 和 q，计算 $n=pq$。
- 计算欧拉函数 $\phi(n)=(p-1)(q-1)$。
- 选择一个整数 e，使得 $1<e<\phi(n)$，且 e 与 $\phi(n)$ 互质。e 通常选择为 65537，因为它是一个常用的素数，且二进制表示中只有两个 1，这有利于快速计算。
- 计算 e 模 $\phi(n)$ 的模反元素 d，即满足 $ed \equiv 1 \pmod{\phi(n)}$ 的 d。

即可得到公钥为 (e, n)，私钥为 (d, n)。

（2）加密计算过程：

对于明文 M（M 是一个小于 n 的整数），使用公钥 (e, n) 进行加密，计算密文 C：

$C = M^e \bmod n$

这个加密过程实际上是对明文 M 进行 e 次方的运算，然后对 n 取模。

（3）解密的计算过程：

对于密文 C，使用私钥 (d, n) 进行解密，计算明文 M：

$M = C^d \bmod n$

这个解密过程实际上是对密文 C 进行 d 次方的运算，然后对 n 取模。由于 $ed \equiv 1 \pmod{\phi(n)}$，根据欧拉定理，可以证明解密后的结果确实是原始的明文 M。

如果上述过程依然让读者感到困惑，下面举一个更简单的例子：

（1）小王和小丽要进行加密通信，小王要生成一对密钥：小王随机选择两个不相等的质数 p 和 q，分别是 61 和 53。

（2）计算欧拉函数，先把 p 和 q 相乘，即 $n=61×53=3233$，然后根据欧拉函数公式 $\phi(n) = (p-1)(q-1)$，算出 $\phi(3233)$ 等于 $60×52$，即 3120。

（3）随机选择一个整数 e。条件是 $1<e<\phi(n)$，且 e 与 $\phi(n)$ 互质。小王在 1~3120 中随机选择了 $e=17$。

（4）计算 e 对于 $\phi(n)$ 的模反元素 d。模反元素是指有一个整数 d，可以使得 ed 被 $\phi(n)$ 除的余数为 1，具体用"扩展欧几里得算法"求解，此处省略具体过程。总之，小王算出一组整数解为 $(x,y)=(2753, -15)$，即 $d=2753$。

（5）小王得到两组数据，分别是公钥和私钥：将 n 和 e 封装成公钥，n 和 d 封装成私钥。本例中，$n=3233$，$e=17$，$d=2753$，所以公钥就是（3233, 17），私钥就是（3233, 2753）。

（6）加密过程：在以上 6 个数字 p、q、n、$\phi(n)$、e、d 中，公钥用到了两个数字（n 和 e），其余 4 个数字都是不公开的。当小丽向小王发送加密信息 m 时，就用小王的公钥 (n,e) 对 m 进行加密，即算出下式的 c：$m^e \equiv c \pmod n$。小王的公钥是（3233, 17），小丽的 m 假设是 65，小丽可以算出：$65^{17} \equiv 2790 \pmod{3233}$，即 $c=2790$。小丽就将 2790 发给小王。

（7）解密过程：小王收到小丽发来的密文 2790，就用私钥（3233, 2753）求解公式 $c^d \equiv m \pmod n$，即 c 的 d 次方除以 n 的余数为 m。现在 c 等于 2790，私钥是（3233, 2753），小王计算 $2790^{2753} \equiv 65 \pmod{3233}$，就知道加密前的原文是 65。

这就是 RSA 算法的美妙之处，接下来，我们只需把上面这个过程翻译成 C 语言代码。

3.4.3 RSA 加密代码实现

编写清晰代码的前提是把计算过程用自然语言精准地描述出来。根据上一节的分析过程，编写如下代码：

```c
#define _CRT_SECURE_NO_WARNINGS
#include <stdio.h>
#include <stdlib.h>
#include <math.h>

// 辅助函数：计算 (base^exp) % mod
long mod_exp(long base, long exp, long mod) {
    long result = 1;
    base = base % mod;            // 处理 base 大于 mod 的情况
    while (exp > 0) {
        if (exp % 2 == 1) {
            result = (result * base) % mod;
        }
        exp = exp >> 1;           // exp 右移一位，等价于除以 2
        base = (base * base) % mod;   // base 自乘并取模
    }
    return result;
}
```

```c
// 辅助函数：计算 gcd(a, b)
long gcd(long a, long b) {
    if (b == 0)
        return a;
    return gcd(b, a % b);
}

// 辅助函数：用于计算 d
long mod_inverse(long e, long phi) {
    long t = 0, new_t = 1;
    long r = phi, new_r = e;
    while (new_r != 0) {
        long quotient = r / new_r;
        long temp;
        temp = t;
        t = new_t;
        new_t = temp - quotient * new_t;
        temp = r;
        r = new_r;
        new_r = temp - quotient * new_r;
    }
    if (r > 1) return -1;           // 如果 gcd(e, Φ(n)) > 1，说明无法求解 d
    if (t < 0) t = t + phi;         // 确保 d 是正数
    return t;
}

// 简单的 RSA 演示
int main() {
    printf("    RSA 加解密过程演示开始 v0.01 版\n\n");
    // 选择两个素数 p 和 q
    long p = 61;
    long q = 53;

    printf("第一步：选择两个质数  p=61  q=53 p*q=");
    // 计算 n 和 phi(n)
    long n = p * q;
    printf("%d\n\n", p*q);
    long phi = (p - 1) * (q - 1);
    printf("第二步：欧拉函数计算Φ(n) = (p-1)(q-1) ,得出n= ");
    printf("%d\n\n", phi);
    // 选择一个小于 phi(n) 的整数 e，且 gcd(e, phi(n)) == 1
    long e = 17;           // 通常选择一个较小的素数，比如 65537, 3, 17, 257 等
    printf("第三步：随机选择e,1 < e < Φ(n),且e与Φ(n) 互质,e=17\n");
    // 计算 d
    long d = mod_inverse(e, phi);
    if (d == -1) {
        printf("没有可用的 d\n");
        return 1;
    }
    printf("第四步：计算e对于Φ(n)的模反元素  d=");
```

```
    printf("%d\n\n", d);
    printf("公钥生成成功: (p*q=3233,e=17)\n");
    printf("私钥生成成功: (p*q=3233, d=2753)\n\n");
    // 明文
    long data = 42;        // 假设明文是一个小于 n 的整数
    printf("要加密的数据是: %lld\n\n", data);
    // 加密
    long cData = mod_exp(data, e, n);
    printf("要加密的数据是: %lld\n\n", cData);
    // 解密
    long dData = mod_exp(cData, d, n);
    printf("解密后的数据是: %lld\n\n", dData);
    printf("RSA 加解密过程演示完毕 v0.01 版\n");
    return 0;
}
```

至此，简洁版的 RSA 加解密项目已初步完成，结果如图 3-18 所示。

```
RSA加解密过程演示开始 v0.01版
第一步：选择两个质数 p=61 q=53 p*q=3233
第二步：欧拉函数计算φ(n) = (p-1)(q-1) ,得出n= 3120
第三步：随机选择e,1 < e < φ(n), 且e与φ(n) 互质,e=17
第四步：计算e对于φ(n)的模反元素 d=2753
公钥生成成功: (p*q=3233,e=17)
私钥生成成功: (p*q=3233, d=2753)
要加密的数据是: 42
要加密的数据是: 2557
解密后的数据是: 42
RSA加解密过程演示完毕 v0.01版
```

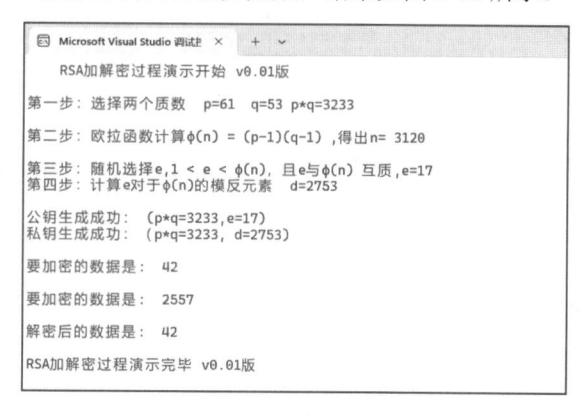

图 3-18　RSA 动态演示

考虑到应该有更友好的用户界面，建议在升级的版本中进行如下拓展：

（1）用图形化的界面流程演示加密和解密。
（2）用 Java Swing 或 C#的 Winform 或网页上的 JS 组件进行可视化。
（3）给用户提供输入关键参数的功能，比如让用户输入 q 和 p 的值。
（4）加上哈希、3DES、MD5 等多种加密算法。
（5）读者可在这个练习上长期投入，拓展为一个开源项目，作为自己的代表作，最终成为实习、校园招聘时可以写在简历上的一个项目。

3.5　网络安全工程师速成

3.5.1　监控网络的 4 条命令

本小节介绍监控网络安全的 4 条命令,能够帮助读者在 10 分钟内成为初级的网络安全工程师。

读者要明白，只要计算机开启着，就有成千上万的程序进程（线程）在默默地运行。哪些程序在运行？它们都在做些什么呢？右击 Windows 桌面下方的任务栏，选择任务管理器，然后在任务管理器中单击"详细信息"，就可以看到如图 3-19 所示的界面，其中"名称"列是运行中的进程名称，即哪个程序在运行；PID 是该进程的唯一编号。

图 3-19　打开任务管理器

现在，假设我们想看微信（WeChat）与哪个服务器连接，地址是什么。首先记住 WeChat 的 PID 是 31164，然后在命令提示符中执行 `netstat -ano | find "31164"` 命令，之后按回车键，如图 3-20 所示。

图 3-20　打开命令行执行命令

此时，就能找到微信的服务器 IP 地址和端口：112.80.180.47:443。如果你想私自连接微信的服务器，可以继续在命令提示符中执行 `telnet 112.80.180.47 443` 命令，之后按回车键，如图 3-21 所示。

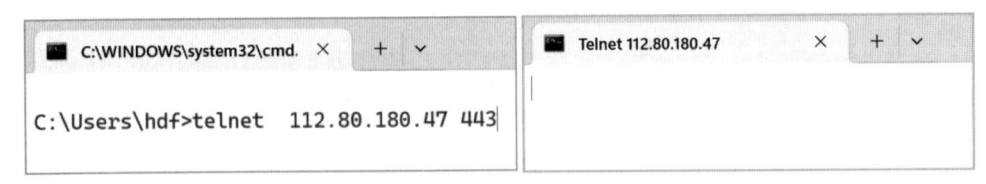

图 3-21　Telnet 连接

此时，你会看到一片空白，在键盘上随意按几下键后连接会断开。读者可能觉得莫名其妙，这是干什么呢？其实，我们已经使用了网络安全工程师最常用的两个命令：

- 第一个 netstat 命令：查看本机程序与外部服务器之间的网络通信连接。
- 第二个 telnet 命令：用来探测服务器的端口是否打开。

接下来，介绍第三个命令 tracert，该命令用于查看数据包经过了哪些网络服务器，如图 3-22 所示。

```
C:\WINDOWS\system32\cmd.

C:\Users\hdf>tracert taobao.com

通过最多 30 个跃点跟踪
到 taobao.com [59.82.122.130] 的路由:

  1     7 ms     <1 毫秒    <1 毫秒 RT-AX86U-82B0 [192.168.50.1]
  2     1 ms      1 ms      1 ms  192.168.1.1
  3     5 ms      4 ms      4 ms  10.110.128.1
  4     5 ms      5 ms      4 ms  119.39.127.209
  5     *         6 ms      *     119.39.111.129
  6    31 ms      *         *     219.158.18.229
  7     *         *         *     请求超时。
  8    31 ms     31 ms     31 ms  125.33.185.126
  9    35 ms     37 ms     36 ms  61.49.143.26
 10     *         *         *     请求超时。
 11     *         *         *     请求超时。
 12     *         *         *     请求超时。
 13    40 ms     41 ms     40 ms  59.82.122.130

跟踪完成。
```

图 3-22　tracert 命令

由图 3-22 可知，访问淘宝网时，数据包经过了多个路由器。如果某一天我们无法连接到淘宝网，使用这个命令就能获知我们是在哪个路由器上断开了连接。

最后，介绍第四个命令，就是经典又简单的 ping 命令。当需要测试与某台服务器的网络连接质量时，就可以使用 ping 命令，如图 3-23 所示。

```
C:\Users\hdf>ping -l 1024 taobao.com

正在 Ping taobao.com [59.82.122.130] 具有 1024 字节的数据:
来自 59.82.122.130 的回复: 字节=1024 时间=41ms TTL=88
来自 59.82.122.130 的回复: 字节=1024 时间=40ms TTL=88
来自 59.82.122.130 的回复: 字节=1024 时间=41ms TTL=88
来自 59.82.122.130 的回复: 字节=1024 时间=41ms TTL=88

59.82.122.130 的 Ping 统计信息:
    数据包: 已发送 = 4, 已接收 = 4, 丢失 = 0 (0% 丢失),
往返行程的估计时间(以毫秒为单位):
    最短 = 40ms, 最长 = 41ms, 平均 = 40ms
```

图 3-23　ping 命令

该命令通过 ICMP 协议向淘宝网服务器发送 1024 字节的数据包，然后记录网络传输的速度。

3.5.2　Wireshark

想知道计算机上的程序都在与远方的服务器悄悄地发送什么信息吗？可以使用信息安全专业必备的工具——Wireshark。Wireshark 官方网站的下载界面如图 3-24 所示。

如其官方网站所声称的：Wireshark 是世界上最流行的网络通信协议分析工具。Wireshark 可以帮我们解决如下问题：

（1）检测网络攻击和安全漏洞：如嗅探、端口扫描等，Wireshark 可以捕获和分析网络流量，识别潜在的安全威胁，并采取相应的安全措施来保护网络。

（2）定位网络故障：当出现网络连接异常时，例如无法访问特定网站、网络延迟过高或丢包严重，可以通过 Wireshark 抓取相关网络接口的数据包，分析数据包的传输情况。通过查看是否存在错误的 IP 地址分配、路由环路、TCP 重传过多等问题，Wireshark 能够准确定位故障根源，辅助网络管理员快速修复问题。

（3）学习和解析通信协议：相关专业的学生和从业者可以使用 Wireshark 实时抓取各种网络协议（如 HTTP、TCP、IP、DNS 等）对应的数据包，查看协议字段的具体取值以及数据包交互的流程，直观地理解协议的运行机制和标准规范。

图 3-24　Wireshark 下载

安装成功后，启动 Wireshark，我们将看到如图 3-25 所示的界面。

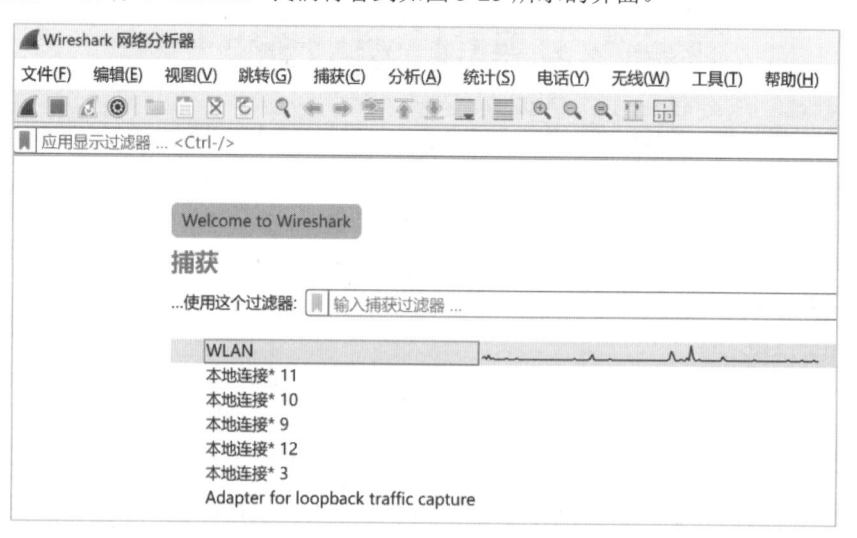

图 3-25　Wireshark 启动界面

一般情况下，连接的无线网络会显示在列表的最上方（即第一个），本例中是 WLAN。单击左上角风帆形状的按钮，即可进入监控状态界面，如图 3-26 所示。

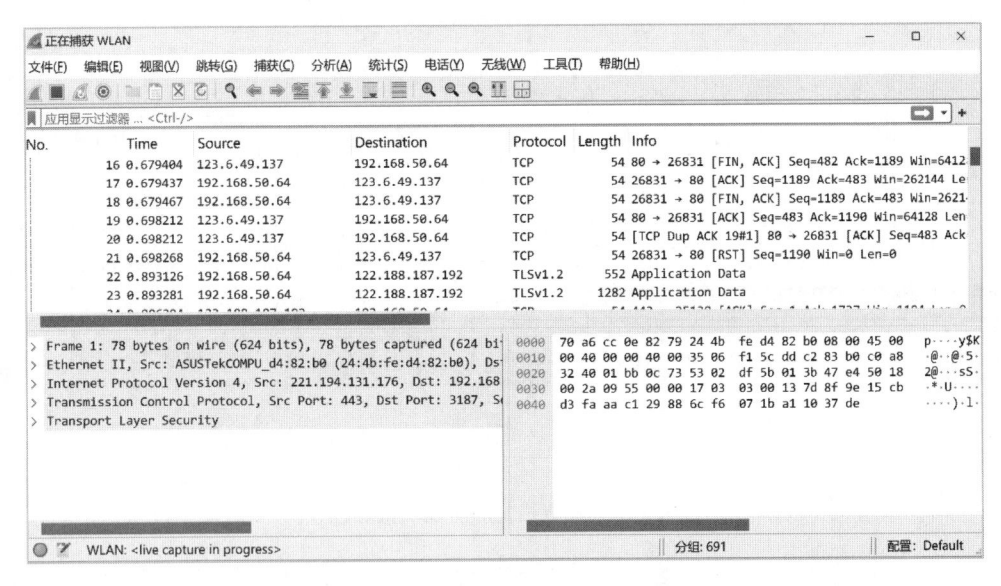

图 3-26　Wireshark 抓取所有数据包

"君子生非异也，善假于物也。"使用先进的工具对学习和发展有巨大的帮助。相信 Wireshark 工具将成为我们探索信息安全的利器。接下来，将演示如何用 Wireshark 抓取微信聊天的数据包。

3.5.3　抓取微信聊天的数据包

在 3.5.1 节中，我们讲解了如何在任务管理器中查看微信进程 WeChat 的进程号。本节以笔者测试时看到的 31164 为例查找进程号，如图 3-27 所示。

图 3-27　查找进程号

接着，在命令提示符中执行网络连接查看命令，查找微信服务器的 IP 地址，如图 3-28 所示。通过查看，我们发现微信服务器的 IP 地址为 112.80.180.47。

图 3-28　找到连接的服务器

然后，在 Wireshark 中进行配置，如图 3-29 所示，在绿色栏中输入 `ip.dest==112.80.180.47`，这意味着我们将抓取所有来往该地址的数据包。窗口下面显示的是 TCP/IP 协议各个字段的内容。

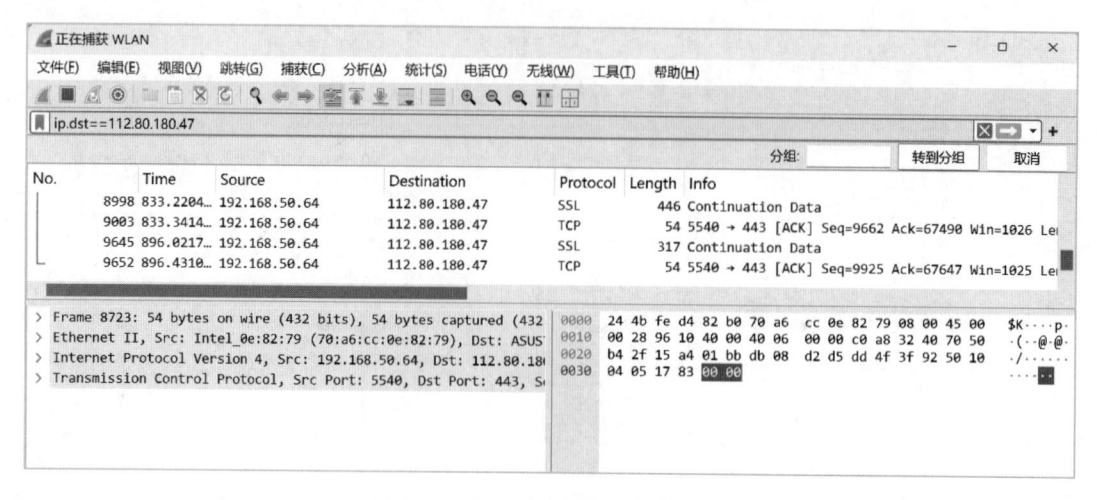

图 3-29　抓取指定服务器的数据包

当然，要理解这些数据的具体含义并不是一朝一夕的事情。我们可以先使用这个工具，在信息安全的道路上迈出第一步！

3.6　信息安全类专业的拓展学习指导

1. 一定要熟练掌握一种编程语言

信息安全类专业的学生必须熟练掌握至少一门编程语言。虽然许多信息安全问题可以通过现有工具解决，但为了提高能力和增强就业竞争力，建议该专业的学生学习 C++、Java、C 和 Python 等编程语言。这将有助于在编写加密算法、管理内存、开发网络加密通信项目、编写网络安全检测工具（如端口扫描、漏洞扫描）等方面进行实践。

2. 巩固与深化系统理论

信息安全的基础通常建立在操作系统、数据库、网络通信、云计算平台等系统之上，因此，深入研究这些系统平台是学好信息安全的必经之路。例如，操作系统的用户与权限管理（如特殊权限位、ACL 等）、进程安全（如 SELinux、AppArmor 等强制访问控制的实践应用）、系统日志分析（包括常见日志文件解读、日志监控工具使用）、注册表安全设置以及利用 Windows 安全工具（如 Defender、AppLocker）进行防护等。通过系统化的视角来解决局部安全问题，可以避免"见林不知林"的误区。

3. 网络安全探索

利用 Wireshark 等工具对 TCP/IP 协议族的各层协议进行抓包分析，理解协议漏洞及安全隐患（如 TCP 序列号预测、IP 欺骗等）。同时，学习 BGP、OSPF 等动态路由协议的安全机制和攻击防范方法，理解防火墙策略配置（包括传统防火墙和下一代防火墙）、VPN 技术原理及安全风险分析（如 IPSec、SSL VPN 等）、网络访问控制技术（如 802.1X 认证）以及软件定义网络等概念和框架。

4. 密码学应用与实践

建议多进行编程实践，多使用不同的加密算法，如对称加密（AES、DES等）、非对称加密（RSA、ECC等）及哈希算法（SHA-256、MD5等）。既可以练习使用开源加密库（如OpenSSL），并在自己的项目中实现加密通信和数字签名等安全技术；也可以进行区块链相关编程，了解分布式安全加密，并通过场景应用深入理解不同安全机制的特征；还可以测试密码破解方法（如暴力破解、字典攻击等）。此外，了解量子密码学等新兴密码技术的发展及其对现有安全体系的影响，能启发更多的信息安全方面的思路。最重要的是，尽早进入企业进行实习和实操，在实践中学习，是最有效的提升方法。希望本章能帮助读者在信息安全类专业的道路上树立信心，领先一步！

第 4 章
"人工智能"专业入门实践

本章目标

入门 Python 编程，实现"感知机可视化"和"基于贝叶斯的拼写检查"项目。

人工智能专业的学科知识繁杂且具有高度的综合性，该专业具有十分广阔的前景。本章首先带领读者从人工智能的基础组件——感知机入门，掌握其原理和应用，并通过编码实现"感知机可视化"项目（该项目使用 Java 语言，Java 语言入门请参考第 2 章）。此举旨在为人工智能专业的学生提供一个基本且清晰的技术立足点。然后，在结合大学专业教学的基础上，将帮助读者搭建 Python 开发环境，并入门 Python 编程。随后，讲解经典的贝叶斯算法原理，并探讨贝叶斯算法在拼写检查中的应用思路。接着，带领读者用 Python 编程语言实现"基于贝叶斯算法的拼写检查"项目。本章通过这两个具有特色的项目实践，增强读者的成就感，并激发读者对人工智能专业产生浓厚的兴趣。

本章最后，还将提供人工智能专业的拓展规划，供读者参考。

4.1 职业前景和就业方向

人工智能（Artificial Intelligence，AI）专业在这几年到了炙手可热的程度，相信大家有目共睹。随着 GPT 在全球的火热，各大高校纷纷开设人工智能专业。例如，清华大学、北京大学、上海交通大学、南京大学等高校都已经启动了面向全体本科学生的人工智能教育培养体系。一时间，可谓"人人学 AI，校校奔智能"。

到了研究生阶段，电气专业、机械专业、自动化、车辆工程甚至生化环材等专业的学生，在科研论文和研究生实践中，几乎没有不掌握人工智能工具的。尤其是在 2024 年，诺贝尔化学奖颁给了开发人工智能工具 AlphaFold 的戴维·贝克、约翰·江珀、德米斯·哈萨比斯等人，其中后两位是谷歌的人工智能专家；诺贝尔物理奖则颁给了被誉为"神经网络之父"的杰弗里·辛顿和约翰·霍普菲尔德，如图 4-1 所示。业界一时间戏称："下一届诺贝尔奖直接颁给'人工智能数字人'算了。"

图 4-1 2024 年诺贝尔化学奖和物理奖的获得者

这标志着科研进入了"AI for Science"时代，即利用人工智能来解决科学领域中的复杂问题，加速探索进程，并助力发现新的科学规律等。如果未来有一个发展方向，那就是：未来属于人工智能的时代！

在就业市场上，人工智能类岗位的招聘需求更是火爆。从高精尖的芯片制造行业，到传统农耕产业以及地矿产业；从无人机太空探索到传统制造业，各大企业无一不对 AI 人才求贤若渴。可以说，所有传统产业都面临着 AI 重构和升级的挑战。人工智能专业毕业生的就业面广，起薪高，已成为现实。

然而，人工智能专业的学生也面临着巨大的挑战：学习内容广泛，原理和技能复杂，要求学生具备扎实的数理逻辑、科学工程、计算机原理、机器人设计、编程能力、认知科学、文化伦理与社会工程等多方面的知识。本章将首先引导读者从感知机的原理和实践开始，进行"感知机可视化"项目的实现；接着，进行 Python 编程的实战，完成"基于贝叶斯的拼写检查"项目。相信通过这两个项目，能够激发读者对人工智能学习的兴趣和热情，从而坚定地朝着人工智能迈出第一步。

4.2 从感知机到深度学习

4.2.1 感知机是什么

面对深度神经网络、GPT 大模型、Transformer 架构等名词或概念，人工智能专业的学生往往是一头雾水，那么该如何入门呢？

我们从感知机的概念开始。简单来说，把多个感知机"组装"在一起就是一个神经网络，感知机相当于组成神经网络的神经元，是学习深度学习算法的起源（当然，感知机并不完全等同于神经元，本书为了便于新手理解，略去了一些细节）。GPT 的基础正是基于 Transformer 架构的一种深度神经网络。如果把 GPT 比作一栋高楼大厦，感知机就是一块一块的砖头，这也说明了掌握感知机的重要性。

感知机由心理学家罗森布拉特于 1958 年提出，灵感来自人脑神经系统处理信息的方式。一个神经元就是大脑中的一个细胞（见图4-2）。神经元将它收到的来自其他神经元的所有输入信号加起来，如果总和达到某一特定阈值，它就会被激活，产生信号并传递给其他神经细胞。感知机的原理与此类似，如图 4-3 所示。

如果构建一个多层神经网络结构，如图 4-4 所示，图中每个网络表示一个神经元，即感知机。每个神经元的识别结果会传递给下游的所有神经元，下游神经元在接收到上游神经元的输入后进行判断和识别，之后将结果再次传递给下游的神经元。

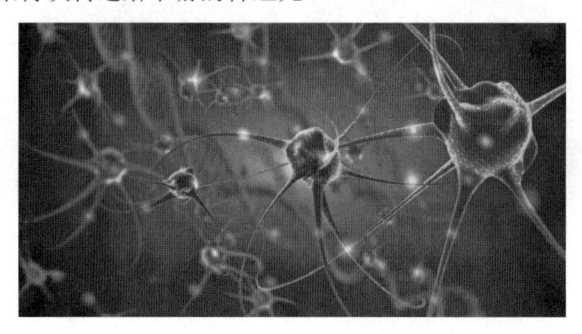

图 4-2 大脑的神经元

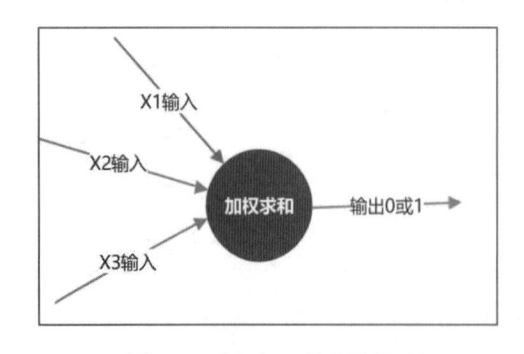

图 4-3 感知机（单个神经元）

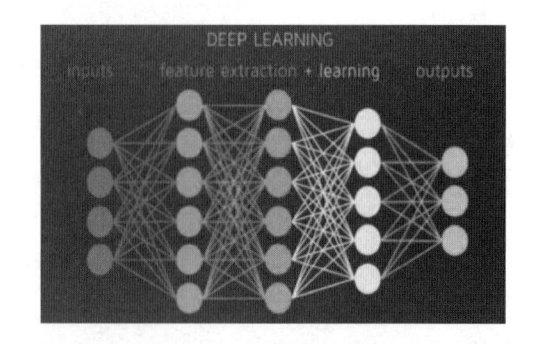

图 4-4 多层神经网络

神经网络的执行过程按层依次进行，直到最终负责输出的神经元根据上游的输入信息，输出一个最终结果。这就是神经网络计算的基本流程和原理，如图 4-5 所示。

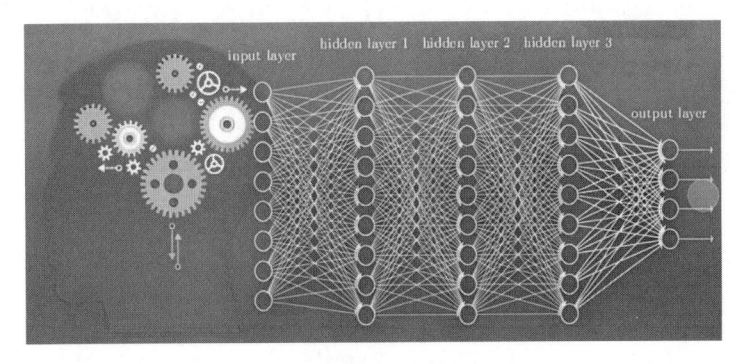

图 4-5　神经网络计算的基本流程

一个典型的神经元模型包含 3 个输入、1 个输出和 2 个计算功能，如图 4-6 所示。每个带箭头的连线都有一个权值，加入偏置值 b 是为了避免 3 个输入都是零值。所有输入数据经过神经元的加权求和后，将结果传递给非线性函数作为输入；非线性函数产生最终的输出，再传递给下一层网络（作为这层网络的输入）。

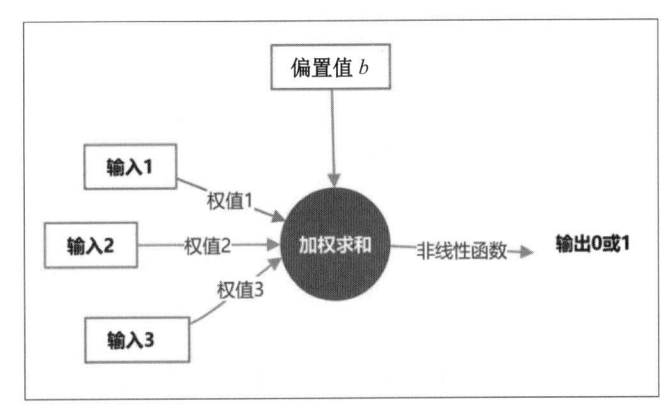

图 4-6　感知机计算结构

由此可见，感知机是最基础、最简单的机器学习模型。当这些神经元堆叠在一起，并配以不同策略时，就可以在神经元之间传递数据（前馈或后馈传播）。

4.2.2　感知机预测案例：你能进大厂吗

本小节的案例是预测出你进入互联网大厂的可能性，分析哪些因素会对你的表现产生影响，并确定在哪些重要事件上需要投入更多的时间，以及如何找到最优的组合。我们假设一个同学的技术水平受以下 3 个因素的影响：

- x_1 是代码行数，取值范围为 0~1000（单位为万）。
- x_2 是认识的技术高手人数，取值范围为 0~100。
- x_3 是基础课考试分数，取值范围为 0~1。

假设这 3 个因素 x_1、x_2、x_3 对应的权重分别为 w_1=0.5、w_2=0.2、w_3=0.3。同时，设置一个偏置值 b，该值代表大学层级，普通大学为 0.4，重点大学为 0.7，顶尖大学为 0.95。

感知机的计算示意图如图 4-7 所示。

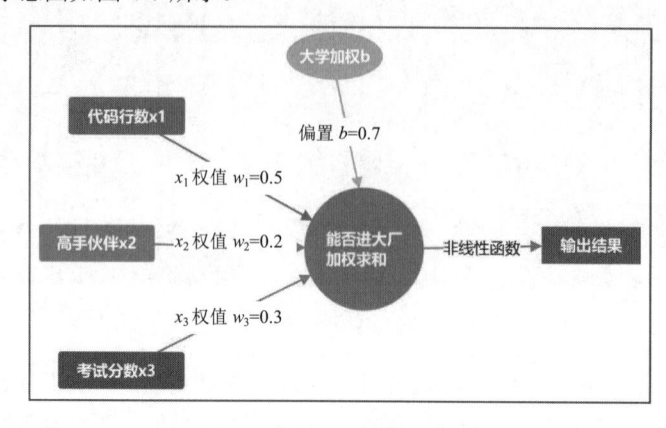

图 4-7　感知机计算示意图

感知机的计算公式如下：

$$z = w_1x_1 + w_2x_2 + w_3x_3 + b$$
$$y = \begin{cases} 1, & if\ z \geqslant 0 \\ 0, & if\ z < 0 \end{cases}$$

我们用 Java 语言实现之，示例如下：

```java
// 感知机计算示例
public class PercepDaChang {
    public static void main(String[] args) {
        // 输入数据（示例值，可替换为实际数据）
        double x1 = 600.0;      // 学习的代码行数，假设是进行了归一化等处理后的数值
        double x2 = 50.0;       // 认识的技术高手人数，同样是进行了归一化处理后的数值
        double x3 = 0.8;        // 基础课考试分数，归一化处理后的数值

        // x1、x2、x3 的权重（根据实际情况调整）
        double w1 = 0.5;
        double w2 = 0.2;
        double w3 = 0.3;

        double b = 0.7;         // 偏置，根据是否为重点大学

        // 计算加权和
        double z = w1 * x1 + w2 * x2 + w3 * x3 + b;

        // 根据规则确定输出
        int y = z >= 0? 1 : 0;
        // 神经元的结果信号 1 表示可以，0 表示不可以
        System.out.println("感知机输出结果：" + y);
    }
}
```

在以上代码中，一个训练样本有 x_1、x_2、x_3 三个输入数据（分别代表学习的代码行数、认识的

技术高手人数、基础课考试分数）。这些输入经过各自权重 w_1、w_2、w_3 的加权后进行求和操作，再与偏置 b 一起参与后续与阈值进行比较的操作，最终得到输出 y。

当我们把多个感知机堆叠起来，就形成了一个多层神经网络结构，如图 4-8 所示。计算公式如图 4-9 所示。

$$z_1=g(a_1*w_{1.1}+a_2*w_{1.2}+a_3*w_{1.3})$$
$$z_2=g(a_1*w_{2.1}+a_2*w_{2.2}+a_3*w_{2.3})$$

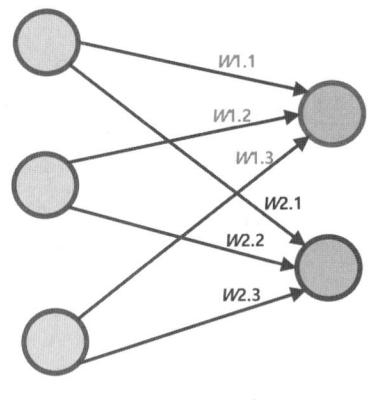

图 4-8　多层感知机　　　　　　　图 4-9　计算公式

如果你听到一位技术高手说"手搓神经网络"，那就是使用如上步骤重复构建，形成一个"感知机"矩阵网络。只要有耐心，你也可以做到！

4.2.3　感知机的训练

平面上有两种形状，一种是三角形，一种是五角形。如果这时将一个未知图形放入平面上，只给出它的坐标，并要求预测这个新图形是属于三角形还是五角形，如图 4-10 所示。

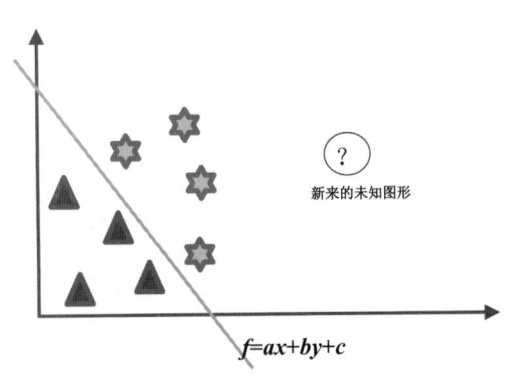

图 4-10　感知机分类

平面上已有的这些形状及其坐标数据，称为样本。计算图 4-10 中三角形和五角形之间的这条直线的过程，称为训练。得出的这条直线方程，就是训练的结果。当有新图形加入时，将图形的坐标代入这个方程，就可以判别它的类属。在这个例子中，a,b 是 x,y 坐标的权值，c 是偏移量。

下面的代码将生成模拟点（三角形和五角形的坐标），并进行训练，然后对输入的点数据进行预测：

```
import java.util.ArrayList;
import java.util.List;
```

```java
import java.util.Random;

// 表示平面上的一个点,包含坐标和所属类别
class Point {
    double x;
    double y;
    int label;            // 1为三角形,0为五角形

    public Point(double x, double y, int label) {
        this.x = x;
        this.y = y;
        this.label = label;
    }

    // 用于输出测试观测点的坐标
    public String toString() {
        return "类型:"+label+" x:"+x+" y:"+y+"\r\n";
    }
}

public class PerShapeCF {
    private double wx, wy;              // 保存点x、y对应的权值
    private double bias;                // 偏置项
    private double learningRate=0.1;    // 学习率设为0.1,调整步进值

    // 激活函数,即非线性函数,简单判断:若大于或等于0则输出1,若小于0则输出0
    private int activationFunction(double sum) {
        return sum >= 0? 1 : 0;
    }

    // 预测一个点的类别
    public int predict(Point point) {
        double sum = 0;
        sum += wx * point.x + wy * point.y + bias;
        return activationFunction(sum);
    }

// 训练感知机
public void train(List<Point> points, int epochs) {
    Random random = new Random();
    for (int epoch = 0; epoch < epochs; epoch++) {
        // 每次训练前打乱数据顺序,增加随机性,有助于更好地收敛
        List<Point> shuffledPoints = new ArrayList<>(points);
        java.util.Collections.shuffle(shuffledPoints, random);
        for (Point point : shuffledPoints) {
            int prediction = predict(point);
            int error = point.label - prediction;
            wx += learningRate * error * point.x;
            wy += learningRate * error * point.y;
```

```java
            bias += learningRate * error;
        }
    }
}

public static void main(String[] args) {
    // 生成模拟的三角形和五角形的点数据
    List<Point> points = new ArrayList<>();
    Random random = new Random();

    // 生成三角形的点（示例规则，可根据实际情况调整形状定义）
    for (int i = 0; i < 100; i++) {
        double x = random.nextDouble() * 10;
        double y = random.nextDouble() * 10;
        // 简单假设三角形区域的点满足某种条件，这里示例为 x + y < 8
        int label = x + y < 8? 0 : 1;
        points.add(new Point(x, y, label));
    }

    // 生成五角形的点（示例规则，同样可调整）
    for (int i = 0; i < 100; i++) {
        double x = random.nextDouble() * 10;
        double y = random.nextDouble() * 10;
        // 简单假设五角形区域的点满足某种条件
        // 比如 (x - 5) * (x - 5) + (y - 5) * (y - 5) < 16
        int label = (x-5) * (x-5) + (y-5) * (y-5) < 16? 0 : 1;
        points.add(new Point(x, y, label));
    }

    // 创建感知机实例，二维坐标作为两个输入特征，学习率设为 0.1
    PerShapeCF perceptron = new PerShapeCF();
    System.out.println(points);
    // 训练感知机，设置训练轮数为 200
    perceptron.train(points, 200);
    // 测试新的点的类别
    Point testPoint1 = new Point(3.0, 4.0, 0);
    int prediction1 = perceptron.predict(testPoint1);
    System.out.println("点 (3.0,4.0) 的预测类别: " + prediction1);

    Point testPoint2 = new Point(6.0, 6.0, 0);
    int prediction2 = perceptron.predict(testPoint2);
    System.out.println("点 (6.0, 6.0) 的预测类别: " + prediction2);
}
```

以上代码要注意以下几点：

（1）定义 Point 类及其属性：x、y 为坐标，label 为类别（1 表示三角形，0 表示五角形），用 Point 类的对象保存点的坐标值。

（2）训练过程：通过样本计算出权值 wx、wy 和偏置值 bias。

（3）学习率：学习率是影响训练过程步进大小的参数，这里设定为 0.1。

（4）训练方法：train 方法实现了训练过程，本例共训练了 200 轮次。

在上述代码中，输入了两个坐标点，用于让训练后的感知机进行判断，训练的分类结果如图 4-11 所示。

图 4-11　训练的分类结果

4.3　"感知机可视化"项目实现

本节通过一个完整的示例来可视化演示感知机的分类过程，代码思路如下：

（1）使用 JFrame 显示界面和按钮，单击该按钮后即进行一次训练。
（2）对模拟生成的数据进行训练，结果是在界面上画一条分类线。
（3）用线条的移动体现感知机的训练过程。
（4）多次训练后，分类线会逐渐固定在某个最优位置。

程序初始界面如图 4-12 所示，生成的模拟点大致分布在两个区域。

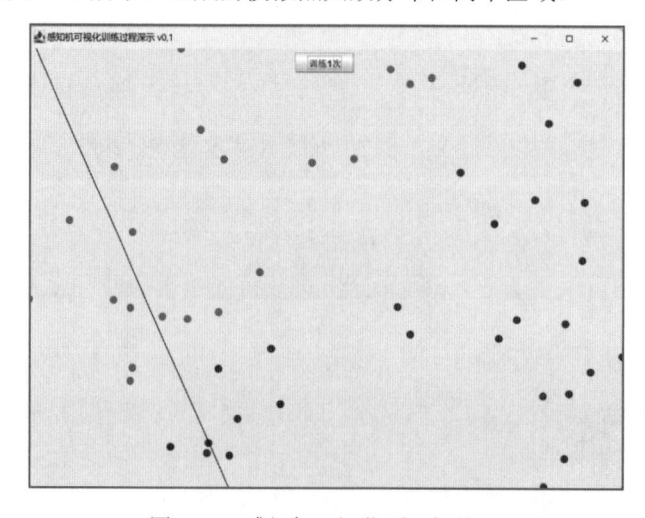

图 4-12　感知机可视化项目初始图

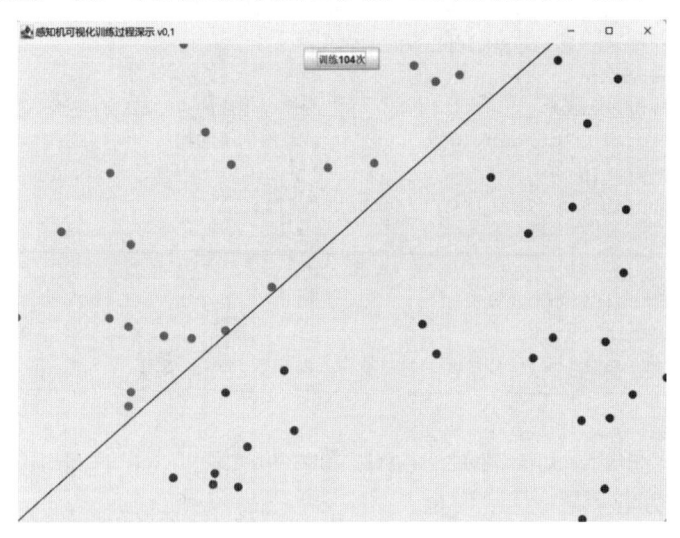

单击按钮即可训练一次，可以看到分类线在移动，直到明确分类，如图 4-13 所示。

图 4-13　感知机可视化训练结果

感知机可视化分类的完整代码如下：

```java
import javax.swing.*;
import java.awt.*;
import java.awt.event.ActionEvent;
import java.awt.event.ActionListener;
import java.util.ArrayList;
import java.util.List;
import java.util.Random;

public class ViPerceptron extends JFrame {
    private static final int R = 5;           // 画点的半径
    private int WIDTH=800,HEIGHT=600;         // 界面宽和高
    // 训练数据，每个元素包含 [x, y, label]
    private List<double[]> trainingData;
    private Perceptron perceptron;            // 感知机实例
    private Graphics g;                       // 界面上的画布
    private int count=0;                      // 记录手动训练的次数
    private JButton trainButton;              // 单击此按钮即训练一次

    public ViPerceptron() {
        this.setTitle("感知机可视化训练过程示例 v0.1");
        this.setSize(800, 600);
        this.setDefaultCloseOperation(JFrame.EXIT_ON_CLOSE);
        this.setLayout(new FlowLayout());
        // 初始化要用来分类的平面上的点
        initTrainingData();
        // 创建感知机对象
        perceptron = new Perceptron(2, 0.1);
        trainButton = new JButton("开始训练");
        trainButton.addActionListener(new ActionListener() {
```

```
        @Override
        public void actionPerformed(ActionEvent e) {
            g.clearRect(0, 0, WIDTH, HEIGHT);
            trainPerceptron();              // 训练
            drawDataPoints(g);              // 画模拟生成的点，其实只需画一次
            drawDecisionBoundary(g);        // 画每次训练的线
            count++;
            trainButton.setText("训练"+count+"次");
        }
    });
    this.add(trainButton);
    this.setVisible(true);
    g=this.getGraphics();               // 取得界面画布
}

// 初始化，模拟生成平面上的点数据，存入队列，作为训练样本
private void initTrainingData() {
    trainingData = new ArrayList<>();
    Random random = new Random();
    for (int i = 0; i < 50; i++) {
        double x = random.nextDouble() * WIDTH;
        double y = random.nextDouble() * HEIGHT;
        int label = (x + y > WIDTH / 2 + HEIGHT / 2)? 1 : -1;
        trainingData.add(new double[]{x, y, label});
    }
}

//将生成的点在界面上画出来
private void drawDataPoints(Graphics g) {
    for (double[] data : trainingData) {
        int x = (int) data[0];
        int y = (int) data[1];
        int label = (int) data[2];
        g.setColor(label == 1? Color.BLUE : Color.RED);
        g.fillOval(x - R, y - R, 2 * R, 2 * R);
    }
}

// 画出每次训练后显示分类的线
private void drawDecisionBoundary(Graphics g) {
    double[] weights = perceptron.getWeights();
    double bias = perceptron.getBias();
    if (weights!= null && weights.length == 2) {
        int x1 = 0;
        int y1 = (int) (- (weights[0] * x1 + bias) / weights[1]);
        int x2 = WIDTH;
        int y2 = (int) (- (weights[0] * x2 + bias) / weights[1]);
        g.setColor(Color.BLACK);
        g.drawLine(x1, y1, x2, y2);
    }
```

```java
    }
    // 训练方法
    private void trainPerceptron() {
        for (int epoch = 0; epoch < 100; epoch++) {
            for (double[] data : trainingData) {
                double[] inputs = {data[0], data[1]};
                int label = (int) data[2];
                perceptron.train(inputs, label);
            }
        }
    }

    public static void main(String[] args) {
        // 显示界面,构造器中已经可以显示
        ViPerceptron vp=new ViPerceptron();
    }
}


// 定义感知机类,可以生成感知机对象
class Perceptron {
    private double[] weights;
    private double bias;
    private double learningRate;

    public Perceptron(int inputSize, double learningRate) {
        weights = new double[inputSize];
        for (int i = 0; i < inputSize; i++) {
            weights[i] = Math.random();
        }
        bias = Math.random();
        this.learningRate = learningRate;
    }

    public double[] getWeights() {
        return weights;
    }

    public double getBias() {
        return bias;
    }

    // 激活函数
    private int activationFunction(double weightedSum) {
        return weightedSum >= 0? 1 : -1;
    }

    // 预测函数
    public int predict(double[] inputs) {
```

```
        double weightedSum = 0;
        for (int i = 0; i < weights.length; i++) {
            weightedSum += weights[i] * inputs[i];
        }
        weightedSum += bias;
        return activationFunction(weightedSum);
    }

    // 对输入的数据进行训练
    public void train(double[] inputs, int label) {
        int prediction = predict(inputs);
        if (prediction!= label) {
            for (int i = 0; i < weights.length; i++) {
                weights[i] += learningRate * (label - prediction) * inputs[i];
            }
            bias += learningRate * (label - prediction);
        }
    }
}
```

上述代码要注意以下几点:

(1) 感知机类: 将感知机及其相关参数、计算公式和训练方法封装在 Perceptron 类中,体现了封装思想。

(2) 单击按钮进行训练: 每次单击按钮即对模拟数据进行分类,通过画线表示训练过程。

(3) 线性分类: 感知机只能做线性分类(即二分类)。如果图中的点混合在一起,程序无法画出一条有效的分类线,这时需要借助多层神经网络。

(4) 随机性问题: 由于生成的点具有随机性,可能需要多次尝试(可能需要单击训练按钮三五百次),才能得到较为正确的分类线,如图 4-14 所示。

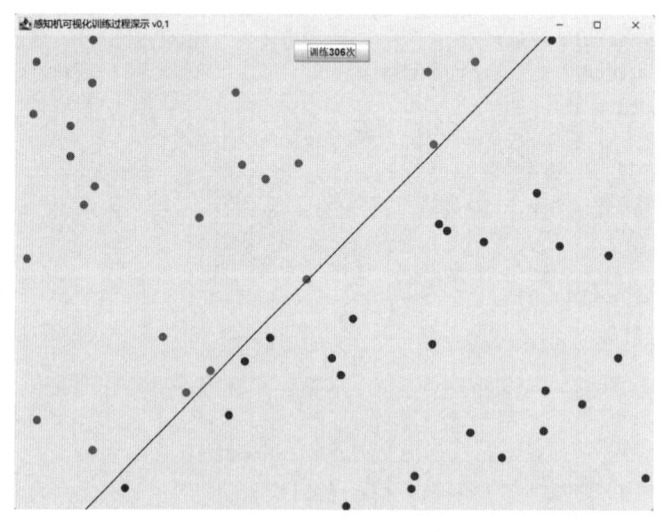

图 4-14 难以训练的数据集

(5) 读者可以增加输入新点进行预测的功能。

4.4 "基于贝叶斯的拼写检查"项目规划

为什么选择贝叶斯？

首先，贝叶斯算法具有良好的入门易学性：对于刚接触人工智能算法的学生来说，贝叶斯分类器是一个非常适合入门的算法选择。它的计算过程简单，算法原理和实现相对易懂。学生可以轻松上手，在实践中体会机器学习中分类算法的基本流程，包括数据预处理、模型训练（其实是统计概率的过程）、预测等环节。通过此过程，学生可以为后续学习更复杂的分类算法打下坚实的基础。

其次，贝叶斯算法为学习其他算法提供了基础：很多更复杂的机器学习和人工智能算法，在底层原理或处理思路上与贝叶斯算法有相通之处，或者会借鉴其概率计算和更新的逻辑。例如，隐马尔可夫模型（用于语音识别、词性标注等任务）的概率推导过程就与贝叶斯思想紧密相关。学生在入门时掌握贝叶斯理论，后续在学习这些相关算法时就能更快理解其核心概念和运作机制。

最后，"基于贝叶斯的拼写检查"项目解决了同学们在写作时经常遇到的问题。例如，当我们在 Word 文档中输入拼写错误的英文单词（如 schaol）时，系统会提示更正，如图 4-15 所示；或者在搜索框中输入单词时，下拉列表会出现拼写建议。这些功能背后，都蕴藏着技术上的巧妙设计。

图 4-15 错词提示

这就是本项目要实现的功能。在此项目实践过程中，我们将带领读者掌握 Python 开发环境的搭建，Python 的基本输入/输出语法，列表、队列、map 等数据结构，流程控制，图形化界面，文件读写，词频统计等高频应用技能。这些高频技术点在大学学习过程中十分常见。通过挑选主要技术点和易于上手实践且能深度探索的项目，有助于学生建立学习人工智能的信心，收获成就感，最终实现"领先一步"的目标！

4.5 Python 开发环境和入门

4.5.1 安装配置 Python 开发环境

PyCharm 是当前最流行的 Python 开发工具，可以登录官方网站 https://www.jetbrains.com.cn/pycharm/ 下载并安装，如图 4-16 所示。

图 4-16　下载 PyCharm

注意，PyCharm 有专门面向学生和教师的免费版本。在下载前需要进行身份认证，在校学生可下载"适用于学生和教师"的免费版本，如图 4-17 所示。

图 4-17　下载"适用于学生和教师"版

下载完成后，进行安装和配置，如图 4-18 所示。

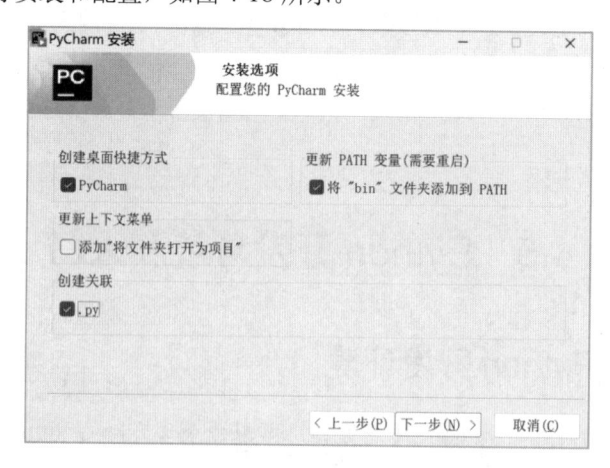

图 4-18　安装界面

安装成功后，新建一个项目。在新建项目中配置开发环境，如图 4-19 所示。

图 4-19　配置开发环境

配置完成后，要先下载和安装 Python 解释器（pdk）。进入 Python 官方网站 https://www.python.org/，如果是 Windows 平台，则选择下载 Windows 版本，如图 4-20 所示。

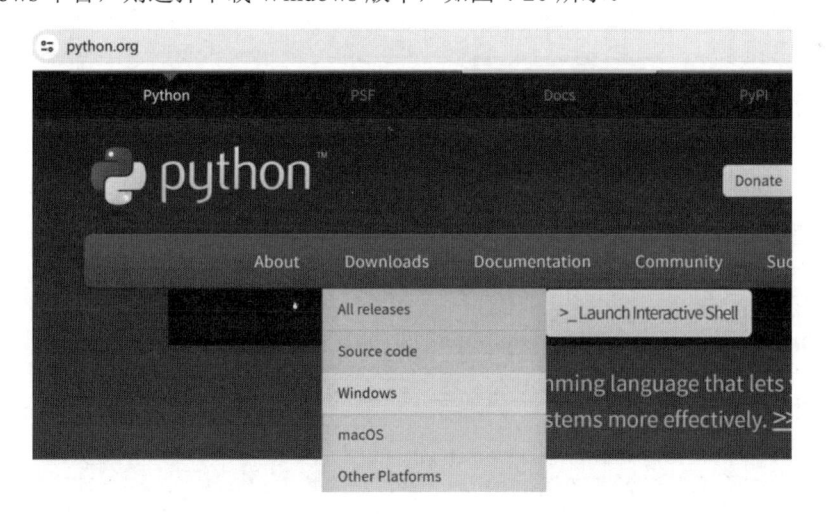

图 4-20　下载 Python 解释器

下载成功后，单击"安装"按钮。如果要安装到 D 盘或其他盘，请选择定制安装；否则，选择默认安装即可，如图 4-21 所示。

安装成功后，再返回 PyCharm 新建项目界面。笔者的 Python 安装目录是 D:\Python\Python313，因此在 PyCharm 的"Python version"中选中这个安装目录进行安装，如图 4-22 所示。

图 4-21　选择安装路径

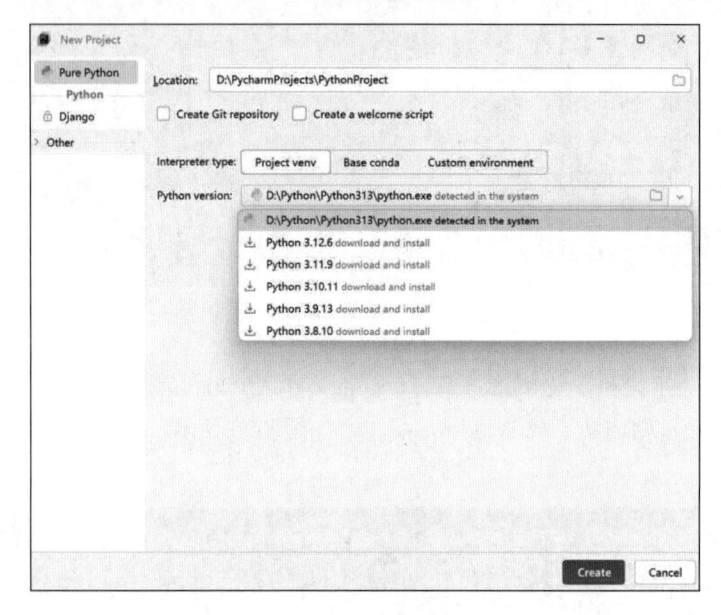

图 4-22　选择解释器

4.5.2　第一个 Python 程序

打开 PyCharm，新建一个名为 PythonProject 的项目，如图 4-23 所示。

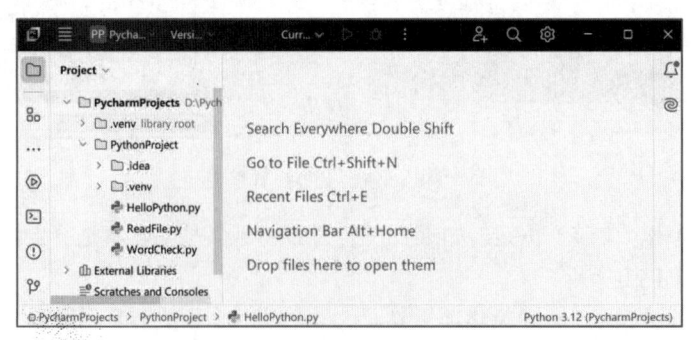

图 4-23　新建 Python 项目

在项目名 PythonProject 上右击，在弹出的快捷菜单中依次选择 New→Python File 选项，新建 Python 文件，如图 4-24 所示。

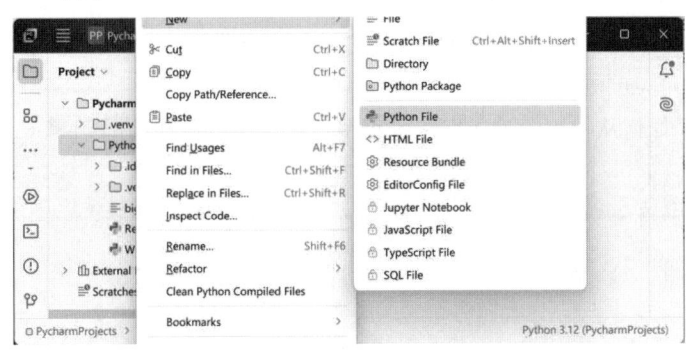

图 4-24　新建 Python 文件

在新建的文件中，编写一行 Python 代码，然后单击窗口上方的绿色三角形按钮，编译并运行程序，如图 4-25 所示。这样，我们就成功拥有了第一个 Python 程序。

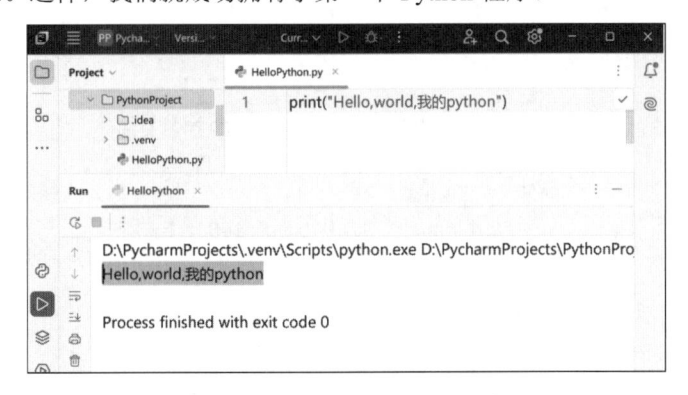

图 4-25　编写运行 Python 程序

从图 4-25 中可以看到代码的输出结果。

4.5.3　输入/输出和流程控制

相较于计算机科学与技术专业中讲解的 C++语言、软件工程专业中讲解的 Java 语言和信息安全专业中讲解的 C 语言，Python 编程语言具有显著的特点，总体而言有以下 3 点：

- 书写自由：Python 使用缩进（空格间隔）来定义代码块，而不是像 Java 和 C++那样要使用花括号（{}）来严格定义类和方法。Python 语法简洁，关键字数量少，变量无须显式地定义类型。
- 解释执行：Python 属于动态语言或脚本语言，不像 C、C++那样需要经过编译过程。Python 代码在运行时会被解释器逐行解释并执行,这意味着 Python 程序不需要事先编译成机器码，优点是开发和调试过程更加快速和灵活。
- 支持多种编程范式：Python 可以使用过程式编程、面向对象编程和函数式编程的风格来编写代码，这使得不同背景的开发者都能根据需求和具体的应用场景选择合适的编程范式。

注：编程范式是指程序设计的基本风格或模型，定义了程序员如何组织和结构化代码以解决问题。它提供了一套核心思想、原则和方法，影响程序的逻辑结构和开发方式。

Python 又被称为"胶水语言"，因为它具有丰富的调用接口、第三方库和生态圈，可用于连接不同语言的项目，如 Java、C++等。

以下代码示范了如何从控制台输入字符串和整数，并进行拼接输出。

```python
# 从命令行读取字符串
name = input("请输入学生的姓名：")
# 读取一个字符串
age = input("请输入学生的年龄：")
# 转换为整数
age=int(age)

t=12;
age+=t
# 输出为一个字符串
print(name,"现在的age 是",age,"新手写了",100,"行代码");
```

输入和输出结果如图 4-26 所示。

```
D:\PycharmProjects\PythonProject\.v
请输入学生的姓名：张三
请输入学生的年龄：21
张三 现在的age 是 33 新手写了 100 行代码

进程已结束，退出代码为 0
```

图 4-26　Python 中的输入和输出演示

如果读者习惯了 C++或 Java 的编程风格，可能会对 Python 这种自由的风格感到不习惯。编写 Python 代码时，需要注意以下几点：

- 变量不需要提前定义，可以直接使用（解释型语言，到了运行时再确定数据类型）。
- Python 中的注解是以"#"符号开始的。
- Python 中空格的数量非常重要，表示程序结构的空格多了一个都会报错。

接下来是一个流程控制的练习，我们将通过以下代码打印字符三角形：

```python
# 控制三角形的行数，可根据需要修改此值
n = int(input("输入三角形的行数："))
cs=input("输入组成三角形的字符：")
print("打印的三角形如下：")
for i in range(n):
    for j in range(n - i - 1):
        # 打印空格，用于控制三角形的形状,end=""表示不换行
        print(" ", end="")
    for k in range(2 * i + 1):
        print(cs,end="")    # 打印*字符,不换行
```

```
    print(end="\r\n")      # 换行，开始下一行的打印
```

以上代码要注意的是：

- 在 for 循环的格式中，i 变量不需要事先定义；在 ":" 之后的代码都是循环内执行的。
- print 函数的输出是否换行可通过最后一个参数 end 来控制，end=""表示不换行。

再次强调，Python 通过代码的缩进表示程序代码块。请看下面这段代码，除了缩进不同之外，其他内容与上面的代码完全相同：

```
# 控制三角形的行数，可根据需要修改此值
n = int(input("输入三角形的行数："))
cs=input("输入组成三角形的字符：")
print("打印的三角形如下:")
for i in range(n):
    for j in range(n - i - 1):
      # 打印空格，用于控制三角形的形状，end=""不换行
            print(" ", end="")
    for k in range(2 * i + 1):
        print(cs,end="")      # 打印*字符，不换行
        print(end="\r\n")     # 换行，开始下一行的打印
```

这两段代码在 PyCharm 上的输出如图 4-27 所示。这两段代码就因为缩进不同，输出的结果也完全不同。原因是一行代码后面缩进一个 Tab 键，表示是这行代码块的范围。理解这一点的有效办法是多做练习，并仔细观察规律。

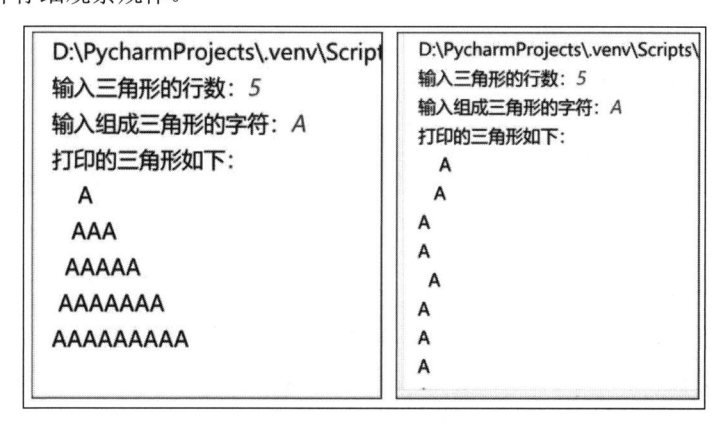

图 4-27 缩进的区别

下面来做一个小测试，检查下面的代码是否有流程错误。

```
x = 10
if x > 5:
print("x 大于 5")
print("这行看起来好像也在 if 里面，但缩进不对")
for i in range(3):
    print(i)
print("这行又好像是循环结束后的，但很难准确判断")
```

再练习另一段代码，检查流程：

```
if True:
print("这里缺少缩进，会报错")

x = 10
if x > 5:
    print("x 大于 5")
        print("这里缩进过多，也会报错")
```

如图 4-28 所示，集成开发环境（IDE）工具会自动提示缩进错误。如果是参加 ACM 比赛或某些场合的编辑器不进行自动检测，就可能导致辛苦编码结果却一场空。此时，缩进决定成败！

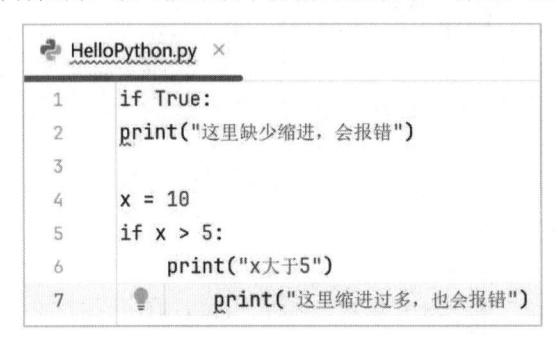

图 4-28　缩进报错

4.5.4　数据结构

Python 常用的数据结构有列表、队列、字典（map）等。Python 中没有显式的数组定义，但提供了列表类型，其功能远超数组。列表类型提供了创建、访问、修改、添加、删除以及遍历等操作，代码示例如下：

```
# 1. 创建列表
my_list = [1, 2, 3, 4, 5]

# 2. 访问元素（通过索引，索引从 0 开始）
print(my_list[0])        # 输出第一个元素，即 1
print(my_list[4])        # 输出最后一个元素，即 5
print(my_list[-1])       # 也输出最后一个元素，神奇吧！

# 3. 修改元素
my_list[2] = 6           # 将索引为 2 的元素（原本是 3）修改为 6
print(my_list)

# 4. 添加元素
my_list.append(7)        # 在列表末尾添加元素 7
print(my_list)

# 5. 删除元素
del my_list[3]           # 删除索引为 3 的元素
print(my_list)

# 6. 列表遍历（使用 for 循环）
```

```
for element in my_list:
    print(element)

# 7. 列表推导式（快速生成新列表）
new_list = [x * 2 for x in my_list]
print(new_list)

# 8. 越界输出，报什么错？
print(my_list[8])
```

请练习上述代码，观察"7. 列表推导式（快速生成新列表）"和"8. 越界输出，报什么错？"的执行结果。Python 比较神奇的是，可以用-1 作为列表最后一个元素的索引。

列表的插入和删除操作的示例代码如下：

```
nums = [3, 1, 2]
nums.sort()       # 对列表进行排序
print(nums)       # 输出 [1, 2, 3]

nums.insert(1, 4)    # 在索引为 1 的位置插入元素 4
print(nums)          # 输出 [1, 4, 2, 3]
```

与列表类似，队列容器也有类似的应用方式，只是在底层实现上有所区别。目前，读者只需熟练使用这两者即可。队列的用法示例如下：

```
from collections import deque

# 1.创建队列
queue = deque()
# 2.添加元素到队列末尾
queue.append(1)
queue.append("AAA")
queue.append(3)
print("创建后的队列:", queue)
# 3.获取队列头部元素（查看，不删除元素）
print("队列头部元素:", queue[0])
# 4.修改队列头部元素
queue[0] = 10
print("更新后的队列:", queue)
# 5.移除队列头部元素
element = queue.popleft()
for el in queue:
    print("队列中现有元素 ", el)
print("队列测试完毕",end="\r\n")
```

以上代码需要注意以下几点：

（1）第一行 from collections import deque 是导入 collections 模块，因为 deque 类在 collections 模块中。Python 中的模块类似于 C++中的命名空间或 Java 中的包。如果不是默认导入的类（模块），就需要在代码开头以明确方式导入。

（2）在常规用法上，列表和队列类似，在许多场景下可以互换。建议在代码熟练后再深入了解这两者的底层结构的区别，并了解它们在不同场景下的时间复杂度。

4.5.5 文件读写和统计

1. 读取文件

Python 读取文件非常简单，读取文本文件的代码示例如下：

```python
# 读取文本文件的示例
fName="D:\\cpp-dev\\xor 待加密文件.txt";
# 打开文件，'r' 表示以只读模式打开文件
# encoding='utf-8' 指定文件编码（根据实际文件编码调整）
with open(fName, 'r', encoding='utf-8') as file:
    lines = file.readlines()
    # 按行读取，打印输出
    for line in lines:
        print(line)
```

以上代码需注意以下两点：

（1）读取文本文件一般使用 utf-8 编码。如果读取后出现乱码，可以尝试改为 GBK 编码进行测试。

（2）如果要读取二进制文件（如图片、音频、视频等），则需要使用 'rb' 指定以二进制只读模式打开文件，代码示例如下：

```python
# 'rb' 表示以二进制只读模式打开
with open('image.jpg', 'rb') as file:
    data = file.read()
    # 可以对二进制数据进行相应处理，比如保存到另一个文件等
```

2. 写入文件

以下示例展示带异常保护的写入多行文件的操作：

```python
# 要写入的目标文件名
dDestName="D:\\cpp-dev\\写入目标文件.txt"
# 打开文件，如果不存在则创建
try:
    with open(dDestName, 'w', encoding='utf-8') as file:
        count=100
        # 写入 100 行数据
        for i in range(count):
            # 将整数类型转换成字符串类型
            ls=str(i)
            file.write(ls)
            # 写入后换行
            file.write("这是要写入的内容\r\n")
    print("文件写入完毕！共写入行数：",count)
except IOError as e:
    # 异常保护，文件路径不存在时，跳到这里
    print(f"写入文件时出现 I/O 错误: {e}")
```

在人工智能专业的学习过程中，常做的一个练习是读取文件并统计词频，也就是统计文件中的单词并将结果存储到一个 map 结构中。map 在 Python 中称作字典，是一个存储键值对（key-value pair）的数据结构，示例如图 4-29 所示。

单词	次数
Hello	178
word	398
python	120
AI	10098

图 4-29　map 结构示例

以下代码示例从 big.txt 文件中读取每一行内容，然后通过正则表达式 re.sub() 去掉除字母以外的所有符号，再以空格为单位统计每个单词出现的频次，并将统计结果存入 word_count 字典中，最后打印输出统计结果。

```python
from collections import defaultdict
import re
import string

# 初始化一个默认值为 0 的字典，用于存储词频
word_count = defaultdict(int)

# 打开并读取文件内容
with open('big.txt', 'r', encoding='utf-8') as file:
    # 逐行读取文件
    for line in file:
        # 用正则表达式去掉文档中除字母外的所有符号
        line = re.sub(r"[^\w\s]", "", line)
        # 对每行进行分词（此处以空格为分隔符，实际中用复杂的分词方法）
        words = line.split()
        # 遍历每个词，并更新其在字典中的计数
        for word in words:
            # 清洗词，例如转换为小写，去除标点符号等
            cleaned_word = word.lower().strip('.,!?;"()[]')
            # 更新词频
            word_count[cleaned_word] += 1

# 打印词频统计结果
for word, count in word_count.items():
    print(f'{word}: {count}')
```

输出结果如图 4-30 所示。

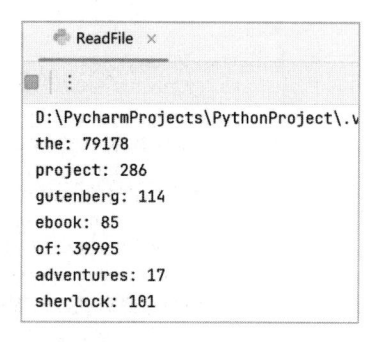

```
D:\PycharmProjects\PythonProject\.v
the: 79178
project: 286
gutenberg: 114
ebook: 85
of: 39995
adventures: 17
sherlock: 101
```

图 4-30　统计词频

在运行前，请确保存有单词文本的 big.txt 在项目目录下。

4.5.6　界面和事件响应

在 Python 中，要创建图形用户界面（GUI），可以使用 tkinter 库，这是 Python 的标准 GUI 库。以下示例将创建一个界面，包含一个输入框和一个按钮。当单击按钮时，输入框中的内容将发生变化。

```python
import tkinter as tk
# 1.创建主窗口
root = tk.Tk()
root.title("简单界面示例")

# 2.创建输入框
entry = tk.Entry(root)
entry.pack()

# 用来记录单击按钮次数的计数器
click_count = 0

# 3.按钮单击回调函数
def on_button_click():
    # 获取输入框内容
    input_text = entry.get()
    global click_count  # 声明为全局变量，以便在函数内修改
    click_count += 1
    # 这行代码可以清空输入框 entry.delete(0, 'end')
    # 在输入框的起始位置插入文字
    entry.insert(0, f"你点击了第{click_count}次")
    print("输入框内容:", input_text, click_count)
# 4.创建按钮，并指定按钮事件的监听器为 on_button_click方法
button = tk.Button(root, text="点击我", command=on_button_click)
button.pack()

# 运行主循环，相当于程序的启动
root.mainloop()
```

界面事件结果如图 4-31 所示。

图 4-31　界面事件

以上代码需要注意以下 3 点：

（1）代码的第一行是通过 `import tkinter as tk` 导入界面库。

（2）在使用全局变量前，局部函数内需要使用 global 进行声明，如 global click_count。

（3）事件监听机制通过自定义函数实现，在按钮构造器中通过 command 参数指定。

掌握了这些技术点后，接下来就可以实践项目"基于贝叶斯的拼写检查"了。

4.6 "基于贝叶斯的拼写检查"项目实现

4.6.1 贝叶斯算法是什么

贝叶斯算法最早由英国著名数学家、统计学家和神学家托马斯·贝叶斯（Thomas Bayes，约 1701 年—1761 年）提出，如图 4-32 所示。

图 4-32　贝叶斯算法发明者

贝叶斯算法的核心是条件概率（Conditional Probability），即在事件 B 发生的情况下，事件 A 发生的概率，通常用 $P(A|B)$ 表示。贝叶斯定理的示意图如图 4-33 所示。

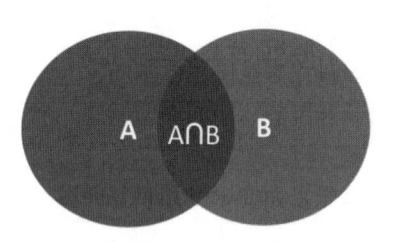

图 4-33　贝叶斯定理示意图

贝叶斯定理的数学公式为：

$$P(A|B) = \frac{P(B|A)P(A)}{P(B)}$$

对贝叶斯定理的数学公式的理解如下：

- $P(A|B)$：在事件 B 已发生的条件下，事件 A 发生的概率，也叫后验概率。
- $P(B|A)$：在事件 A 已发生的条件下，事件 B 发生的概率，常被称为似然度。
- $P(A)$：在不考虑任何条件（如未观测到 B）时，事件 A 发生的初始概率。
- $P(B)$：事件 B 发生的总概率（考虑所有可能的事件 A）。

贝叶斯算法的核心思想是：根据新的数据（证据）来更新对某个事件（假设）发生概率的判断。

通俗地说，就是对问题的看法要与时俱进。根据新观察到的数据，通过贝叶斯定理计算得到后验概率，以此不断优化对事件的认知和对未来决策的依据。因此，贝叶斯也被称为主观贝叶斯或信念贝叶斯。它不仅在数理统计、计算机科学、机器学习等领域有着广泛应用，还在个人行为学、社会科学、商业发展等方面具有一定的指导意义和价值。

贝叶斯概率模型是机器学习的基础算法之一，常用于分类问题，例如文本分类、垃圾邮件判别、医疗诊断等。它也是一种非常重要的统计学习方法，深刻地改变了人们处理不确定性问题、进行概率推断以及决策分析的方式。

4.6.2 项目需求分析

在 Word 文档中输入单词 schoal 后，Word 会在这个单词下画一条红线，提示我们可能存在拼写错误。右击这个词时，会出现如图 4-34 所示的提示，其中 school 排在第一位，后面还有几个不常用的单词。

在百度的搜索框中输入 schoal，提示框如图 4-35 所示。

图 4-34　常见的提示词功能　　　　　　图 4-35　搜索中的提示词功能

为什么会有不同的提示呢？这是因为 Word 会根据用户编辑文档的习惯统计词频，并预测用户最可能输入的单词是 school；而百度则是根据互联网数百亿次搜索的词频，预测用户可能要搜索的目标词。无论是 Word 还是百度，背后都有预测的机制。这正是本项目所要实现的功能：根据用户输入的错误单词，给出一个提示列表，并尽可能地接近用户实际想输入的单词排序，推荐最接近的单词。

4.6.3 基于贝叶斯的拼写检查算法分析

拼写正确记作 C（代表 correct），拼写错误则记作 W（代表 wrong），求 P(想输入 C|实际输入 W)的概率。

根据贝叶斯定理有：$P(C|W) = P(W|C) \times P(C) / P(W)$。推导如下：

P(想输入 C|实际输入 W)
　=P(实际输入 W|想输入 C)×P(想输入 C)/P(实际输入 W)
　=P(实际输入 W|想输入 C)×P(想输入 C)

计算思路，即求 $P(W|C)$ 和 $P(C)$：

（1）*P*(C)求解：用户想输入的概率最高的单词是什么？简单的思路是：假设我们统计了所有的英文文章，找出出现频率最高的单词，选择与用户输入最相似的单词作为用户想输入的单词！因此，这一步可以通过收集多部英文小说，统计每个单词的词频来实现。在本例中，我们通过 http://norvig.com/big.txt 中的词频来生成语料库，语料库是一个 Map 结构，即 Map<单词，词频>。当然，使用爬虫抓取百科全书等更为权威的资料来统计会更加准确。

（2）*P*(W|C)求解：*P*(W|C)表示想要输入的是 C，而实际输入成错误单词 W 的概率。在此，我们简化问题，假设 W 对应的可能正确的 n 个单词 C(1...n)，其中 W 和第 Cn 个词形越相近，第 Cn 个词是用户想输入的词的概率越高；如果词形相似度相同，则选择 Cn 中 *P*(C)最大的词。以下是 3 组示例（如表 4-1 所示）。

表 4-1 单词推荐示例

	错误输入 W	想要正确输入 C		
第一组	Craater	Creater	Creator	Creative
第二组	Creatar	Creater	Creator	
第三组	Freat	Creater	Creator	Greater

- 第一组，显然，词形最近的是 Creater，因此推荐它。
- 第二组，词形相近程度相同，这时 *P*(C)的概率就派上用场。P(Creater)在语料库中的出现概率要高于 P(Creator)，因此向用户推荐单词 Creater。
- 第三组：此处留给读者自己来分析，应向用户推荐哪个单词？

（3）词形相似性：通过计算"编辑距离"来比较词形的相似性。编辑距离为 1 表示增删用户输入的错词中的每个字母后，是否能在语料库中找到对应的词；同理，可计算编辑距离为 2、3 等的所有近似词。

4.6.4　完整项目代码实现

将上述思路转换成代码实现，主要步骤如下：

（1）下载语料库：本例使用文档 http://norvig.com/big.txt，请保存该文档备用。
（2）读取 big.txt 中的内容：去掉除空格外的所有标点符号，并拆分成单词。
（3）统计每个单词出现的频率：生成语料库 Map<单词，词频>。
（4）接收用户输入的单词：如果该单词不在语料库中，计算此单词的编辑距离为 1 的所有单词，并在语料库中查找；如果找到，则给出频率最高的那个词；如果没有找到，则计算此单词的编辑距离为 2 的所有单词，并在语料库中查找，直至找到为止。

核心代码用于计算编辑距离，如下是 4 种操作的解释，请对照代码进行理解：

（1）deletes：依次删除单词中的每个字母所形成的所有新词。例如，'abc'对应的 deletes 为['bc'，'ac'，'ab']。
（2）transposes：依次交换单词中的邻近两个字母所形成的所有新词。例如，'abc'对应的 transposes 为 ['bac'，'acb']。
（3）replaces：将单词中的每个字母依次替换成其他 25 个字母所形成的所有新词。例如，'abc'

对应的 replaces 是['abc', 'bbc', 'cbc', …, 'abx', ' aby', 'abz']，一共包含 78（26×3）个词。

（4）inserts：在单词中的邻近两个字母之间依次插入一个字母所形成的所有新词。例如，'abc' 对应的 inserts 为['aabc', 'babc', 'cabc', …, 'abcx', 'abcy', 'abcz']，一共包含 104（26×4）个词。

代码示例如下：

```python
import string
import re

def txt2words(file_name):
    """
    1.读取小说文件，返回所有单词的列表（可重复）
    本例中使用 http://norvig.com/big.txt 作为语料库
    """
    lis_word = []
    with open(file_name, 'r', encoding='utf-8') as file:
        for line in file:
            # 去掉文档中除字母外的所有符号
            line = re.sub(r"[^\w\s]", "", line)
            # 分成一个个的单词并存入列表中
            words = line.split()
            for word in words:
                word = word.strip()
                if len(word) > 1:
                    lis_word.append(word)
    return lis_word


def build_map(lis):
    # 统计词频，返回字典{词：频}
    ms = {}
    for word in lis:
        ms[word] = ms.get(word, 0) + 1
    return ms

# 计算此单词 w 的编辑距离为 1 的所有单词，这是关键函数
def edits1(word):
    letters = string.ascii_lowercase
    n = len(word)
    edit_set = set()
    # 删除操作 n 次
    for i in range(n):
        word1 = word[:i] + word[i + 1:]
        edit_set.add(word1)
    # 交换操作 n - 1 次
    for i in range(n - 1):
        word1 = word[:i] + word[i + 1] + word[i] + word[i + 2:]
        edit_set.add(word1)
    # 替换操作 26n 次
    for i in range(n):
```

```python
        for j in letters:
            word1 = word[:i] + j + word[i + 1:]
            edit_set.add(word1)
    # 插入操作 26n 次
    for i in range(n + 1):
        for j in letters:
            word1 = word[:i] + j + word[i:]
            edit_set.add(word1)
    return edit_set

# 获取用户输入
def get_error_input():
    print("请用户输入单词（错词）:")
    return input()

if __name__ == "__main__":
    file_name = "big.txt"
    lis = txt2words(file_name)
    ms = build_map(lis)
    while True:
        ins = get_error_input()
        # 如果不正确（如果词库没有，就不正确）
        if ins not in ms:
            # 生成编辑距离为1的所有词
            ss = edits1(ins)
            count = 0
            for sims in ss:
                kf = ms.get(sims)
                if kf is not None:
                    count += 1
                    print(f"{count} 系统推荐词是：{sims} 频率是：{kf}")
            if count == 0:
                print("找不到可推荐的单词...")
        else:
            print("这是个正确的单词！")
```

注意：在编码前，确保从 http://norvig.com/big.txt 下载 big.txt 文档，并将其放在当前 Python 项目目录下，以便在代码中读取，如图 4-36 所示。

图 4-36　big.txt 的位置

运行上述拼写检查项目，测试结果如图 4-37 所示。

```
D:\PycharmProjects\PythonProject\.v
请用户输入单词（错词）：
lews
1  系统推荐词是：news  频率是：213
2  系统推荐词是：jews  频率是：1
3  系统推荐词是：legs  频率是：118
4  系统推荐词是：laws  频率是：223
5  系统推荐词是：dews  频率是：1
6  系统推荐词是：lets  频率是：23
7  系统推荐词是：lewis 频率是：1
8  系统推荐词是：less  频率是：358
9  系统推荐词是：les   频率是：13
10 系统推荐词是：mews  频率是：1
11 系统推荐词是：lens  频率是：12
请用户输入单词（错词）：
hallo
1  系统推荐词是：halo  频率是：3
2  系统推荐词是：halls 频率是：4
3  系统推荐词是：hall  频率是：71
4  系统推荐词是：hullo 频率是：1
5  系统推荐词是：hello 频率是：1
请用户输入单词（错词）：
```

图 4-37　系统测试结果

至此，一个基于贝叶斯模型的简单拼写检查项目已经实现。在此基础上，我们还可以：

（1）添加可视化图形用户界面（GUI），使演示更为形象。
（2）本项目未对推荐结果进行排序，请读者实现此功能。
（3）掌握网络爬虫的编写，从互联网上抓取更大数量级的语料库，优化推荐结果。
（4）考虑使用 Python 的开源机器学习库来处理此问题。

希望这些实践能助力读者领先一步。人工智能的博大精深显然不是一蹴而就的，期望读者在后续的实践中收获满满！

4.7　人工智能专业的拓展学习指导

1. 熟练掌握一门编程语言

从新手入门到业界精英的成长之路，每一步都少不了代码的编写。因此，人工智能专业的同学必须重视编程能力，从基础学起，至少要熟练掌握数组、链表、哈希表、二叉树等基本数据结构的应用；精通多线程编程、基于 TCP/IP 协议的网络通信编程；能够调试常见的通信系统和云计算中间件平台的 bug。这些能力都需要至少熟练掌握一门编程语言。Python 因其易上手而被广泛使用，不过从系统理解的角度出发，建议深度掌握 Java 或 C++ 编程语言。

2. 研读相关性强的数理知识

毫无疑问，人工智能的研究和开发需要扎实的数学功底。数学是用于解决实际问题的工具，而非单纯为了考试得分。在学习人工智能相关的数学知识时，最好以问题为导向，按需学习，到真正应用时再深入学习。建议读者学习以下 3 方面的数学内容，并建立索引，便于以后需要用的时候知道要去学什么。

- 线性代数：理解矩阵运算、向量空间、特征值与特征向量等概念，这对理解机器学习算法中的数据表示、变换以及降维等操作至关重要。可复习经典教材如《线性代数及其应用》。
- 概率论与数理统计：重点学习概率分布、期望、方差、贝叶斯定理等内容，这些是理解人工智能中不确定性建模、模型评估等环节的基础。推荐阅读《概率论与数理统计》。
- 微积分：掌握导数、积分、多元函数微积分等基本内容，它们在优化算法（如梯度下降法）中会频繁用到。读者可通过做一些函数求导、最值求解的练习题来打好微积分的基础。

3. 强化项目实践

在人工智能领域，业界一直处于引领地位，因此，尽早参与企业实习或大学实验室的实践项目，才是更高效的学习之路。建议尝试一些简单的项目，如文本分类（情感分析、新闻分类）、机器翻译、问答系统等。可以使用 NLTK、spaCy 等自然语言处理工具包以及预训练的语言模型，在实际文本数据上进行操作，提升项目开发能力。

第 5 章

"大数据科学与技术"专业入门实践

本章目标

实现基于余弦相似度算法的"图书推荐系统"和多线程"海量文件搜索系统"。

大数据科学与技术专业是计算机科学与技术和软件工程的延伸,也是人工智能的应用方向之一。学习本章的读者,首先需要参考第 1 章或第 2 章,至少掌握 C++ 或 Java 编程语言。本章的两个项目都使用 Java 语言实现。

本章首先讲解余弦相似度算法,分析"图书推荐系统"的项目需求和实现过程,并带领读者逐步实现;然后分析"海量文件搜索系统"面临的问题和解决对策,讲解 Java 并发编程技术和原理,提供文件搜索的递归代码实现;最后,整合代码实现项目,并与系统的搜索时间进行比较。通过这两个项目,引发读者对大数据面临的一些基本问题的思考和探索。此外,本章还将提供大数据科学与技术专业的拓展规划,供读者参考。

5.1　职业前景和就业方向

大数据已经是社会的超级大脑！我们每天接触到的信息，例如在抖音上刷到的视频，打开淘宝、京东首页看见的商品，明天要看的电影，下周的旅行计划，甚至是这本书的内容，背后都离不开大数据技术的支撑。

试想，如果系统获取了我们在拼多多上的购物记录、微信上的聊天记录和抖音上的浏览记录，那么这个系统可能比我们自己都更了解我们，甚至能精准预测我们明天需要什么。现实是，我们的生活已与大数据密不可分。

从专业学习的角度来看，大数据专业、大数据管理与技术，包括金融工程、商业数据分析等，都以计算机科学与技术为基础，并以软件工程为工具，是这两个专业的延伸。因此，本专业的同学必须掌握计算机的基础理论，熟悉编程语言，方可在大数据应用领域中拥有良好的发展前景。

在就业方向上，各大企业的数据分析、推荐系统、算法设计，特别是银行金融领域，对大数据人才的需求巨大。除了大数据岗位外，通用的计算机岗位、软件开发岗位也是大数据领域的主要就业方向。

在发展前景上，大数据首先与机器学习、人工智能紧密结合。人工智能系统必须以大数据为基础，通过对大数据的处理来实现智能化。这也是大数据专业的一个重要学习方向。此外，随着大数据时代的到来，各种系统、软件项目和应用平台无不面临着海量数据，一位优秀的软件工程师必须具备大数据素养，也必须掌握大数据相关技术。

本章旨在助力新手在大数据的学习中领先一步。首先通过引导读者理解余弦相似度算法并实践经典的"图书推荐系统"项目，熟练掌握代码，入门推荐算法。随后，通过练习并发编程，实践"海量文件搜索系统"原型，帮助读者初步掌握并发原理和应用场景，直观感受大数据性能优化的思路。

5.2　"图书推荐系统"项目规划

表 5-1 中列出了 8 本书，并且为每本书在 6 个维度上进行了评分，评分范围从 0 到 10 分。表中最后一行是目标推荐书籍《计算机类专业指导》及其在各个维度上的得分值。

表 5-1　图书及 6 个维度

指标 书名	科技含量	人文关怀	历史深度	修辞艺术	实用指导	通俗易懂
《乡土中国》	2	5	9	1	6	3
《控制论》	3	5	1	5	9	5
《图灵机》	7	1	2	4	6	6
《美的历程》	5	3	1	8	9	2
《数学之美》	7	3	2	4	6	9
《浪潮之巅》	1	1	3	6	8	4

（续表）

书名＼指标	科技含量	人文关怀	历史深度	修辞艺术	实用指导	通俗易懂
《黄河青山》	8	9	3	1	2	5
目标图书《计算机类专业指导》	2	5	1	7	4	3

我们的"图书推荐系统"要实现的功能是，根据已有的各维度得分，给用户推荐最接近目标图书的3本书。

这样的场景在网购平台中常见，通常当我们购买一本书后，网购平台会推荐相关联的书籍。而在大数据系统中，例如抖音平台，会根据用户在多个维度上的得分向用户推荐他可能喜欢的短视频。这就是一个典型的推荐系统样例。

在实际工作中，涉及的商品可能有数万种，而每种商品的维度（属性）可能也有几万种，维度的值可能从0到10万甚至更多，并且每个维度（属性）可以再细分出成千上万维度。可以想象，涉及的数据量是呈指数级增长的。

5.3 余弦相似度算法

推荐系统有多种算法可供选择，如欧氏几何距离、余弦相似度、K近邻算法、知识图谱、协同过滤、基于深度学习等。我们在此使用的是余弦相似度算法，对于大数据专业的新生来说，它具有概念直观、数学要求不高、代码逻辑清晰、便于扩展等优点。

什么是余弦相似度呢？如图5-1所示，a点的坐标是（4,12），b点的坐标是（16,3），它们之间形成了一个夹角，夹角的角度越小，说明a和b的余弦相似度越高。

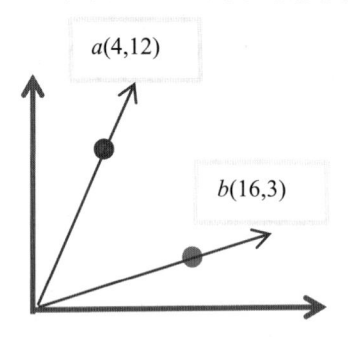

图5-1 余弦相似度的几何示意图

余弦相似度是衡量两个事物相似程度的一种方法。它将要对比的两个事物用向量表示（可以想象成在空间中有方向的箭头），然后通过计算这两个向量夹角的余弦值来判断它们的相似度。余弦值即为余弦相似度，取值范围在-1和1之间。

如何计算a、b的余弦相似度？假设给定a、b为四维向量：向量A = (3，5，9，7)和向量B = (2，4，5，9)，以下是计算过程。

第一步：计算向量点积

根据公式，对于两个 n 维向量 $A=(a_1, a_2,\cdots, a_n)$ 和 $B=(b_1, b_2,\cdots, b_n)$。它们的点积为 $A \cdot B = a_1 \times b_1 + a_2 \times b_2 +\cdots+ a_n \times b_n$。对于给定的向量 $A = (3, 5, 9, 7)$ 和向量 $B = (2, 4, 5, 9)$，其向量点积计算如下：

$$\begin{aligned} A \cdot B &= 3\times 2 + 5\times 4 + 9\times 5 + 7\times 9 \\ &= 6 + 20 + 45 + 63 \\ &= 134 \end{aligned}$$

第二步：计算向量的模长

对于向量 $A=(a_1, a_2,\cdots, a_n)$，其模长 $|A| = \sqrt{(a_1^2 + a_2^2 +\cdots+ a_n^2)}$。

计算向量 A 的模长 $|A|$ 的公式如下：

$$\begin{aligned} |A| &= \sqrt{3^2 + 5^2 + 9^2 + 7^2} \\ &= \sqrt{9 + 25 + 81 + 49} \\ &= \sqrt{164} \end{aligned}$$

计算向量 B 的模长 $|B|$ 的公式如下：

$$\begin{aligned} |B| &= \sqrt{2^2 + 4^2 + 5^2 + 9^2} \\ &= \sqrt{4 + 16 + 25 + 81} \\ &= \sqrt{126} \end{aligned}$$

第三步：计算余弦相似度

余弦相似度的计算公式为 $\cos(\theta) = (A \cdot B) / (|A| \times |B|)$，将前面计算得到的值代入该公式：

$$\begin{aligned} \cos|\theta| &= \frac{A \cdot B}{|A| \times |B|} \\ &= \frac{134}{\sqrt{164} \times \sqrt{126}} \\ &= \frac{134}{\sqrt{164 \times 126}} \\ &= \frac{134}{\sqrt{20664}} \\ &= \frac{134}{143.75} \\ &\approx 0.932 \end{aligned}$$

得出向量 A 和向量 B 的余弦相似度约为 0.932，这表明这两个向量所代表的对象具有较高的相似度。

第四步：代码实现

有了以上分析，下面只需要用代码实现计算即可。本章示例使用 Java 代码，若没有 Java 编程基础的读者，请参考第 2 章中的内容；如果要使用 Python 编写，请参考第 3 章中的内容。以下是计

算向量 $A = (3，5，9，7)$ 和向量 $B = (2，4，5，9)$ 的余弦相似度的 Java 代码示例：

```java
// 本例演示计算两个向量的余弦相似度
public class TestSimilarity {

    public static void main(String[] args) {
        // 要计算的两个向量
        int[] A =new int[]{3, 5, 9, 7};
        int[] B =new int[] {2, 4, 5, 9};

        double dotProduct = 0.0;
        double magnitudeA = 0.0;
        double magnitudeB = 0.0;

        // 1.计算点积
        for (int i = 0; i < A.length; i++) {
            dotProduct += A[i] * B[i];
            magnitudeA += Math.pow(A[i], 2);
            magnitudeB += Math.pow(B[i], 2);
        }
        // 2.计算模长
        magnitudeA = Math.sqrt(magnitudeA);
        magnitudeB = Math.sqrt(magnitudeB);
        // 3.计算余弦相似度
        double result= dotProduct / (magnitudeA * magnitudeB);
        System.out.println("A 与 B 的余弦相似度是 "+result);

    } //end main

} //end class
```

可以看出，关键代码比较简单。因此，初学者千万不要被一些算法名词吓倒，完全可以大胆地用代码实现欧氏几何距离、皮尔逊系数、K 近邻算法、基于词频统计的 TF/IDF 算法等。相信读者在实践中会越战越勇！

5.4 "图书推荐系统"项目实现

5.4.1 图书建模

本节使用 Java 编程语言实现"图书推荐系统"，涉及 Java 编程中的流程控制、数组、队列、排序等技术。

首先，定义一个图书类，该类有 3 个属性，分别存放书名、特征向量和与目标图书的余弦相似度。代码如下：

```java
class Book{
// 书名
```

```
    public String title;
    // 每本书 6 个特征的得分
    public int[] featureVector;
    // 和目标图书的余弦相似度
    double similarity;
}
```

本例中，推荐资料库中只有 7 本书，我们手动定义这些图书的对象，即根据每本图书的参数，生成一个 Book 类的对象，将这些对象存入一个 ArrayList 队列中备用（实际应用中这里是读取大量数据的编程过程），代码示例如下：

```
Book a1 = new Book();
    a1.title="《乡土中国》";
    a1.featureVector=new int[]{2,5,9,1,6,3};
Book a2 = new Book();
    a2.title="《控制论》";
    a2.featureVector=new int[]{3,5,1,5,9,5};
Book a3 = new Book();
    a3.title="《图灵机》";
    a3.featureVector=new int[]{7,1,2,4,6,6};
Book a4 = new Book();
    a4.title="《美的历程》";
    a4.featureVector=new int[]{5,3,1,8,9,2};
Book a5 = new Book();
    a5.title="《数学之美》";
    a5.featureVector=new int[]{7,3,2,4,6,9};
Book a6 = new Book();
    a6.title="《浪潮之巅》";
    a6.featureVector=new int[]{1,1,3,6,8,4};
Book a7 = new Book();
    a7.title="《黄河青山》";
    a7.featureVector=new int[]{8,9,3,1,2,5};
ArrayList<Book> bookList = new ArrayList<>();
    bookList.add(a1);
    bookList.add(a2);
    bookList.add(a3);
    bookList.add(a4);
    bookList.add(a5);
    bookList.add(a6);
    bookList.add(a7);
```

接下来，定义目标书的参数。假设我们以《计算机类专业指导》这本书为目标，代码如下：

```
// 假设以《计算机类专业指导》这本书为目标，查找与其相似的图书
Book targetBook = new Book();
    targetBook.title="《计算机类专业指导》";
    targetBook.featureVector=new int[] {2,5,1,7,4,3};
```

5.4.2　计算余弦相似度

有了保存待推荐图书的队列和目标图书对象，接下来就是计算资料库（bookList）中每本图书

与目标图书 targetBook 的余弦相似度。根据上一节讲解的余弦相似度算法，我们编写如下代码：

```java
// 计算两个向量的余弦相似度
public static double cosineSimilarity(int[] vectorA, int[] vectorB) {
    double dotProduct = 0.0;
    double magnitudeA = 0.0;
    double magnitudeB = 0.0;

    for (int i = 0; i < vectorA.length; i++) {
        dotProduct += vectorA[i] * vectorB[i];
        magnitudeA += Math.pow(vectorA[i], 2);
        magnitudeB += Math.pow(vectorB[i], 2);
    }

    magnitudeA = Math.sqrt(magnitudeA);
    magnitudeB = Math.sqrt(magnitudeB);

    return dotProduct / (magnitudeA * magnitudeB);
}
```

计算资料库中的 7 本图书与目标图书的余弦相似度，并将这个值赋给每个 Book 类对象的 similarity 属性，代码如下：

```java
// 假设以《计算机类专业指导》这本图书为目标，查找与其相似的图书
Book targetBook = new Book();
targetBook.title="《计算机类专业指导》";
targetBook.featureVector=new int[] {2,5,1,7,4,3};

// bookList 中已存放了资料库中所有的书
for (int i=0;i<bookList.size();i++) {
    Book book=bookList.get(i);
    // 计算与目标书籍的余弦相似度
    double similarity = cosineSimilarity(targetBook.featureVector,book.featureVector);
    // 保存到这个结果中
    book.similarity=similarity;
}
```

最后，我们只需要将 bookList 中的对象按照 similarity 值从大到小进行排序，输出排序后的结果就是符合目标图书的推荐顺序。

5.4.3 完整的代码实现

在理解了上述流程的基础上，我们整合所有的代码，并新增对结果进行排序的功能。本例为简单起见，使用冒泡排序。整合后的"图书推荐系统"代码如下：

```java
import java.util.ArrayList;

// 图书类定义：保存每本图书的相关数据
class Book{
    public String title; //书名
```

```java
    public int[] featureVector;       // 每本图书 6 个特征的得分
    double similarity;                 // 和目标图书的余弦相似度
}

// 图书推荐系统 v0.1
public class BookRecom {

    // 计算两个向量的余弦相似度的方法
    public static double cosineSimilarity(int[] vectorA, int[] vectorB) {
        double dotProduct = 0.0;
        double magnitudeA = 0.0;
        double magnitudeB = 0.0;

        for (int i = 0; i < vectorA.length; i++) {
            dotProduct += vectorA[i] * vectorB[i];
            magnitudeA += Math.pow(vectorA[i], 2);
            magnitudeB += Math.pow(vectorB[i], 2);
        }

        magnitudeA = Math.sqrt(magnitudeA);
        magnitudeB = Math.sqrt(magnitudeB);

        return dotProduct / (magnitudeA * magnitudeB);
}
//主函数
public static void main(String[] args) {
    Book a1 = new Book();
    a1.title="《乡土中国》";
    a1.featureVector=new int[]{2,5,9,1,6,3};
    Book a2 = new Book();
    a2.title="《控制论》";
    a2.featureVector=new int[]{3,5,1,5,9,5};
    Book a3 = new Book();
    a3.title="《图灵机》";
    a3.featureVector=new int[]{7,1,2,4,6,6};
    Book a4 = new Book();
    a4.title="《美的历程》";
    a4.featureVector=new int[]{5,3,1,8,9,2};
    Book a5 = new Book();
    a5.title="《数学之美》";
    a5.featureVector=new int[]{7,3,2,4,6,9};
    Book a6 = new Book();
    a6.title="《浪潮之巅》";
    a6.featureVector=new int[]{1,1,3,6,8,4};
    Book a7 = new Book();
    a7.title="《黄河青山》";
    a7.featureVector=new int[]{8,9,3,1,2,5};
    // 将这些图书对象存入队列中
    ArrayList<Book> bookList = new ArrayList<>();
    bookList.add(a1);
```

```java
        bookList.add(a2);
        bookList.add(a3);
        bookList.add(a4);
        bookList.add(a5);
        bookList.add(a6);
        bookList.add(a7);

        // 假设以《计算机类专业指导》这本书为目标，查找与其相似的图书
        Book targetBook = new Book();
        targetBook.title="《计算机类专业指导》";
        targetBook.featureVector=new int[] {2,5,1,7,4,3};

        // bookList 中已存放了资料库中所有的图书
        for (int i=0;i<bookList.size();i++) {
            Book book=bookList.get(i);
            // 计算与目标图书的余弦相似度
            double similarity = cosineSimilarity(targetBook.featureVector, book.featureVector);
            // 保存到这个结果中
            book.similarity=similarity;
        }
        // 调用排序方法，对结果进行排序
        bubbleSort(bookList);
        System.out.println("为" + targetBook.title+ "推荐的图书次序如下：\r\n");

        for (int i = 0; i <bookList.size(); i++) {
            Book b=bookList.get(i);
            System.out.println((i + 1) + ". " + b.title + ",相似度: " + b.similarity);
        }

    }
    // 冒泡排序，在计算结果的队列中，根据 Book 对象的 similarity 值从大到小排序
    public static void bubbleSort(ArrayList<Book> bookList) {
        int n = bookList.size();

        for (int i = 0; i < n - 1; i++) {
            for (int j = 0; j < n - i - 1; j++) {
                // 取出：队列中对象是引用保存
                Book b1=bookList.get(j);
                Book b2=bookList.get(j+1);
                if (b1.similarity < b2.similarity) {
                    // 交换元素位置：交换两个对象的属性值，也就完成了
                    int[] tv=b1.featureVector;
                    String title=b1.title;
                    double sim=b1.similarity;

                    b1.featureVector=b2.featureVector;
                    b1.title=b2.title;
                    b1.similarity=b2.similarity;
```

```
            b2.featureVector=tv;
            b2.title=title;
            b2.similarity=sim;
        }
    }
  }//bubbleSort
}//end main

}//end class BookRecom
```

图书推荐系统的推荐结果如图 5-2 所示。

```
Console ×
<terminated> BookRecom [Java Application] C:\Users\hdf\.p2\pool\
为《计算机类专业指导》推荐的图书次序如下：
 1.《控制论》相似度：0.8980722841832749
 2.《美的历程》相似度：0.8963881445476723
 3.《浪潮之巅》相似度：0.8353196597587098
 4.《数学之美》相似度：0.7724292477636958
 5.《图灵机》相似度：0.7488253712446704
 6.《黄河青山》相似度：0.6795200450603323
 7.《乡土中国》相似度：0.6123724356957946
```

图 5-2 图书推荐系统的推荐结果

至此，我们初步实现了一个"图书推荐系统"。建议读者在此基础上加强练习 Java 或 Python 编程，并尝试进一步实现以下两个项目：

1. 热门音乐推荐系统

算法原理：基于热门推荐算法，根据物品的热门程度进行推荐，例如按照物品的浏览量、购买量、点赞量等统计指标来对物品进行排序，然后将热门物品推荐给用户。这是一种较为简单、直接的推荐方式，不考虑用户的个性化差异。例如，微博上热门话题的推荐，就是根据话题的讨论热度来展示的。

适用场景：适用于新用户刚进入系统时，尚未积累足够的行为数据，系统先展示热门内容让用户有个大致了解；或者适用于一些通用性较强、普遍受欢迎的内容推荐场景，像热门景点推荐、热门音乐推荐等。

实践思路：以音乐平台为例，收集每首歌曲的播放次数、收藏次数等数据，作为衡量热门程度的指标。根据这些指标对歌曲进行排序，将排名靠前的热门歌曲推荐给用户。

2. 新闻文章推荐系统

数据准备：收集一批新闻文章，每篇文章有标题、正文等内容（可以使用文本文件保存文章内容，一行一个文章，文章内部分隔标题和正文等）。

使用自然语言处理库（如 Apache 的 OpenNLP 或者 Python 的 NLTK 等，在 Java 中可以通过调用外部工具或使用相关 Java 封装库）提取文章的关键词作为内容特征，例如提取每篇文章中出现频率较高的名词、动词等作为关键词。

代码实现：首先构建用户兴趣画像，记录用户浏览文章的历史数据（可以使用合适的数据结构保存，如 Map<String, Set<String>>表示用户 ID 与其浏览过的文章关键词集合的对应关系）。

然后分析用户浏览文章的关键词集合，统计出现频率较高的关键词，构建用户的兴趣关键词画像。例如，对于用户 A，频繁出现的关键词如"科技""人工智能"等，组成其兴趣关键词集合。

推荐匹配文章：对于每篇未被用户浏览的文章，计算其关键词集合与用户兴趣关键词集合的重合度（如计算交集的元素个数等）。根据重合度对文章进行排序，将重合度较高的文章推荐给用户。

5.5 "海量文件搜索系统"项目规划

若想知道自己计算机中的文件数量，可以尝试在 Windows 系统中使用系统自带的搜索栏进行搜索，看看搜索一个文件需要多长时间。如图 5-3 所示是笔者计算机的基本存储情况。

图 5-3　笔者计算机的基本存储情况

有 200GB 的存储空间被占用了，如果每个文件平均大小为 1MB，那么有 20 多万个文件（实际上许多小文件只有几千字节，因此实际文件数量远大于这个估算值）。

然后，使用 Windows 自带的搜索工具，查找以 java 开头的文件，如图 5-4 所示。系统会搜索磁盘中的所有文件。请测试你的计算机搜索文件所用的时间。

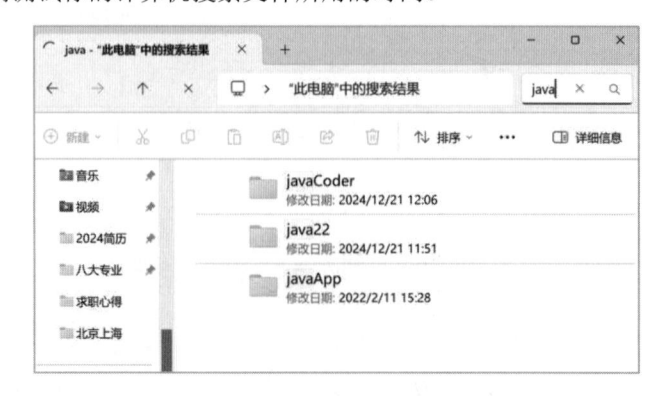

图 5-4　系统搜索过程

笔者在自己的计算机上进行了测试，大约用了半小时。本节的目标是开发一个文件搜索器，至少将搜索性能提升 10 倍。

这个示例是海量文件搜索的一个典型应用场景。那么，海量文件搜索系统都用在什么领域呢？请看以下数据：

淘宝网后端系统上保存着超过 286 亿个图片文件，这些图片文件中包含根据原图生成的缩略图（在 2011 年的 IT168 系统架构师大会上淘宝网技术委员会主席章文嵩介绍）。

根据腾讯公布的数据，2024 年 QQ 的移动终端月活跃账户数为 5.71 亿。假设其中有 50%的用户经常使用 QQ 相册，平均每人在 QQ 相册中存储 100 张照片，则大约有 2.855 亿用户共存储了 285.5 亿张照片。

根据网上信息，2024 年 1 月，抖音新生成的知识类短视频内容数量超过 3.37 亿个，而这只是一个月的数据。

当你流畅地在手机上刷短视频、浏览图片和文件时，是否考虑到你所看到的这个文件可能是从数百亿个文件中特别挑选出来的一个？这需要何等强大的系统架构、软件平台和算法设计，才能实现如此极速的功能！这正是海量文件系统的探索方向。

千里之行，始于足下。接下来，我们将练习 Java 的多线程编程（Java 语言基础入门，请参考第 2 章），初步理解并发编程的概念，掌握多线程应用技术，通过至少 10 倍的性能提升，感受大数据的魅力。我们要实现的"海量文件搜索系统"项目的界面如图 5-5 所示。

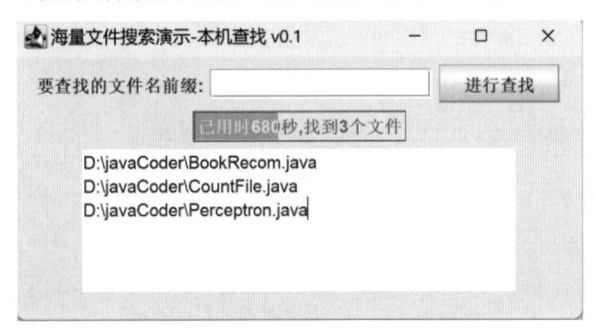

图 5-5 "海量文件搜索系统"界面

5.6 多线程并发编程

要掌握多线程编程，首先要理解单线程编程。通俗地说，单线程是指一个方法调用完毕后再调用另一个方法，所有操作按顺序串行执行；而多线程是指多个方法可以同时被调用，即并发执行。下面是单线程调用过程的代码示例：

```java
// 单线程调用测试
public class TestApp {
    public void m1(int t) { //测试方法1
        for(int i=0;i<5000000;i++) {
            t+=1;
        }
```

```java
        System.out.println("m1 执行完毕 "+t);
    }
    public void m2(int t) {  //测试方法 2

        for(int i=0;i<4000000;i++) {
            t+=2;
        }
        System.out.println("m2 执行完毕 "+t);
    }
    public void m3(int t) {  //测试方法 3
        for(int i=0;i<3000000;i++) {
            t+=3;
        }
        System.out.println("m3 执行完毕 "+t);
    }

    public static void main(String[] args) {
        TestApp ta=new TestApp();     // 调用三个方法
        ta.m1(1);
        ta.m2(2);
        ta.m3(3);
        System.out.println("三个方法调用完毕，程序退出！");
    }
}
```

输出结果如图 5-6 所示。

```
<terminated> TestApp [Java Appl
m1执行完毕 5000001
m2执行完毕 8000002
m3执行完毕 9000003
三个方法调用完毕，程序退出！
```

图 5-6 单线程调用的结果

如果每个方法内有大量计算或执行代码，那么第三个方法必须等前两个方法执行完毕才会被执行。但是，如果采用多线程并发编程，就可以让三个方法同时执行。

以下是多线程改进的代码示例：

```java
// 定义一个线程类
class Worker extends Thread{
    private String title;
    private int count=0;

    public Worker(String t,int c) {
        this.title=t;
        this.count=c;
    }

    public void run() {//线程去执行的代码
```

```
        for(int i=0; i<count; i++) {
            System.out.println(title+" 计算次数"+count);
            try {
                Thread.sleep(1000);  //用休眠模拟消耗时间
            }catch(Exception ef) {}
        }
    }//end run

}// end Worker class

// 单线程调用测试
public class TestApp2 {

    public static void main(String[] args) {
        // 创建 3 个线程对象,并启动执行
        Worker w1=new Worker("王东",10);
        w1.start();
        Worker w2=new Worker("李明",6);
        w2.start();
        Worker w3=new Worker("陈华",12);
        w3.start();
        System.out.println("三个线程已并发执行,主函数退出");
    }
}
```

线程的创建和编写,关键在于以下 5 点:

(1)我们自定义线程类,需要继承 Thread 类。
(2)必须重写 public void run()方法体,run 方法中的调用在线程中执行。
(3)通过调用线程类的对象的 start()方法启动一个线程。
(4)每个线程独立运行,run 方法执行完毕后线程退出。
(5)线程中通常用 Thread.sleep(int t)来实现暂停(休眠)。

其中,下面的代码可以放到方法体中的任何位置,参数表示休眠的毫秒数。将其放到上述代码中执行,会导致调用此方法的线程对象休眠 1 秒。

```
try {
    Thread.sleep(1000);       // 用休眠模拟消耗时间
}catch(Exception ef) {}
```

当然,多线程编程还有许多需要深入练习和研究的内容,我们先初步熟练掌握这 5 点,在以后的实践中遇到问题时再深入研究。

练习:

请自己编写代码,熟练掌握基本的线程创建和调用程序的编写。

5.7 "海量文件搜索系统"项目实现

5.7.1 查找文件

在编写查找文件的代码之前,需要了解文件系统的结构,它是一个树形结构,如图 5-7 所示。

图 5-7 树形文件系统

在 Java 代码中,java.io.File 类的对象可以表示磁盘驱动器(如 C:或 D:),也可以表示一个目录或文件。以下是测试代码:

```java
import java.io.File;

public class SFile {
    public static void main(String[] args) {
        // 将目录定义为一个文件对象
        File rt=new File("D:\\cpp-dev");
        // 列出目录下的文件和子目录,返回一个 File 对象数组
        File[] fs=rt.listFiles();

        for(int i=0;i<fs.length;i++) {
            File temf=fs[i];
            String sName=temf.getName();                    // 只取得文件名
            String allName=temf.getAbsolutePath();          // 取得全路径名
            boolean isF=temf.isFile();                      // 是否一个实体文件
            boolean isD=temf.isDirectory();                 // 是否一个目录
            System.out.print(i+" 全路径 "+allName);
            if(isF) System.out.println(" 是一个文件");
            if(isD) System.out.println(" 是一个目录");
        }//end for
    }//end main
}//end class
```

笔者在自己的计算机上运行此代码，输出了 D:\cpp-dev 目录下的文件和目录，结果如图 5-8 所示。

```
<terminated> SFile [Java Application] C:\Users\hdf\.p2\pool\p
0 全路径 D:\cpp-dev\CRSA 是一个目录
1 全路径 D:\cpp-dev\HelloCoder 是一个目录
2 全路径 D:\cpp-dev\xor加密后的文件.txt 是一个文件
3 全路径 D:\cpp-dev\xor待加密文件.txt 是一个文件
4 全路径 D:\cpp-dev\写入目标文件.txt 是一个文件
```

图 5-8　搜索目录下的文件

如何显示一个目录下的所有文件和子目录呢？可以通过递归调用来实现，代码如下：

```java
import java.io.File;

public class SFile {

    // 显示 dirName 下的所有文件，递归显示下一级的所有目录
    public void disDir(String dirName) {

        File dir = new File(dirName);          // 创建文件对象

        if (dir.isDirectory()) {               // 如果是目录，则递归
            File[] fs = dir.listFiles();
            if (fs != null) {                  // 有些文件是"快捷方式"或软链接，不能列出
                for (int i = 0; i < fs.length; i++) {
                    File file = fs[i];         // 获取下一级的文件
                    String abName = file.getAbsolutePath();
                    if (file.isFile()) {       // 如果是文件，则输出文件名
                        System.out.println(" " + abName);
                    }

                    disDir(abName);            //递归调用，显示下一级的内容
                }//end for
            }
        }
    }// end dir

    public static void main(String[] args) {
        String dir = "D:\\cpp-dev";
        SFile sf = new SFile();
        sf.disDir(dir);
    }// end main

}// end class
```

输出结果如图 5-9 所示，显示了笔者计算机中 D:\cpp-dev 目录下的所有文件。

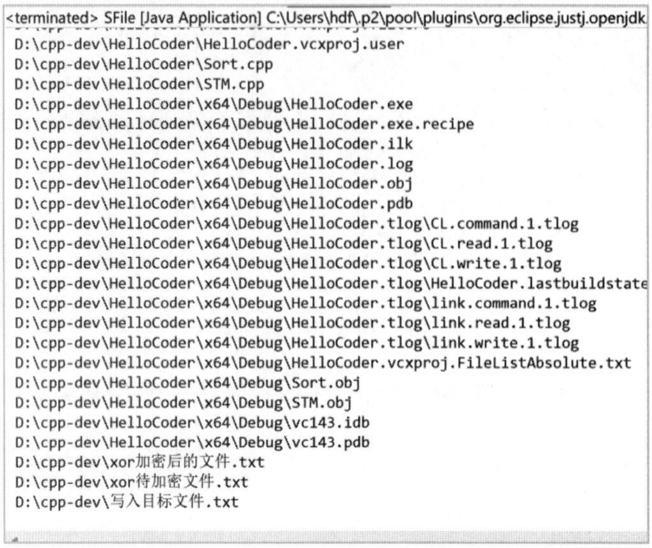

```
<terminated> SFile [Java Application] C:\Users\hdf\.p2\pool\plugins\org.eclipse.justj.openjdk
D:\cpp-dev\HelloCoder\HelloCoder.vcxproj.user
D:\cpp-dev\HelloCoder\Sort.cpp
D:\cpp-dev\HelloCoder\STM.cpp
D:\cpp-dev\HelloCoder\x64\Debug\HelloCoder.exe
D:\cpp-dev\HelloCoder\x64\Debug\HelloCoder.exe.recipe
D:\cpp-dev\HelloCoder\x64\Debug\HelloCoder.ilk
D:\cpp-dev\HelloCoder\x64\Debug\HelloCoder.log
D:\cpp-dev\HelloCoder\x64\Debug\HelloCoder.obj
D:\cpp-dev\HelloCoder\x64\Debug\HelloCoder.pdb
D:\cpp-dev\HelloCoder\x64\Debug\HelloCoder.tlog\CL.command.1.tlog
D:\cpp-dev\HelloCoder\x64\Debug\HelloCoder.tlog\CL.read.1.tlog
D:\cpp-dev\HelloCoder\x64\Debug\HelloCoder.tlog\CL.write.1.tlog
D:\cpp-dev\HelloCoder\x64\Debug\HelloCoder.tlog\HelloCoder.lastbuildstate
D:\cpp-dev\HelloCoder\x64\Debug\HelloCoder.tlog\link.command.1.tlog
D:\cpp-dev\HelloCoder\x64\Debug\HelloCoder.tlog\link.read.1.tlog
D:\cpp-dev\HelloCoder\x64\Debug\HelloCoder.tlog\link.write.1.tlog
D:\cpp-dev\HelloCoder\x64\Debug\HelloCoder.vcxproj.FileListAbsolute.txt
D:\cpp-dev\HelloCoder\x64\Debug\Sort.obj
D:\cpp-dev\HelloCoder\x64\Debug\STM.obj
D:\cpp-dev\HelloCoder\x64\Debug\vc143.idb
D:\cpp-dev\HelloCoder\x64\Debug\vc143.pdb
D:\cpp-dev\xor加密后的文件.txt
D:\cpp-dev\xor待加密文件.txt
D:\cpp-dev\写入目标文件.txt
```

图 5-9　递归显示目录下的所有文件

如果想显示磁盘的数量，可以使用 File 类对象，代码如下：

```java
public static void main(String[] args) {
    String dir = "D:\\cpp-dev";
    File f=new File(dir);
    File[] roots=f.listRoots();      // 列出所有的逻辑驱动器
    for(int i=0;i<roots.length;i++) {
        File ro=roots[i];
        String name=ro.getAbsolutePath();
        System.out.println(i+" 号逻辑驱动器"+name);
    }
}// end main
```

运行上述代码，File 对象表示并输出笔者计算机上的逻辑驱动器，结果如图 5-10 所示。

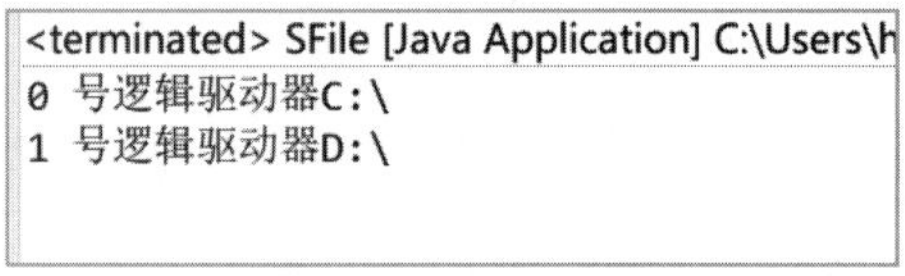

```
<terminated> SFile [Java Application] C:\Users\h
0 号逻辑驱动器C:\
1 号逻辑驱动器D:\
```

图 5-10　显示逻辑驱动器

5.7.2　"海量文件搜索系统"后台实现

应用程序一般由 UI 界面和后台模块组成，后台模块通过界面组件的事件调用，获取并显示结果。在本例中，我们的目标是统计计算机上所有文件的数量，编码思路如下：

（1）从根目录开始，对于每个第三级目录，创建一个线程去统计。因此，有多少个三级目录，就要创建并启动多少个线程对象。

（2）每个线程对象将其目录下的文件统计结果输出到控制台。

注意以下两点：

（1）系统启动的线程数量取决于计算机中有多少个三级目录，这是动态生成的。

（2）每个统计线程对象的结束时间不同，因为目标目录下的文件数量不同，有的目录可能只有两三个文件，而有的目录可能有上百级子目录、上万个文件。

目前无法用代码统计所有线程最终找到的文件数量，需要我们人工目测手算。

完整的代码如下：

```java
import java.io.File;
import java.util.ArrayList;
import java.util.List;
// "海量文件搜索系统"原型

// 定义线程类，给定目录去统计文件数量
class Worker extends Thread{
    private String destDir;           // 要遍历的目录名
    private int no;                   // 第几个统计线程对象

    public Worker(int no, String dest) {    // 构造器传入参数
        this.destDir=dest;
        this.no=no;
    }

    // 线程运行的方法
    public void run() {
        // 根据目录路径字符串创建文件对象
        File f=new File(this.destDir);
        // 调用递归方法去统计
        int result=countFiles(f);
        System.out.println("--"+no+"号线程统计结束文件数量："+result);
    }

    // 统计这个目录下一共有多少个文件
    private int countFiles(File dir) {
        int count = 0;
        File[] files = dir.listFiles();
        if (files!= null) {
            for (File file : files) {
                if (file.isFile()) {
                    count++;
                }
                else if (file.isDirectory()) {
                    // 递归统计子文件夹中的文件个数
                    count += countFiles(file);
                }
            }
        }
        return count;
    }
```

```java
}//end Worker class

public class CountAllFile {

    public static void main(String[] args) {
        // 获取计算机的根目录（Windows下一般有多个，如C盘、D盘等）
        File[] roots = File.listRoots();

        int tCount=0;  // 一共启动了多少个线程对象去并发统计
        for (File root : roots) {
            // 获取根目录下的所有三级目录列表
            List<File> thirdLevelDirs = getThirdLevelDirs(root);
            for (int i=0;i<thirdLevelDirs.size();i++) {
                // 每个线程对象负责统计一个三级目录及其子目录下的文件个数
                File sub= thirdLevelDirs.get(i);
                String absName=sub.getAbsolutePath();
                // 根据每个三级目录，创建一个线程对象
                Worker wor=new Worker(i,absName);
                // 启动这个线程对象去统计
                wor.start();
                tCount++;
            }
        }
        System.out.println("一共启动线程对象 " +tCount+" 个去统计了" );
    }

    // 获取三级目录名，存入一个队列中并返回
    private static List<File> getThirdLevelDirs(File root) {
        List<File> thirdLevelDirs = new ArrayList<>();
        List<File> firstLevelDirs = getSubDirs(root);
        for (File firstLevelDir : firstLevelDirs) {
            List<File> secondLevelDirs = getSubDirs(firstLevelDir);
            for (File secondLevelDir : secondLevelDirs) {
                List<File> thirdLevelDirList = getSubDirs(secondLevelDir);
                thirdLevelDirs.addAll(thirdLevelDirList);
            }
        }
        return thirdLevelDirs;
    }

    // 只取提下一级目录名，存入队列中并返回
    private static List<File> getSubDirs(File dir) {
        List<File> subDirs = new ArrayList<>();
        File[] files = dir.listFiles();
        if (files!= null) {
            for (File file : files) {
                if (file.isDirectory()) {
                    subDirs.add(file);
                }
```

```
    }
    return subDirs;
  }
}//end class CountAllFile
```

注意代码中的循环遍历有两种等价写法：

```
for (File file : files) {
   if (file.isDirectory()) {
      subDirs.add(file);
   }
}
// 等价于
for (int i=0;i<files.length;i++) {
   File file=files[i];
   if (file.isDirectory()) {
      subDirs.add(file);
   }
}
```

执行程序，输出结果如图 5-11 所示。

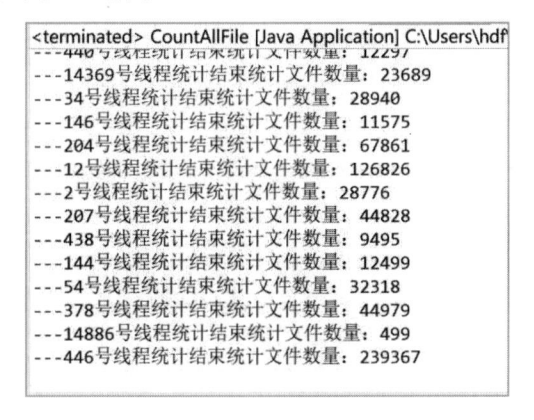

图 5-11　多线程搜索结果

相信读者仔细观察后会发现其中的一些问题，初步分析如下：

（1）启动的线程数量可能超乎想象。笔者的计算机上一共启动了 124683 个线程，这说明笔者 C 盘和 D 盘下的三级目录中大约有这么多的文件。如何验证代码的正确性？一台普通计算机可以同时并行多少个线程？受哪些因素的影响？

（2）线程结束的次序不同。有些线程只统计几个文件，不到 1 秒就统计完了；而有些线程处理的目录下还有几百级目录，文件数量大，可能需要几百秒才能统计完。就像管理一个团队，给每个人分配任务去执行，有的人会早早闲下来，有的人则有做不完的事。这样团队的效率就太低了，如何改进？

（3）本例中，提早结束统计的线程如何再次复用？是否可以为其分配其他线程未完成的任务？这在大数据系统中是第一个关键问题——如何实现任务调度。

（4）本例中，每个线程都有自己的统计结果，如果要在全部线程结束后统一计数，就涉及大数据系统中的第二个关键问题——如何实现数据同步。

（5）本例中，每个线程处理的目录下的文件数量不同，导致有的线程较早结束，有的线程任务过重，这就是大数据系统的第三个关键问题——如何实现负载均衡。

至此，我们已完成了"海量文件系统搜索"的编码，并识别出多个需要改进和研究的技术问题。通过项目实践，不仅能够提升编码水平，还能发现并解决实际问题。具体的技术问题是我们学习过程中的指路灯，解决这些问题的思考、实践尝试和总结沉淀，构成了有效掌握技术的基石。

这就是计算机学习中"问题驱动"方法论的价值，它与应试学习中"知识驱动"的学习方法有很大区别。请读者在今后的学习中慢慢领会。

5.8　拓展学习路线指导

1. 在项目实践中学习

本章实践了"图书推荐系统"和"海量文件搜索系统"这两个项目，它们都是初步原型，旨在带领读者迈入大数据领域，初步探索大数据的应用价值。实践这两个项目不仅帮助读者在技术上先行一小步，更重要的是提出了许多需要实践解决的问题，并为接下来的技术练习指明了方向。

计算机类人才必须具备"发现问题，提出问题"的能力。建议读者在每个项目涉及的技术点上多做练习，并尝试对项目加以改进，编写符合自己逻辑思路的代码。例如，可以为"图书推荐系统"添加 UI 界面；将"海量文件搜索系统"改进为根据文件名进行模糊匹配，并在界面上实时显示查找进度。

"海量文件搜索系统"是一个适合发挥读者"追求极致"精神的项目，可以将 Windows 自带的搜索功能作为基准，不断改进搜索策略，以追求在最短时间内完成搜索任务。这样的项目可以作为简历中的亮点，特别是在找实习机会或参加校园招聘时，必定会吸引面试官的注意并展示自己的技术实力。

2. 加强编程能力练习

大数据系统的技术特点，核心体现在一个"大"字上，首先是数据量庞大。这对编程能力提出了极高要求，特别是在并发编程和数据结构方面。如何提高处理数据的效率，如何设计适配具体场景的策略，没有现成的灵丹妙药，更没有标准答案，只有在应对不同的场景时多加尝试和比较，采用适宜的架构、算法和数据结构，才能总结出自己的经验。

因此，大数据类专业的学生，应该熟练掌握 Java 或 C++编程语言，避免陷入"配框架、跑数据、抄课题"这种虚浮的学习方式。熟练运用 Java 中的多线程、集合框架，或深入实践 C++中的 STL 库及其数据结构底层原理，都是非常有必要的。

3. 拓展系统实践

笔者向大数据专业的学生推荐两个经典的开源平台进行学习：一个是云计算（分布式文件和计算平台）Hadoop 平台（https://hadoop.apache.org/）；另一个是分布式存储平台 Zookeeper（https://zookeeper.apache.org/）。官方网站上有详细的说明和教程。

第 6 章
"数字媒体"专业入门实践

本章目标

掌握 Processing 编程,通过创意图像的绘制实现"视频运动发现"项目。

数字媒体专业是艺术和技术的结合。本章首先指导读者安装 Processing 开发工具,并介绍 Processing 编程入门,包括鼠标互动、小球运动、随机游走、纹理绘制和图片特效算法等内容;然后,实现"视频运动发现"项目,讲解技术要点和关键算法;最后,将提供本专业的拓展学习指导。

数字媒体专业的读者需注意:数字媒体是激发计算机编程兴趣的良好入门途径,但入门后,笔者强烈建议参考计算机科学与技术或软件工程专业的学习规划,进一步夯实技术功底,才能在就业市场上占据先机。

6.1　职业前景和就业方向

数字媒体是一个充满创意与无限可能的领域，它让我们的想象力通过技术手段变为现实。在这个专业中，学生将掌握最前沿的技术，运用它们展现独特的创意，成为引领未来媒体发展的创新者。例如，陆家嘴的灯光秀（见图 6-1）就运用了数字媒体技术。

传统艺术受制于水彩颜料、笔墨纸砚等工具在物理状态上的限制，而数字艺术的创造则摆脱了这些限制，通过代码表现艺术和创造互动。数字艺术站在艺术与技术融合的交叉点上，将人脑中天马行空的创意转化为触手可及的现实。例如，图 6-2 展示了沉浸式数字空间，图 6-3 则为文物藏品的数字化展示方法。

图 6-1　陆家嘴的灯光秀

图 6-2　沉浸式数字空间

图 6-3　文物藏品数字化展示方法

无论是设计令人沉浸的虚拟现实空间，还是开发引人入胜的游戏世界；无论是创作动人心弦的数字艺术作品，还是构建智能交互的应用界面，数字媒体技术都能赋予你实现这一切的能力。在这里，创意是灵魂，技术是翅膀，二者相辅相成，让你的想法飞得更高、更远。图 6-4 所示为雨屋数字作品。

图 6-4　雨屋数字作品

数字媒体专业的学生就业前景广阔，不仅可以进入游戏、策展、广告艺术等行业，还可以凭借扎实的技术基础，就业于互联网科技巨头（如华为、百度、阿里巴巴、腾讯等）公司。

相信你已经迫不及待地想踏上数字媒体技术之路，接下来就开始动手实践吧！

6.2　"数字视频创意特效"项目规划

对于数字媒体专业的学生而言，第一步最好是实践一个项目作品，这不仅能够掌握基础技术，还能获得学习的成就感。数字媒体专业的特点是将艺术创意和代码技术结合，尤其适合那些抱有天马行空想法的同学。

本节将实现的"数字视频创意特效"项目的效果如图 6-5 所示。当人物在摄像头前静止时，屏幕呈蓝色；当人物开始运动时，系统会描绘出运动人物的边缘。

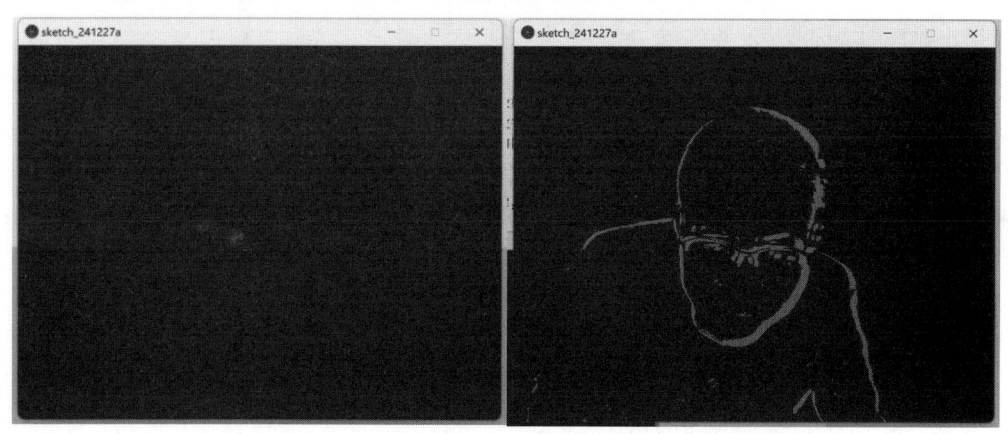

图 6-5　项目效果

掌握这些技术原理和代码调用后，你就可以随心所欲地发挥自己的创意了，拓展出如图 6-6 所示的效果。

图 6-6 项目拓展效果

接下来，让我们一起踏上 Processing 数字媒体实践之路吧！

6.3 Processing 开发速通

6.3.1 Processing 是什么

Processing 是面向艺术、音乐、建筑、绘画、游戏设计、硬件交互等创意领域人士的计算机编程工具，主要用于创作图形化、交互式的艺术、设计和视觉化作品。它是 Java 语言的延伸，支持许多现有的 Java 语言架构，但语法更为简易，设计上更为人性化，提供易于使用的绘图函数和开发环境，降低了编程的入门难度。Processing 具有以下 3 个特点：

- 快速原型搭建：Processing 可以快速编写代码，通过鼠标、键盘或传感器（结合相关硬件库后）控制画面元素的移动、变形、变色等交互效果，在短时间内搭建出可以展示核心创意的雏形，便于后续进一步完善和拓展创意。
- 艺术创作拓展：Processing 内置了丰富的图形绘制和图像处理的函数（方法），从抽象的动态图形、绚丽的光影效果到复古的像素风格图像，再到随音乐节奏跳动、变幻的可视化音乐动画，将听觉与视觉艺术巧妙融合，极大地拓宽了艺术表达的边界。
- 跨学科创意融合：数字媒体技术本身涉及多个学科，而 Processing 编程可以成为连接不同创意领域的桥梁。例如，建筑学专业的学生可以用它创建虚拟的建筑漫游场景，通过代码模拟建筑的外观、内部结构以及光影变化；生物学专业的学生可以用它仿真生物形态演变、模拟生态系统等可视化展示。

打开 Processing 官方网站 https://processing.org/ 下载该工具，如图 6-7 所示。

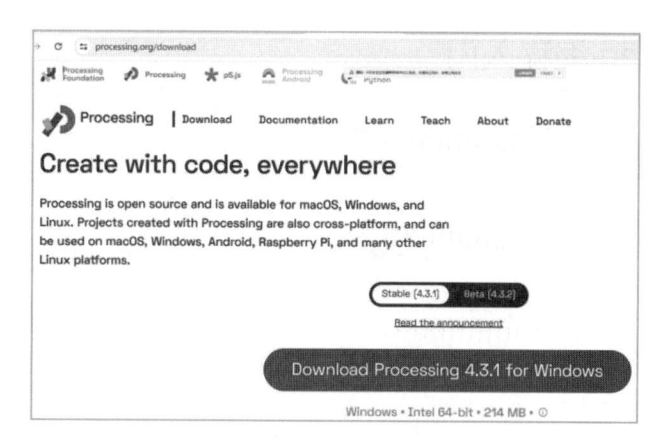

图 6-7　下载 Processing

下载的压缩包如图 6-8 所示。解压后，可以看到如图 6-9 所示的文件。

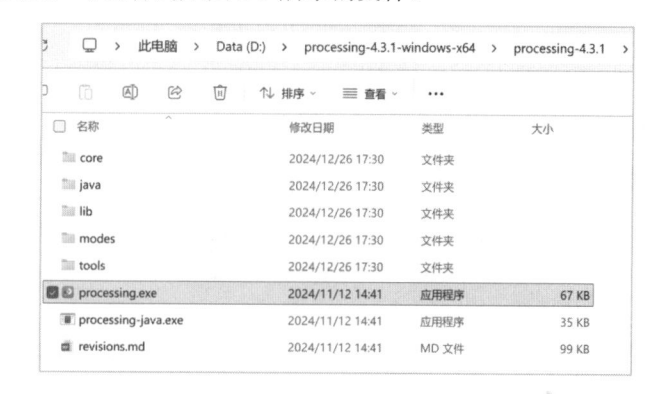

图 6-8　下载的压缩包

图 6-9　解压后的文件

双击 processing.exe，即可启动编写代码的界面，如图 6-10 所示。

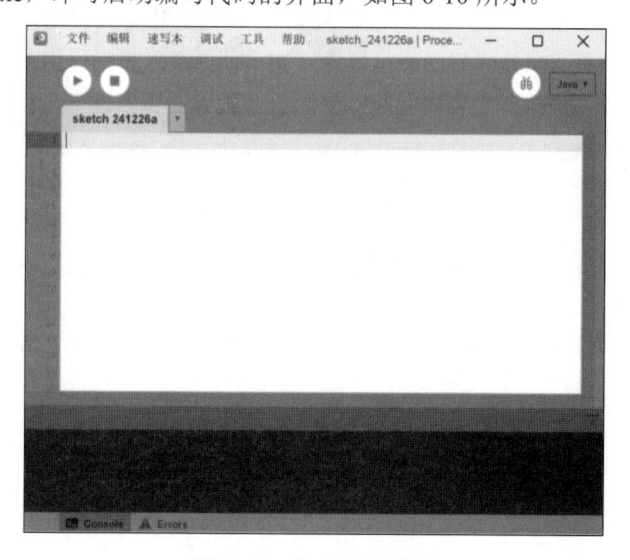

图 6-10　启动后的界面

6.3.2　Processing 编程入门

启动 Processing 后，将以下这段代码输入编辑器：

```
// 初始设置
void setup() {
    size(640, 360);
    background(102);
}
// 绘制：系统调用
void draw() {
    variableEllipse(mouseX, mouseY, pmouseX, pmouseY);
}

// 自定义函数
void variableEllipse(int x, int y, int px, int py) {
    float speed = abs(x-px) + abs(y-py);
    stroke(speed);
    ellipse(x, y, speed, speed);
}
```

然后，单击三角按钮以运行程序，可以看到如图 6-11 所示的效果。

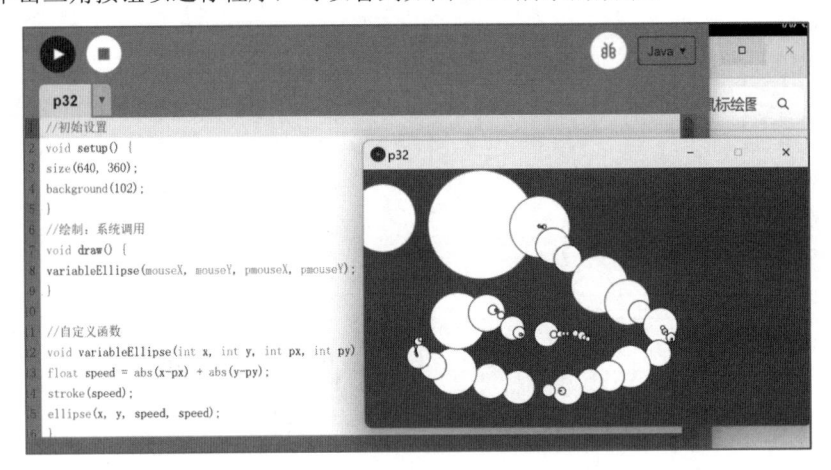

图 6-11　鼠标画图的示例

通过上述简洁的代码就实现了鼠标漫步的效果。接下来，带读者快速入门。

6.3.3　Processing 创作基础

1. 绘制形状的函数

Processing 内置了丰富的绘图函数，我们可以直接调用。以下是两行代码示例：

```
ellipse(50, 50, 75, 75);
rect(25, 40, 50, 20);
```

ellipse 是画圆的函数，rect 是绘制长方形的函数，函数括号内的参数用于指定要绘制图形的位置和尺寸。我们可以修改这些参数来绘制不同大小的图形。将上述代码输入编辑器并运行，我们将看到绘制出一个圆和一个长方形，效果如图 6-12 所示。

图 6-12　绘制图形的示例

需要注意计算机屏幕的坐标系，如图 6-13 所示，左上角是原点(0,0)，宽和高分别对应 x 轴和 y 轴。

在 rect 函数中，前两个参数指定长方形的左上角顶点坐标，后两个参数指定长方形的宽和高，如图 6-14 所示。

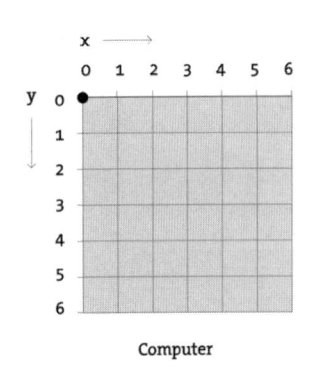

图 6-13　坐标系示意图

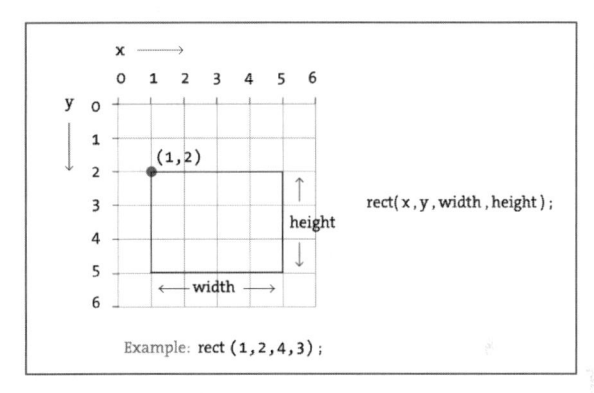

图 6-14　rect 坐标系示意图

ellipse 函数前两个参数是圆心坐标，后两个参数是外接长方形的宽和高，如图 6-15 所示。

练习：

尝试以下 8 行代码，绘制如图 6-16 所示的人偶。

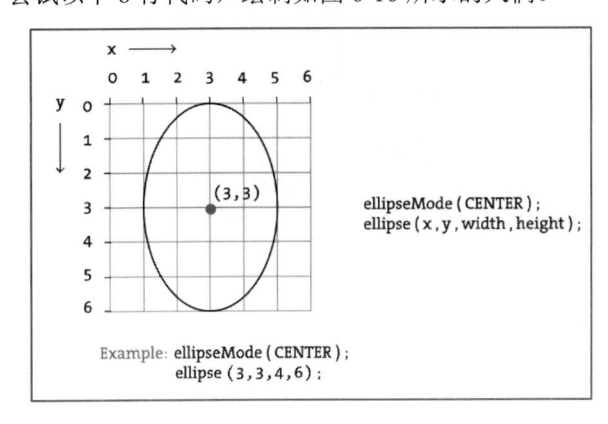

图 6-15　ellipse 坐标系示意图

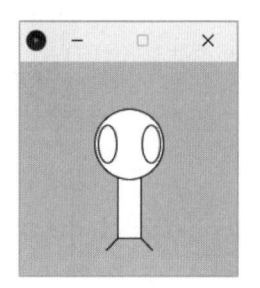

图 6-16　绘制人偶

```
size(200,200);
rectMode(CENTER);
rect(100,100,20,100);
ellipse(100,70,60,60);
ellipse(81,70,16,32);
ellipse(119,70,16,32);
line(90,150,80,160);
line(110,150,120,160);
```

2. 颜色设置

fill(r,g,b)函数用于设置图形的填充颜色，函数括号中的 r、g、b 三个数值分别代表红、绿、蓝三原色的分量值，取值范围为 0~255。

测试代码如下：

```
// 设置画布的宽和高
size(400, 400);

// 红色的圆圈
fill(255, 0, 0);
ellipse(100, 100, 300, 300);

// 绿色的圆圈
fill(0, 255, 0);
ellipse(200, 200, 300, 300);
// 蓝色圆圈
fill(0, 0, 255);
ellipse(300, 300, 300, 300);
```

运行结果如图 6-17 所示。

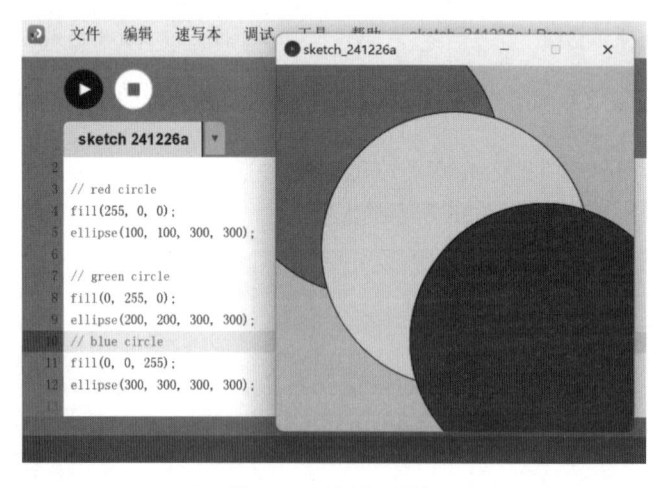

图 6-17　绘制三原色

6.3.4　掉落的小球

绘制一个小球从屏幕上方落下来的代码示例如下：

```
// 全局变量，圆心 Y 坐标
float circleY = 0;

void setup() {            // 实际函数
    size(400, 600);       // 界面的宽和高
}

void draw() {                          // 系统调用，每秒绘制 30 帧
    background(255,255,255);           // 背景为白色
    fill(0,255,0);                     // 接下来把绘制的图形填充为绿色
    ellipse(100, circleY, 50, 50);     // 绘制一个圆
    circleY = circleY + 1;             // 修改圆的坐标
}
```

在 Processing 代码中，setup 是系统默认的初始化函数，在其中可以编写一些初始化代码，比如设置画布大小；再就是 draw 函数，默认被系统每秒调用 30 次，是绘图的主要函数。在本例中，circleY 是一个全局变量，可以在其他函数中引用。

运行上述代码时，会看到一个绿色小球从向下掉落，如图 6-18 所示。

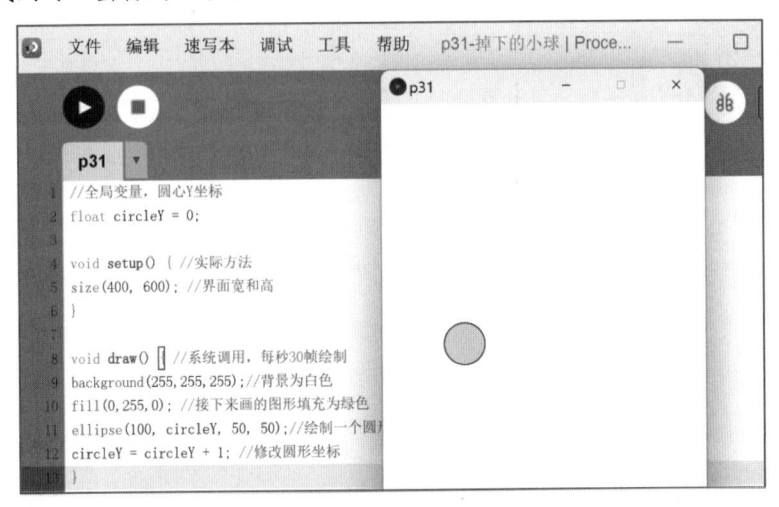

图 6-18　掉落的小球

Processing 中有许多默认变量可供直接调用。例如，在以下代码中，height 表示界面的高度，当小球出界时，代码会重置 circleY 变量，实现穿越屏幕的效果；定义了全局变量 r，用于控制背景色的渐变。

```
int r=0;                // 用来控制背景色

void setup() {
size(200, 200);
}

void draw() {
  background(r,0,0);    // 背景色, 根据 r 在变
  r++;
  if(r==255) r=0;
```

```
    ellipse(100, circleY, 50, 50);
    circleY = circleY + 1;         // 移动圆圈
    if(circleY > height) {  // 如坐标出界, 重置
        circleY = 0;
    }
}
```

移动的小球运行效果如图 6-19 所示。

图 6-19 移动的小球

以下代码示例实现了小球的回弹效果：

```
// 小球起始坐标和速度变量的定义
float circleX = 100;
float circleY = 0;
float xSpeed = 1;
float ySpeed = 1;

void setup() {
    size(200, 200);
}

void draw() {
    background(200,200,200);
    
    fill(10,200,10);
    ellipse(circleX, circleY, 50, 50);
    // 小球运动加速效果
    circleX = circleX + xSpeed;
    circleY = circleY + ySpeed;
    // 小球坐标超过界面 width 时回弹
    if(circleX < 0 || circleX > width) {
        xSpeed = xSpeed * -1;
    }
    
    // 小球坐标超过界面 height 时回弹
    if(circleY < 0 || circleY > height) {
        ySpeed = ySpeed * -1;
    }
}
```

在本例中，使用了内置变量 width 和 height，当小球越界时，向相反方向运动，完成了回弹效

果，如图 6-20 所示。

图 6-20　回弹的小球

6.3.5　鼠标互动

鼠标是最常用的互动工具，本小节将介绍其基本用法。在实际开发中，通常使用的是多点触摸屏幕，它与鼠标的操作非常类似。鼠标在屏幕上的按下、松开、移动等操作，以及在触屏上的滑动，在 Processing 中都有对应的操作定义。以下示例将演示如何跟随鼠标的移动画线：

```
void setup() {
   size(600,400);
   fill(126);
   background(102);
}

void draw() {
   if (mousePressed) {       // 如果鼠标被按下
      stroke(255);
      line(mouseX-66, mouseY, mouseX+66, mouseY);    // 取鼠标坐标点画横线
   } else {
      stroke(0);
      line(mouseX, mouseY-66, mouseX, mouseY+66);    // 取鼠标坐标点画竖线
   }
}
```

注意，鼠标的一些常用参数，如 mouseX、mouseY、mousePressed 等，已在 Processing 中内置定义，在编程时直接使用即可。执行上述代码，绘制的图形如图 6-21 所示。

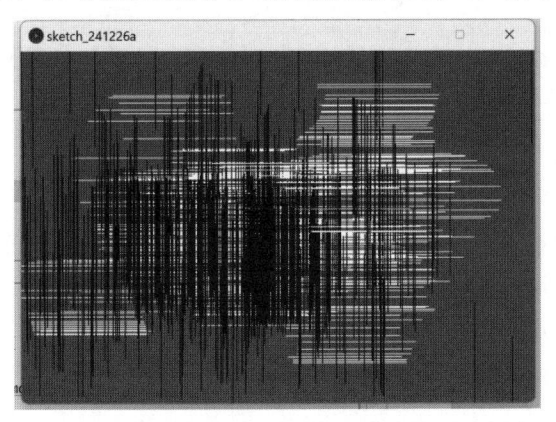

图 6-21　在鼠标位置画线

以下代码将实现一个跟随鼠标移动且具有弹力效果的小球:

```
float x,y;
float easing = 0.05;    // 跟随的速度,修改这个值可以看不同的效果

void setup() {
   size(600, 400);
}

void draw() {
   background(51);
   float targetX = mouseX;      // 小球的 x 坐标靠近
   float dx = targetX - x;
   x += dx * easing;
   float targetY = mouseY;      // 小球的 y 坐标靠近
   float dy = targetY - y;
   y += dy * easing;
   ellipse(x, y, 66, 66);
}
```

执行这段代码,测试小球跟随鼠标移动的效果,如图 6-22 所示。通过修改 easing 的值,会改变小球跟随鼠标移动的速度和距离。

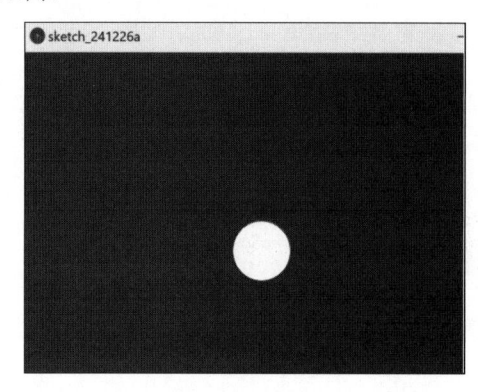

图 6-22　跟随鼠标移动的小球

6.4　随机游走与纹理云彩实现

6.4.1　随机游走

想象一只小老鼠在围栏里东走一步、西走一步,碰到栏杆时就往回走。如果给它足够的时间,它就可以走遍整个围栏区域。这种现象在专业术语中称为"随机游走"。其代码思路是:在屏幕的四个方向上随机移动一个点,若碰到边界则返回。代码示例如下:

```
float x, y;        // 随机游走的坐标点

void setup() {
```

```
    size(600, 400);
    x = width/2;           // 从屏幕中心游走
    y = height/2;
    background(200);       // 设为灰色背景
    frameRate(1000);       // 设定更新画布的速率为每秒 1000 次
}

void draw() {
    stroke(1);             // 画的图形的线框值
    x += random(-1, 1)*10; // 随机游走的步长值
    y += random(-1, 1)*10;

    if(x < 0) x = width;   // 计算 x,y 是否越界
    if(x > width) x = 0;
    if(y < 0) y = height;
    if(y > height) y = 0;

    ellipse(x, y,5,5);     // 画出当前图形
}
```

运行上述代码，会看到如图 6-23 所示的效果。

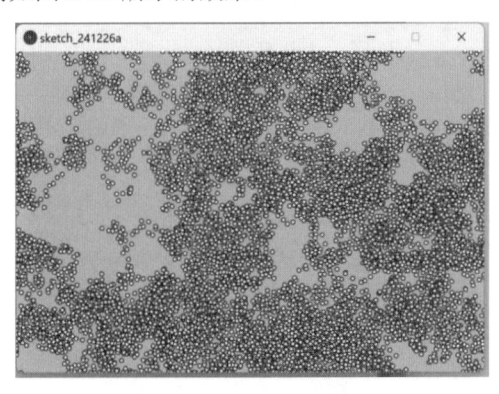

图 6-23　随机游走效果

这样的效果可能不够美观。如果你喜欢灿烂的晚霞或朴素的大理石纹理，随机游走还能生成如图 6-24~图 6-26 所示的纹理图像。

图 6-24　灰度纹理图　　　　　　　　　　图 6-25　彩色纹理图

图 6-26　仿真自然界中苔藓的生成

如果同时设置两个随机游走点，效果如何呢？请测试以下代码：

```
float blackX, blackY;          // 黑白双雄，黑点坐标
float whiteX, whiteY;          // 白点坐标

void setup() {
    size(600, 400);
    blackX = width*.25;        // 黑点从左半屏出发
    blackY = height/2;
    whiteX = width*.75;        // 白点从右半屏出发
    whiteY = height/2;
    background(255);
    frameRate(1000);
}

void draw() {
    // 从黑点开始游走
    stroke( 0);
    blackX += random(-1, 1);
    blackY += random(-1, 1);
    if(blackX < 0) blackX = width;
    if(blackX > width) blackX = 0;
    if(blackY < 0) blackY = height;
    if(blackY > height) blackY = 0;
    point(blackX, blackY);

    // 从白点开始游走，颜色灰色随机
    stroke( random(0,255));
    whiteX += random(-1, 1);
    whiteY += random(-1, 1);
    if(whiteX < 0) whiteX = width;
    if(whiteX > width) whiteX = 0;
    if(whiteY < 0) whiteY = height;
    if(whiteY > height) whiteY = 0;
    point(whiteX, whiteY);
}
```

在测试以上代码后，读者可以尝试修改颜色值，再增加几个随机游走点，然后耐心等待，最终

将看到一幅水墨画般的图像。

6.4.2 数组的用法

数组是任何编程语言中常用的数据结构。在前面的示例中，我们画的都是单个图形。如果需要在屏幕上绘制多个图形，应该怎么做呢？这时就可以使用数组来保存一组类型相同的数据。如下代码所示，我们可以用数组在屏幕上画出 25 个小球：

```
float[] circleY = new float[25];    // 定义 25 个小球的 y 坐标

void setup() {
   size(600, 400);
   for (int i = 0; i < circleY.length; i++) {     // 随机分布小球
      circleY[i] = random(height);
   }
}

void draw() {
   background(50);

   for (int i = 0; i < circleY.length; i++) {
      float circleX = width * i / circleY.length;   // x 坐标不变
      ellipse(circleX, circleY[i], 25, 25);          // 画出小球

      circleY[i]++;          // 改变每个小球的 y 坐标，实现小球往下掉落的效果

      if (circleY[i] > height) {   // 从屏幕上方再来
         circleY[i] = 0;
      }
   }
}
```

上述代码执行效果如图 6-27 所示。

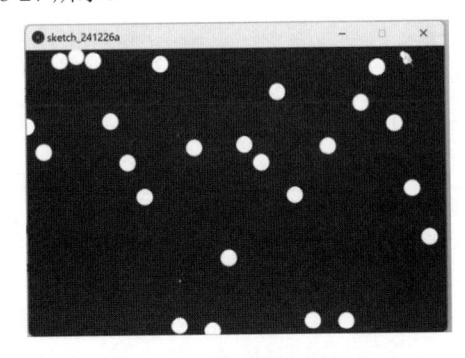

图 6-27 用数组管理小球

当然，目前这些小球只能往下掉落。如果想让小球在屏幕上随机运动，可以对代码进行修改，加入每个小球 x 坐标的变化，这样可以实现小球的随机运动。接下来，继续练习数组的用法。

数组的定义格式是"类型[]数组名 = new 类型[长度]"，在本例中：

```
float[] circleY = new float[25];    // 定义25个小球y坐标
```

这表示定义了一个用于保存 25 个浮点数的数组，数组名为 circleY。通过 数组名.length 可以获取数组的长度，如 circleY.length。

需要注意的是，数组的下标是从 0 开始的。因此，当数组的长度为 25 时，最后一个元素的下标是 circleY[24]。我们可以通过下标来访问数组中的每个元素，例如 circleY[2]就是数组的第 3 个元素。我们还可以在 setup()方法中使用 println()函数输出数组元素，代码示例如下：

```
void setup() {
    size(600, 400);
    for (int i = 0; i < circleY.length; i++) {   // 随机分布小球
        circleY[i] = random(height);
        println(i+"号位置的值是"+circleY[i]);
    }
}
```

上述代码加入了 println，这样就可以在 Processing 的控制台中看到数组输出的数据，如图 6-28 所示。这也是一种常用的调试方法。

图 6-28　控制台输出

6.4.3　多彩花纹

本小节演示如何使用数组生成花纹。数组对象可以调用 append()方法在数组的末尾添加数据，这类似于编程中"队列"的概念。例如，对于数组 x，如果调用 x=append(x,5)，那么新数组 x 就会在原数组末尾增加元素 5。代码示例如下：

```
float[] x = new float[0];      // 定义坐标数组
float[] y = new float[0];

float[] r = new float[0];      // 定义颜色数组
float[] g = new float[0];
float[] b = new float[0];

void setup() {
    size(600,400);
```

```
    background(200);
    noSmooth();              // 对图形平滑处理
    frameRate(1000);
}

void draw() {
    // 将存入数组的点画出,并随机游走
    for (int i = 0; i < x.length; i++) {
    x[i] += random(-1, 1);
    y[i] += random(-1, 1);

    if (x[i] < 0) x[i] = width;
    if (x[i] > width) x[i] = 0;

    if (y[i] < 0) y[i] = height;
    if (y[i] > height) y[i] = 0;

    stroke(r[i], g[i], b[i]);
    point(x[i], y[i]);
    }
}

void mousePressed() {        // 当鼠标被按下时,在数组中新增坐标
    x = append(x, mouseX);
    y = append(y, mouseY);
    r = append(r, random(256));
    g = append(g, random(256));
    b = append(b, random(256));
}
```

测试以上代码,在屏幕上多次按鼠标左键,将生成多彩花纹,如图6-29所示。

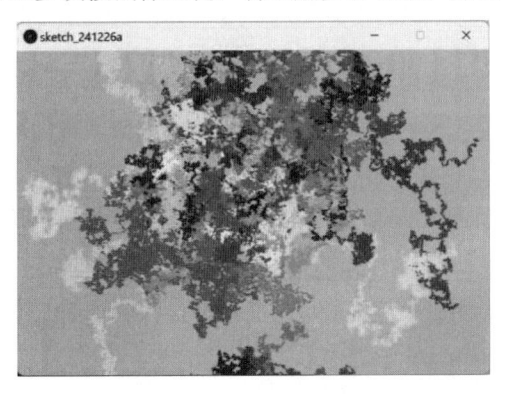

图6-29 绘制花纹效果

6.4.4 图片处理

1. 风格化处理

如果要对照片进行各种风格化处理,例如黑白、反色、模糊、哈哈镜、变形等,Processing 中

有许多强大的处理方法（即函数）可供调用。首先，在 Processing 中设定代码保存的位置：单击"文件"菜单中的"偏好设定"选项，如图 6-30 所示；在弹出的"偏好设置"对话框中选择固定的"速写本位置"（在 Processing 中，代码称为速写本）。如图 6-31 所示，笔者的计算机上设置在 D:\processing-4.3.1-windows-x64\zuopin 目录下。

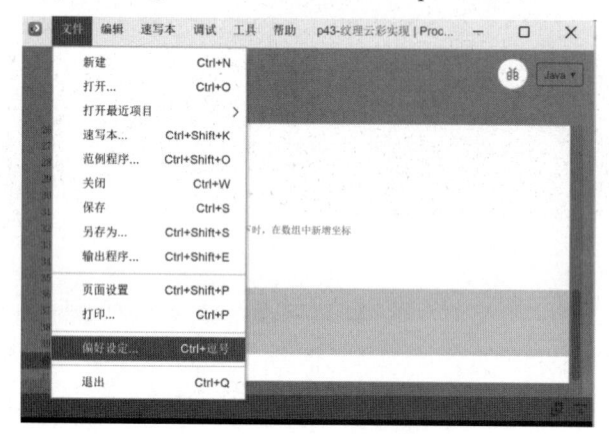

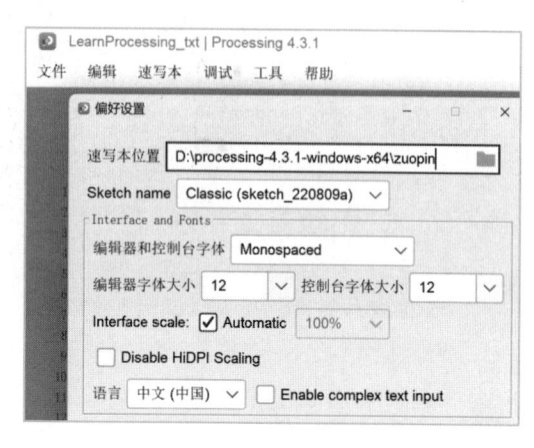

图 6-30　设置偏好　　　　　　　　图 6-31　设置保存源代码的目录

然后，在保存代码的目录下放一张照片，如图 6-32 所示。

图 6-32　放置照片

接下来，就可以在 Processing 中编程处理这张照片，代码示例如下：

```
PImage img;        // 声明图像变量对象

void setup() {
   size(800, 600);
    // 将此处替换为实际的图像文件名和路径
   img = loadImage("coder.jpg");
   imageMode(CENTER);
}
```

```
void draw() {
    background(255);
    // 设置将图像显示在中心，宽为 500，高为 400
    image(img, width / 2, height / 2,500,400);
}
```

代码解析：

（1）第 1 行语句 `PImage img;`声明了一个图像对象。

（2）第 4 行通过内置的函数 loadImage("图片文件名")载入图像，然后调用 draw()方法将该图像绘制到画布上。

运行上述代码，我们将看到如图 6-33 所示的效果。

图 6-33　程序中显示图像

2. 图像的二值化处理

图像二值化的原理是获取图像每个像素的颜色值，并拆解为 R、G、B 三原色的值，然后设置一个阈值，将小于该阈值的像素设为一种颜色，大于该阈值的像素设置为另一种颜色。以下是实现二值化处理的代码示例：

```
PImage img;

void setup() {
    size(800, 600);
    img = loadImage("coder.jpg");    // 这里替换为读者实际的图像文件名和路径
    background(255);
    processImage();           // 调用二值化处理的方法
    image(img, width/2-300, height/2-300,400,400 );
}

void draw() {
    // background(255);      // 这里暂时用不上,如果画到这里,会不停地闪烁
    // processImage();
    // image(img, width/2, height/2,400,400 );
```

```
}
void processImage(){
    // 自定义的二值化的阈值,大于该阈值设为白色,小于或等于该阈值则设为黑色
    int threshold = 128;
    for (int y = 0; y < img.height; y++) {
        for (int x = 0; x < img.width; x++) {
            int index = x + y * img.width;       // 当前像素在像素数组中的索引
            int v = img.pixels[index];           // 获取当前像素的亮度(灰度)值
            color c1 = color(v);
            float redValue = red(c1);            // 获取红色通道值
            float greenValue = green(c1);        // 获取绿色通道值
            float blueValue = blue(c1);          // 获取蓝色通道值
            float alphaValue = alpha(c1);        // 获取透明度通道值

            if (threshold > redValue) {
                img.pixels[index] = color(0,255,0); // 设为一种颜色
            } else {
                img.pixels[index] = color(0);       // 设为另一种颜色
            }
        }
    }
    img.updatePixels();            // 更新图像的像素数据,使二值化后的效果生效
}
```

注意,图像只需要显示到界面上,因此 draw() 方法不必每次都调用。处理完图像像素后,记着调用 img.updatePixels() 来更新图像。

运行上述代码,确认提供的是正确的图像文件名和路径,将会看到如图 6-34 所示的效果。

图 6-34 图片二值化的效果

通过修改以下代码段中的颜色参数,可获得不同的效果:

```
if (threshold > redValue) {
    img.pixels[index] = color(0,255,0);    // 设为一种颜色
} else {
    img.pixels[index] = color(0);          // 设为另一种颜色
}
```

练习：

请多加练习，实现不同风格化的图像效果，尝试实现三值化、去背景、马赛克等效果。

6.5 "视频运动发现"项目实现

6.5.1 下载视频处理库

Processing 具有强大的图像、视频和音频处理功能，本节将演示如何实现"视频运动发现"项目中的视频抓取特效。首先需要安装视频处理库：在"工具"菜单下选择"Manage Tools"，如图 6-35 所示。

图 6-35　进入工具管理

接着，选择安装 Video 库，如图 6-36 所示。

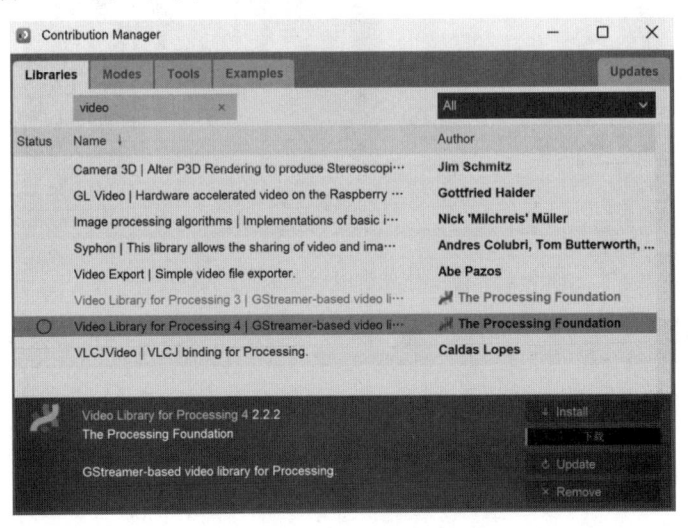

图 6-36　导入视频库

Processing 的许多强大功能是通过第三方库实现的，未来若要使用这些功能（例如人脸识别、与微软的 Kinect 互动，外接与 Arduino 互动，连接树莓单片机等），都可以通过类似的方式安装相应的库。安装 Video 库成功后，即可通过摄像头获取视频流并进行处理。

安装成功后，我们可以进行第一个测试——显示摄像头的视频，代码示例如下：

```
import processing.video.*;        // 导入视频处理库

Capture video;                    // 定义视频对象，用于存储摄像头视频流对象

void setup() {
    size(640, 480);               // 设置显示窗口的大小，可根据实际需求调整
    video = new Capture(this, width, height); // video 对象代表视频流
    video.start();                // 启动摄像头捕捉
}

void draw() {
    if (video.available()) {      // 检查是否有新的视频帧可用
        video.read();             // 读取一帧视频图像
        image(video, 0, 0);       // 将读取到的视频帧显示在窗口（坐标0,0）
    }
}
```

运行上述代码，摄像头的视频流将显示在程序窗口中，如图 6-37 所示。

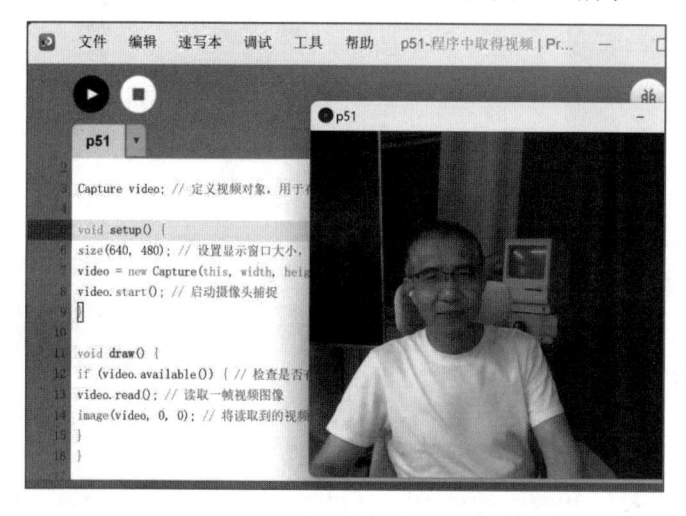

图 6-37　显示计算机摄像头实时拍摄的视频

提　示

如果读者的计算机运行的是 macOS 系统，则在首次运行 Processing 尝试获取摄像头时，系统会弹出提示，询问是否允许访问摄像头，选择"允许"即可。如果需要调整权限，可以按以下步骤操作：打开"系统偏好设置"，单击"安全性与隐私"图标，在"安全性与隐私"窗口中切换到"隐私"选项卡，在左侧列表中选择"相机"，然后在右侧确保 Processing 对应的程序（可能显示为"Processing.app"）处于勾选状态，允许其访问摄像头。

以下是对上述代码的详细解释。

1. 库导入与变量声明

首先，通过 `import processing.video.*;` 语句导入 Processing 的视频库。该库提供了一系列用于处理视频和获取摄像头画面等功能的函数和类。然后，声明一个 Capture 类的变量 video（即对象 video），它将用于存储从摄像头获取到的视频流信息，后续操作均围绕该变量进行。

2. setup()函数中的操作

在 setup()函数里，首先使用 size(640, 480)设置窗口大小，将窗口的宽度设置为 640 像素，高度设置为 480 像素。读者可以按照实际需求调整窗口大小，比如设置为 800×600 像素或其他尺寸。

接着通过 `video = new Capture(this, width, height)` 语句创建 Capture 对象。其中，this 表示当前的 Processing 环境，也就是将摄像头捕捉的视频流与当前运行的 Processing 程序相关联；width 和 height 分别使用前面设置的窗口宽度和高度，目的是让摄像头捕捉的画面尺寸与窗口显示的尺寸保持一致，便于后续显示。当然，读者也可以根据实际情况设置不同的捕捉尺寸（例如设置为更小的尺寸，以减少资源占用）。

最后，调用 video.start()启动摄像头捕捉。这个操作会激活计算机上的摄像头，使其开始源源不断地提供视频流数据，供后续程序使用。

3. draw 函数中的操作

draw 函数是 Processing 中用于不断循环绘制画面的地方。首先通过 `if (video.available())` 进行判断，因为摄像头捕捉视频帧是按照一定的帧率进行的，并不是每一个瞬间都能立刻获取到新的帧画面，因此需要这个条件判断来确认是否已经有新的可用视频帧。

接着，当有新的视频帧可用时（即满足 video.available()条件），就调用 video.read()读取这一帧视频图像到 video 对象中，使其可以被操作和显示。

最后，使用 image(video, 0, 0)将刚刚读取到的视频帧显示在窗口中，这里的坐标(0, 0)表示将视频帧显示在窗口的左上角。读者可以根据需求调整这个坐标，例如设置为(50, 50)，则会将视频帧显示在窗口左上角 x 方向偏移 50 像素、y 方向也偏移 50 像素的位置，从而调整视频画面在窗口中的显示位置。

6.5.2 视频处理原理

视频处理的原理是：视频的每一帧是一幅图片，只需处理这幅图片，再将其展示到画布上即可。以下是代码示例，通过得到每幅视频帧的每个像素点的颜色值，解析出 R、G、B 三种颜色的分量，进行个性化处理：

```
import processing.video.*;

Capture video;

void setup() {
   size(640, 480);
   video = new Capture(this, width, height);
   video.start();
}
```

```
void draw() {
    if (video.available()) {
        video.read();
        video.loadPixels();         // 加载视频帧的像素数据，可看作一幅图像
        for (int y = 0; y < video.height; y++) {
            for (int x = 0; x < video.width; x++) {
                int index = x + y * video.width;
                int c = video.pixels[index];          // 读取每个像素点的 RGB 值
                float r=red(c);                // 分解出 R、G、B 三个分量的值
                float g=green(c);
                float b=blue(c);
                float gray =(r+g+b)/3 ;    // 平均后，就是灰度颜色了
                // 根据解析出的三原色的分量值，进行个性化定制
                if(r>120) video.pixels[index] = color(r,0,0);
                else if(g>50) video.pixels[index] = color(0,g,0);
                else if(b>40) video.pixels[index] = color(0,0,b);
                else video.pixels[index] = color(gray);// 其他设为灰色
            }
        }
        video.updatePixels();    // 更新像素数据，使新的颜色处理生效
        image(video, 0, 0);       // 显示图片
    }
}
```

以上练习的关键在于理解视频是连续的图像，只要能处理图像，就能产生视频的特效。运行上述代码会展示出相应的视频处理效果，如图 6-38 所示。

图 6-38　视频特效处理

练习：

请读者实践该项目，修改代码中三原色分量的数值，尝试不同的创意效果。

6.5.3 运动发现实现

要在视频中检测到运动的物体,可以通过比较连续的两帧图像来实现。比较方法是计算这两帧图像每个像素点颜色的差值,如果差值较大,说明视频中的物体发生了变化,进而将变动部分标记出来并生成特效。

本节实现的功能如下:

摄像头显示的人物若没有动,相邻的两帧图像计算差值为零,则全部显示为绿色,如图 6-39 所示。如果摄像头显示的人物在运动,相邻的两帧图像计算差值较大,则将差值较大的部分像素点设为红色,形成的效果如图 6-40 所示。

图 6-39 无运动时的界面　　　　　　图 6-40 有动作时的界面

根据这个思路,我们编写如下代码:

```
import processing.video.*;

Capture video;          // 用于存储摄像头捕获的视频对象
PImage prevFrame;       // 存储上一帧图像

void setup() {
  size(640, 480);                                // 设置显示窗口的大小
  video = new Capture(this, width, height);     // 初始化摄像头捕获对象
  video.start();                                 // 启动摄像头捕获
  prevFrame = createImage(width, height, RGB);   // 用于存储上一帧图像
}

void draw() {
  if (video.available()) {
    video.read();                    // 读取一帧视频图像
    PImage curFrame = video.get();   // 获取当前帧图像
    // 创建一帧临时图像,保存当前帧的数据
    PImage tem = createImage(width, height, RGB);
    // 将当前帧的数据保存到临时帧中
    tem.copy(curFrame, 0, 0, width, height, 0, 0, width, height);

    // 通过循环计算当前帧图像和上一次保存的图像差异
    for (int y = 0; y < height; y++) {
```

```
            for (int x = 0; x < width; x++) {
                int index = x + y * width;
                // 取出每帧图像中对应像素点的值,准备比较
                int curValue = curFrame.pixels[index];
                int preValue = prevFrame.pixels[index];
                // 解析出红色的值
                float cRed=red(curValue);
                float pRed=red(preValue);
                // 如果两帧图像中对应像素的红色数值相差大于 20,即认为运动了,画红色
                if(abs(cRed-pRed)>20){
                    curFrame.pixels[index] = color(255,0,0);
                }else{
                    // 否则画成绿色
                    curFrame.pixels[index] = color(0,120,0);
                }
            }
        }
        prevFrame=tem;  // 记录上一帧
        curFrame.updatePixels();       // 更新像素数据,使新的颜色处理生效
        image(curFrame, 0, 0);               // 显示视频帧
    }
}
```

练习:

请练习上述代码,并尝试实现自己的创意视频特效:

(1) 编写上述代码,理解原理和特效的逻辑。

(2) 实现黑白视频图像展示。

(3) 将上述示例中的红色边缘改为用字符显示,生成字符视频。

(4) 计算前后两帧图像的差值,自己定规则改变当前图像的像素值,生成浮雕、沙粒等视频效果,图 6-41 所示其中的一种特效。

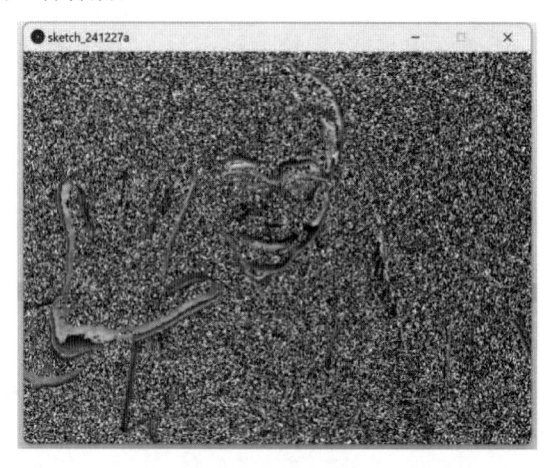

图 6-41 运动特效

6.6　数字媒体拓展学习指导

数字媒体专业的作品具有很强的观赏性，编码即见结果，是一个能激发编程学习兴趣的专业，尤其对新手或编程基础较弱的同学友好。其未来发展通常有两个方向：一是偏重艺术表现，这个方向需要具有良好的美术功底；二是游戏开发和通用软件开发方向，这一方向上不仅需要较强的审美和沟通能力，还需要扎实的编程能力。以下是给一些偏向技术发展的同学的学习建议。

1. 掌握更通用的编程语言

掌握更通用的编程语言，如 C#、C++和 Java。特别是有意从事游戏引擎和游戏流程开发的同学，可以通过 Processing 初步领略数字艺术的精彩，在打下编程基础后，务必掌握一门编程语言。然后可以考虑学习 Unity 开发平台（见图 6-42，具体软件下载和教程请参考其官方网站），进一步深入实践 3D 游戏开发。

图 6-42　Unity 下载学习网

2. 加强计算机图形学的学习

数字媒体技术涉及深入的图像和视频处理，因此，相关的原理和数学算法是必须掌握的基础。这方面的提升依靠对计算机图形学的研究和实践，就目前而言，甚至需要跟进 AIGC（Artificial Intelligence Generated Content，人工智能生成内容）的发展，探究大模型和人工智能方向上的生成艺术实践。

3. 实践项目

数字媒体技术的学习更注重发挥个人创意，它不是像完成作业一样达到他人的要求，而是通过代码表达自己的想法和追求。这种自我表达的意识非常重要。建议该专业的学生尽早接触社会，将自己的创意作品投入实际展示中。例如，假期可以选择参加各类展览场馆的实习，或者进入互联网和科技企业实习，这些都是提升自己的有效路径。

第 7 章

"通信工程"专业入门实践

本章目标

掌握 TCP/IP 通信编程基础技术,实现基于 Socket 通信的"网络协作平台"项目。

通信工程大多是基于计算机和软件实现的,因此该专业的学生需要参考计算机科学与技术、软件工程专业学生的学习规划。本章项目是使用 Java 编程语言实现的。

本章首先讲解通信工程的专业特征和项目规划;然后介绍关键协议,即 TCP/IP 通信模型,带领读者练习基于 Java 的网络通信编程技术;接着实现 Socket 通信的客户端和服务器端;再逐步编写、调试并实现"网络协作"项目的客户端和服务器端;最后提出项目的拓展升级思路和通信工程专业的进一步学习规划。

7.1 职业前景和就业方向

从直观来看，计算机具备两大核心功能：一是进行高效的计算，二是支持方便快捷的通信。今日之世界是一个由网络通信组成的世界；今日之社会，没有接入通信网络的人，可能会被社会抛弃，因此通信工程的重要性不言而喻。通信工程有两个主要方向：运营商设备方向和互联网软件方向。

1. 运营商设备方向

首先，传统的通信工程与物理学联系紧密，许多大学将该专业开设在物信院下，电磁学、信号与系统、电波传播、天线原理等课程既是通信工程专业的基础课程，也是物理学科的重要分支领域。其次，通信工程专业更加侧重于电子科学、仪器硬件设备等方面的知识和课程，例如模拟电路、数字电路、电路分析、高频电路、信号系统、无线通信、卫星通信、光纤通信、交换机路由器管理等。

以物理、电子、设备方面的知识为重心的通信工程专业，其就业方向更多的是生产设备制造和电信网络运营商的设备管理维护工作。例如电信、移动、联通、电网等大中型企业的通信机房、数据中心的管理与维护。

2. 互联网软件方向

通信工程的另一个重要方向是计算机软件强相关领域。1984 年，Sun 公司的 CEO 约翰·盖奇提出了"网络就是计算机"的著名论断。今天，几乎每台计算机都可以接入网络，几乎所有的软件都具备网络通信功能。目前，所有的计算机软件系统和服务平台中，不可或缺的一个核心要素就是通信功能。因此，通信工程专业的毕业生还有一个重要的就业方向，就是进入各大互联网公司或计算机软件企业，从事软件、人工智能等应用研发的工作。例如华为、百度等公司一直是通信工程专业学子就业的热门选择。

通信工程专业进入互联网或金融科技方向就业的优势在于，学生不仅具备扎实的通信基础理论，熟悉常用的硬件设备，更重要的是，通信工程专业通常开设了计算机网络通信、程序设计语言、数据结构等计算机核心课程。这大大增强了该专业学生的就业竞争力。

7.2 "网络协作平台"项目规划

1. 技术提要

本项目将使用 Java 编程语言进行开发。读者如果没有 Java 编程的基础，请先学习第 2 章中的"Java 开发环境搭建"和"项目必用技术点"。在开始实践前，确保读者的计算机上已配置好 Java 开发环境，并能够启动 Eclipse 或 IDEA 等开发工具。要求读者已初步掌握 Java 编程的知识和技能，如类的定义与对象创建，基本的 Swing 界面和事件机制等。

涉及的 TCP/IP 编程理论和编码技术、数据流的读写、异常保护等高级技术主题，将在接下来的小节中详细讲解。

2. "网络协作平台"项目需求分析

设想你在北京,要和上海的同学通过网络共同完成一幅图画,如图 7-1 所示。

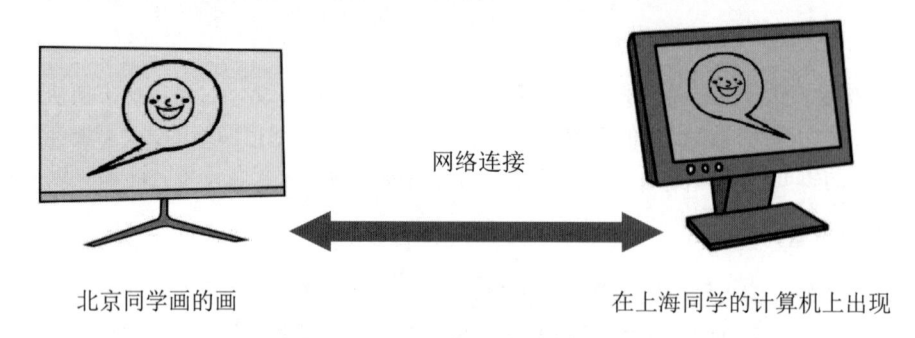

图 7-1　网络协作示意图

当计算机上的程序启动时,北京同学在程序界面上画的线条,会实时出现在上海同学的程序界面上。这是一个典型的网络协作平台原型功能,也是本章要实现的功能。当然,在此基础上拓展开发,可以实现文本、视频、语音等通信交流功能。通过这个项目,我们将初探通信的关键技术,构建一个可拓展的项目框架,为接下来的长期学习开辟一条实践之路。

此外,实现这个项目原型的关键技术是大学生在校参加各种项目竞赛和科创大赛时常会用到的。毕竟,现在几乎每个系统平台都具备网络通信功能。

7.3　网络通信关键概念

7.3.1　通信的模型

计算通信的基本模型有两种:UDP 通信和 TCP 通信。

- UDP 通信:是非面向连接的通信,又称数据包通信。非面向连接的意思是发送者只需向目标地址发信息,至于接收者是否收到,UDP 通信不加以保证。这就像我们用手机发送短信一样,如图 7-2 所示。

图 7-2　UDP 通信示意图

- TCP 通信:被称为"面向连接的、可靠的通信",即通过 TCP 模式发出去的信息,发送者能够知道接收者是否成功收到。这就像我们打电话,只要拨通对方的电话,系统能确保我们的语音信息成功传送到对方手机上,如图 7-3 所示。

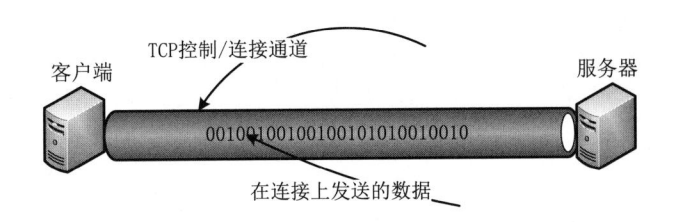

图 7-3　TCP 通信示意图

7.3.2　通信的本质

无论是 UDP 通信还是 TCP 通信（包括通信工程专业涉及的串口、蓝牙、WiFi、NFC 等），其本质都是将一串二进制位（即 0 和 1 的序列）发送给对方。也就是说，通信的真正内容是 0 和 1 的数字串，而在代码中表现为字节的读写。

7.3.3　客户端和服务器的概念

发起连接请求的第一步是发送信息，发送信息的一方被称为客户端（或客户机）；而等待接收信息的一方则被称为服务器。连接建立后，客户端和服务器就没有本质区别了，双方是对等的，可以在任意时刻由任意一方主动断开连接。就像我们打电话时，主动拨号的一方是主叫，是客户端；接听电话的一方是被叫，是服务器；而一旦接通，开始通话，双方就处于对等地位。

7.3.4　TCP/IP 通信的重要性

时至今日，全球各地能够形成一个互联互通的网络，所有计算设备之间能够便捷地通信，甚至云计算和人工智能服务随时可用，这一切都离不开一个最基本的协议：TCP/IP。毫不夸张地说，TCP/IP 是互联网的灵魂，没有 TCP/IP 就没有互联网；而不懂 TCP/IP 编程，等同于不了解网络通信的核心技术。

本章重点是通过编程实践，带领通信工程专业的同学实现"网络协作平台"项目，初步掌握通信的核心技术，并搭建一个可扩展的项目框架。

7.4　编程通信 TCP/IP

7.4.1　TCP/IP 通信服务器实现

TCP/IP 通信是面向连接的、可靠的通信。本节将带领读者实现控制台聊天室的客户端和服务器，初步掌握 TCP/IP 编程的要点。

控制台聊天室的功能是实现客户端与服务器之间的字符串通信。首先，我们编写启动服务器的代码。当客户端连接时，服务器发送欢迎词；然后接收客户端的信息并显示。以下是 TCP 服务器的实现代码：

```
import java.io.InputStream;
import java.io.OutputStream;
```

```java
import java.net.ServerSocket;
import java.net.Socket;

// 实现基本服务器端
public class ChatServer {

    // 此方法在指定的端口上启动服务器，执行通信流程
    public void upServer(int port) {
      try {
         System.out.println("1-即将创建服务器对象，绑定端口是： "+port);
         ServerSocket server=new ServerSocket(port);         // 创建服务器对象
         System.out.println("2-服务器创建成功 "+port+" 等待客户端连接进入");
         Socket socket=server.accept();             // 此处阻塞，等待客户端连接进入
         System.out.println("3-客户端进入，取得输入/输出流，准备读写网络信息");
         // 从连接上获取输入/输出流对象，用以读写网络数据
         InputStream ins=socket.getInputStream();
         OutputStream ous=socket.getOutputStream();

         // 将字符串转成字节数组，发送给客户端
         String s="Telecommunication Engineering Welcome!\r\n";
         byte[] data=s.getBytes();
         ous.write(data);
         System.out.println("4-服务器给客户端发送信息成功");
         StringBuffer stb=new StringBuffer();
         // 读取客户端发来的一个字节，此处会阻塞
         int t =ins.read();
         // 如果收到发来的#号，则表示一个字符串结束
         while(t!='#') {
             // 将读到的字节存到缓存区
             stb.append((char)t);
             System.out.println("5-服务器读取到了客户端的一个字节： "+t);
             t=ins.read();
         }
         String rs=stb.toString();
         System.out.println("6-服务器收到的字符串是:"+rs);
         server.close();
         System.out.println("7-通信结束，服务器退出");
      }catch(Exception ef) {
         System.out.println("通信服务器出错，报错如下：");
         ef.printStackTrace();
      }
    }

    // 在主函数中启动服务器
    public static void main(String[] args) {
       ChatServer ms=new ChatServer();
       ms.upServer(9999);
    }
}
```

上述代码需要注意以下几点：

（1）创建服务器对象：`ServerSocket server=new ServerSocket(port);`。所有与通信相关的类都在 java.net 包中，因此需要在类开头导入相关包。服务器是 ServerSocket 类的对象，创建时必须指定端口，例如本行代码中的 port 值。TCP/IP 端口与 UDP 的规则类似，端口号是一个 0~65535 的数字，用于区别不同的服务程序。当客户端连接服务器时，会通过端口进行通信。

（2）等待客户端连接的语句：`Socket socket=server.accept();`。程序执行到此处时会阻塞，直到有客户端连接。accept()方法会返回一个 Socket 类对象，表示与客户端的连接。

（3）输入/输出的使用：连接建立后，服务器端通过 Socket 类的对象获取输入/输出流来进行数据传输。代码中的 ins 和 ous 对象分别表示输入流和输出流：

```
// 从连接上获取输入/输出流对象，用于读写网络数据
InputStream ins=socket.getInputStream();
OutputStream ous=socket.getOutputStream();
```

随后可以调用 ins.read()读取一个字节，调用 ous.write()发送一个字节数组。

（4）由于通信是基于字节流的，因此在发送字符串前，先获取字符串的字节数组 `byte[] data=s.getBytes();`，然后调用输出流对象的 out.write(data)方法写入，也就是将 s 字符串发送给客户端。

（5）通过调用 ins.read()读取的数据是一个一个字节地传输的。为了将这些字节转换为字符串，程序中创建了一个 StringBuffer（字符缓冲区）对象，用于保存读取到的字节。当读取到与客户端约定的字符串结束标志"#"时，通过调用 StringBuffer 对象的 stb.toString()方法，将这些字节转换为字符串。

（6）ins.read()方法是阻塞式的，它会一直等待，直到读取到一个字节。因此，在进行通信编程时，需要特别注意"阻塞"问题，通常可以通过多线程来处理。

（7）当服务器读到"#"符号时结束读取，并调用 socket.close()方法关闭服务器连接，退出程序。需要注意的是，这段服务器代码只能一次性读取一个字符串。

（8）在编写通信程序时，通过多添加 System.out.println 语句来打印调试信息，以了解通信流程，这有助于理解程序的执行过程和内部的数据变化，从而更好地学习编写通信代码的要点。

如何测试这个服务器呢？首先运行服务器代码，控制台将显示类似于图 7-4 所示的输出流程。

图 7-4　TCP 服务器的输出

注意观察控制台的输出：只输出了前两步，第三步没有输出。这是因为 server.accept() 方法阻塞了，正在等待客户端连接的进入。

7.4.2 用 Telnet 客户端测试

为了方便测试，我们使用 Windows 系统自带的 Telnet 作为客户端。Telnet 是 TCP/IP 通信的客户端工具，用法是打开命令提示符窗口，输入 `telnet localhost 9999` 命令来连接服务器。localhost 表示服务器的地址，若测试服务器和客户端运行在同一台机器上，可以使用 localhost 来表示服务器地址；如果服务器位于其他机器上，则需要使用目标机器的 IP 地址。后面的 9999 表示端口号，必须与服务器端绑定的端口一致。

打开命令提示符窗口，输入 telnet 命令连接服务器，如图 7-5 所示。

图 7-5　输入 telnet 命令连接服务器

按回车键后，可以看到如图 7-6 所示的输出结果。

图 7-6　Telnet 与服务器连接

仔细观察控制台输出的服务器代码（现在应该能感受到使用多条 System.out.println 语句的重要性了吧），这表明 Telnet 客户端成功连接到服务器，并接收到了服务器发来的字符串。此时，服务器会在 `int t=ins.read();` 这行代码处阻塞，等待客户端发来数据。

接下来，在 telnet 命令中输入字符，如图 7-7 所示。

图 7-7　Telnet 与服务器通信过程

可以观测到服务器输出的流程：用户每输入一个字符，Telnet 客户端都会将该字符发送给服务器，服务器读取并显示该字符。服务器上显示的是这个字符的 ASCII 码；服务器会持续循环读取，直到客户端发来结束符号"#"为止。当在 Telnet 客户端上输入"#"后，Telnet 与服务器之间的通信就会结束，如图 7-8 所示。

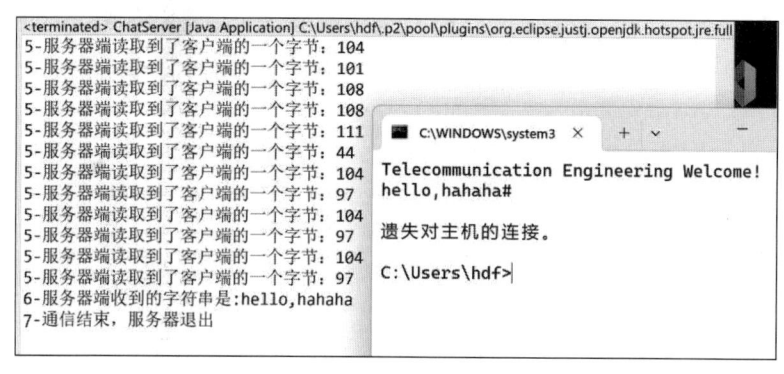

图 7-8　Telnet 与服务器结束通信

可以看到，服务器将在"#"前读取的所有字节组成了一个字符串并输出，然后退出并结束通信；服务器关闭连接后，Telnet 客户端也会断开连接。

对于新手而言，常见的一个错误是重复启动服务器，可以看到如图 7-9 所示的报错信息。

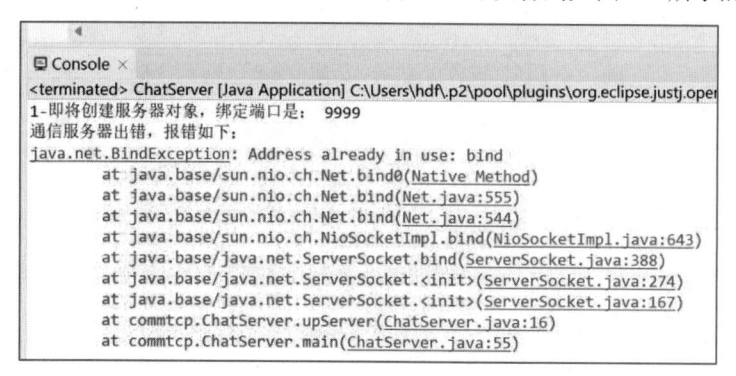

图 7-9　服务器报错的演示

服务器报错通常有两个原因：

（1）服务器程序已运行，如果绑定使用 9999 端口，启动新的服务器时就会报错。
（2）端口号被其他程序占用，此时启动服务器就会报错。

练习：

请练习上述代码，观测输出流程信息，尝试改为可以读取多条字符串的服务器代码。

7.4.3 客户端编程实现

动手实现后，再讲理论。在实现一个基本的客户端、服务器以及两个项目之间能互相通信的代码之前，我们需要了解以下基本概念：

（1）客户端和服务器端是两个独立的应用程序，需要创建两个项目。

（2）所谓通信，就是客户端和服务器之间通过网络连接收发字节序列的过程。

客户端和服务器唯一不同之处在于：服务器创建一个 ServerSocket 后，阻塞在 server.accept()方法上，当有客户端来连接时，该方法返回一个 socket 对象，代表与这个客户端的连接；而客户端只需要使用 Socket socket=new Socket(ip, port) 语句创建一个指向服务器 IP 地址和端口的 socket 对象，后续的操作与服务器端相似。客户端的实现代码如下：

```java
import java.io.InputStream;
import java.io.OutputStream;
import java.net.Socket;

// 基本客户端
public class ChatClient {

    // 连接服务器并收发字节
    public void conn2Server() {
        try {
            Socket socket=new Socket("localhost",9999);
            System.out.println("1-客户端-连接服务器成功");
            // 得到输入/输出流对象
            InputStream ins=socket.getInputStream();
            OutputStream ous=socket.getOutputStream();
            StringBuffer stb=new StringBuffer();
            System.out.println("2-客户端-等待读取服务器数据");
            int t=ins.read();
            while(t!='#') {
                stb.append((char)t);
                System.out.println("3-客户端-读取服务器1个字节 "+t);
                t=ins.read();
            }
            String msg=stb.toString();
            System.out.println("4-客户端-收到服务器发来字符串"+msg);

            // 客户端发送给服务器的字符串，以#结尾
            String toS="this send to Server#";
            byte[] data=toS.getBytes();
            ous.write(data);
            System.out.println("5-客户端-给服务器发来字符串完成");
        }catch(Exception ef) {
```

```
            ef.printStackTrace();
        }
        System.out.println("6-客户端-通信结束,退出了!");
    }
    // 启动客户端的主函数
    public static void main(String[] args) {
        ChatClient ms=new ChatClient();
        ms.conn2Server();
    }
}
```

启动服务器后,使用上述客户端代码连接并进行测试,观察程序输出流程,如图 7-10 所示。

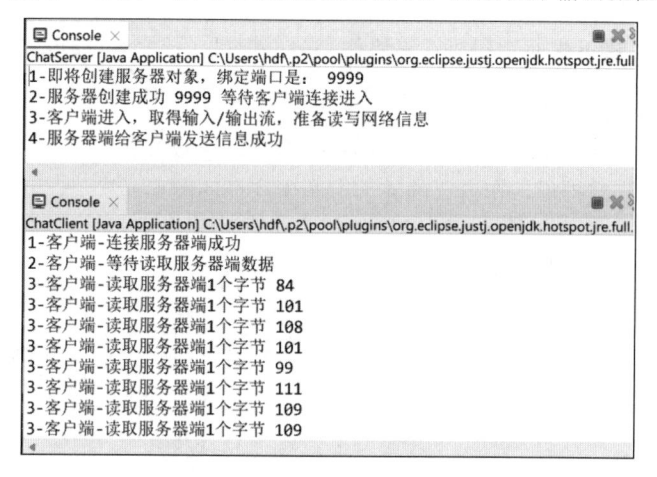

图 7-10 客户端和服务器交互

客户端没有显示服务器发送的完整字符串,也没有将客户端的字符串发送给服务器。这是因为,双方协定字符串以"#"为结束符。需要注意的是,TCP/IP 通信传送的是字节流,客户端和服务器并不知道哪些字节代表一个完整的字符串,这也凸显了协议的重要性。

修改服务器代码,在发送的字符串后加上"#"符号:

```
String s="Telecommunication Engineering Welcome!#\r\n";
```

再次启动服务器和客户端,观测输出结果,如图 7-11 所示。

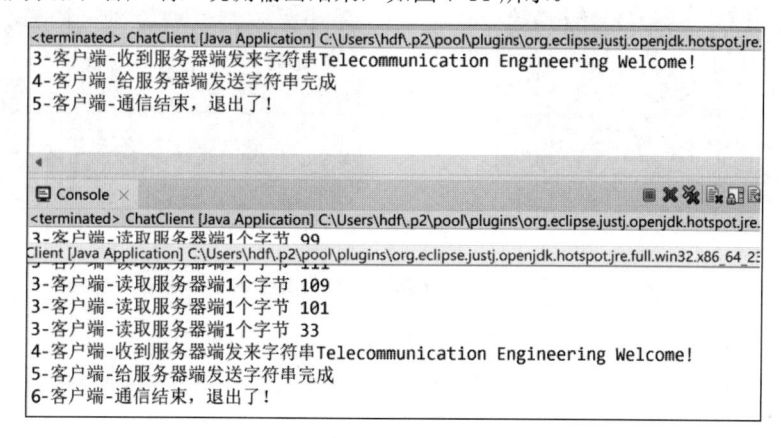

图 7-11 客户端和服务器根据协议退出

当然，这个通信系统仍然存在太多不足之处，它只能进行一次性通信，未处理可能出现的异常，也没有用户界面，更不能收发多种信息等。然而，正是这些不足，指明了读者后续实践的方向。只有发现问题，才能有更多的练习机会，记住要坚持"问题导向"的学习方法。

7.5 "网络协作平台"完整实现

7.5.1 功能分析

有了前面的练习，接下来要实现"网络协作平台"项目。该平台的功能需求如下：

（1）客户端显示界面后连接服务器，可在界面上画图。
（2）当在客户端界面用鼠标画图后，图形数据将发送给服务器。
（3）服务器接收到数据后，在自己的界面上画出同样的图形。

"网络协作平台"的界面显示如图 7-12 所示。

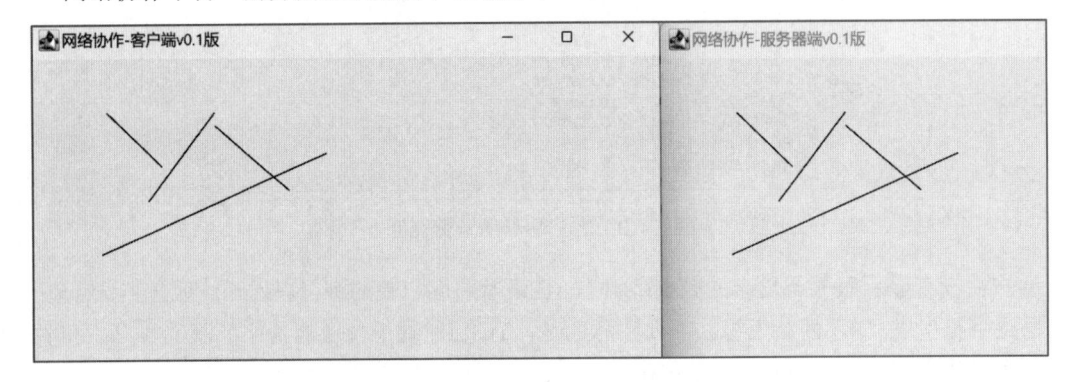

图 7-12 "网络协作平台"界面示意图

在编写客户端时需要考虑程序的结构。客户端代码由界面和通信收发两部分组成，如图 7-13 所示。

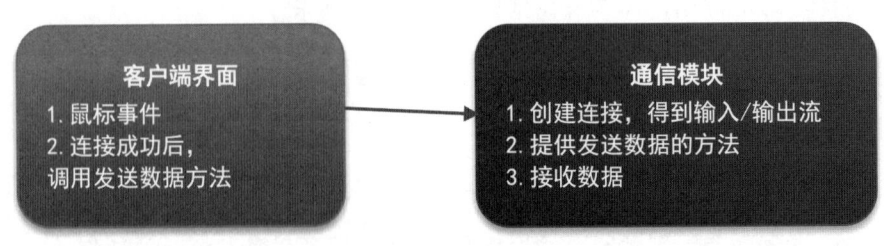

图 7-13 "网络协作平台"交互流程

所谓"发送一条线给服务器"，从通信层面来看，实际上是客户端将鼠标按下和释放过程中捕获的 4 个坐标值写入网络输出流。服务器端读取这 4 个坐标值后，在服务器界面上利用这些坐标值绘制线条。

客户端在成功连接服务器后,才能发送坐标值;而服务器则处于被动等待连接状态,阻塞在输入流上,随时等待读取数据。

7.5.2 服务器代码实现

服务器的流程如下:在指定端口上启动服务器,当有客户端连接时,服务器根据协议读取客户端发来的数据,并将数据绘制到界面上。

协议:本项目的服务器与客户端约定的是,客户端发来 4 个字节为一组的代表一条直线的两个坐标,服务器读取时也是 4 个字节为一组,画到界面上后再读取下一组。

服务器端通信模块的代码如下:

```java
import java.awt.Graphics;
import java.io.InputStream;
import java.io.OutputStream;
import java.net.ServerSocket;
import java.net.Socket;

// "网络协作平台"服务器:接收客户端连接,接收发来的数字坐标,画图
// 通信的读取会阻塞,因此要放在线程中实现
public class ServerConnThread extends Thread {
    private Graphics g;            // 指向界面传来的画布对象

    public ServerConnThread(Graphics g) {
        this.g=g;
    }

    // 在线程中 1.启动服务器 2.接收客户端数据
    public void run() {
        try {
            // 创建服务器对象
            ServerSocket server = new ServerSocket(9999);
            Socket socket = server.accept();
            // 从连接上获取输入/输出流对象
            InputStream ins = socket.getInputStream();
            OutputStream ous = socket.getOutputStream();
            // 根据协议:读取时 4 个字节为一组,表示一条线的坐标
            while (true) {
                int x1 = ins.read();
                int y1 = ins.read();
                int x2 = ins.read();
                int y2 = ins.read();
                System.out.println("服务器-收到 1 条线 x1 " + x1 + " y1" + y1 + " x2 " + x2 + " y2 " + y2);
                // 根据收到的数据,在界面上画一条线
                g.drawLine(x1, y1, x2, y2);
            }
        } catch (Exception ef) {
            System.out.println("服务器出错,信息如下:");
            ef.printStackTrace();
```

```
            }
        }
}
```

接着编写服务器界面代码，显示界面后启动服务器线程，并将界面上的画布对象传入线程对象，代码如下：

```java
import java.awt.Graphics;
import javax.swing.JFrame;

// "网络协作平台"服务器端界面代码
public class ServerDrawUI extends JFrame{

    public void initUI() {
        this.setTitle("网络协作-服务器端 v0.1 版");
        this.setDefaultCloseOperation(3);
        this.setSize(500, 400);
        this.setDefaultCloseOperation(3);
        this.setVisible(true);
        Graphics g=this.getGraphics();
        // 启动服务器线程，传入界面上的画布
        ServerConnThread ns=new ServerConnThread(g);
        ns.start();
        System.out.println("服务器线程已启动");
    }

    public static void main(String[] args) {
        ServerDrawUI su=new ServerDrawUI();
        su.initUI();
    }
}
```

以上代码的关键是，在显示服务器界面后，创建了 ServerConnThread 类的对象，这是一个线程对象，调用 start() 启动线程后，就开始在该线程中进行通信。

7.5.3 客户端代码实现

客户端代码实现的基本流程如下：

（1）显示界面的同时启动线程，并在线程中建立与服务器的通信连接。

（2）给界面添加鼠标监听器，当用户在界面上画一条线时，获取 4 个坐标数据，并依次调用通信线程对象将数据发送给服务器。

（3）客户端由通信线程模块和界面模块组成。

首先编写客户端通信线程模块，代码如下：

```java
import java.io.InputStream;
import java.io.OutputStream;
import java.net.Socket;
```

```java
// 网络协作-客户端 v0.1 版
// 客户端的通信线程模块类
public class ClientDrawConn{
    // 指向从服务器连接对象上得到的输入/输出流对象
    private OutputStream ous;
    private InputStream ins;

    // 此方法连接服务器获取输入/输出流,若成功则返回 true
    public boolean conn2Server() {
        try {
            // 连接服务器
            Socket socket=new Socket("localhost",9999);
            System.out.println("1-连接服务器成功,取得输入/输出流");
            ins=socket.getInputStream();
            ous=socket.getOutputStream();
            System.out.println("2-客户端连接服务器 OK");
            return true;
        }catch(Exception ef) {
            System.out.println("客户端连接服务器出错,信息如下: ");
            ef.printStackTrace();
        }
        return false;
    }

    // sendLine 方法由界面鼠标事件调用
    // 发送一条线给服务器:向输出流中写入 4 个坐标字节
    public void sendLine(int x1,int y1,int x2,int y2) {
        try {
            ous.write(x1);
            ous.write(y1);
            ous.write(x2);
            ous.write(y2);
            System.out.println("客户端成功发线 x1 "+x1+" y1"+y1+" x2 "+x2+" y2 "+y2);
        }catch(Exception ef) {
            System.out.println("客户端发线失败 x1 "+x1+" y1"+y1+" 失败 ");
            ef.printStackTrace();
        }
    }
}
```

在通信模块中,将输入/输出流对象定义为全局变量,是为了在 sendLine 方法中调用;而 sendLine 方法将由界面的鼠标事件调用。

然后编写客户端界面模块,代码如下:

```java
import java.awt.Graphics;
import java.awt.event.MouseAdapter;
import java.awt.event.MouseEvent;
import javax.swing.JFrame;
```

```java
public class ClientDrawUI extends JFrame{
    // 连接服务器的通信线程模块对象
    private ClientDrawConn conn=new ClientDrawConn();

    // 显示界面
    public void initUI() {
        this.setTitle("网络协作-客户端v0.1版");
        this.setDefaultCloseOperation(3);
        this.setSize(500, 400);
        this.setVisible(true);
        if(conn.conn2Server()) {            // 连接服务器
            System.out.println("客户端连接成功.!");
        }
        Graphics g=this.getGraphics();      // 界面画布

        // 以匿名内部类的形式添加 Mouse 监听器,在监听器中发送坐标
        this.addMouseListener(new MouseAdapter() {
            int x1,y1,x2,y2;
            // 鼠标按下的事件响应,获取线段起点坐标
            public void mousePressed(MouseEvent e) {
                x1=e.getX();
                y1=e.getY();
            }

            // 鼠标松开的事件响应:取坐标,发送
            public void mouseReleased(MouseEvent e) {
                x2=e.getX();
                y2=e.getY();
                // 先画到自己的界面上
                g.drawLine(x1, y1, x2, y2);
                // 再调用通信线程对象,把 4 个坐标数字发送给服务器
                conn.sendLine(x1,y1,x2,y2);
            }
        });
    }

    public static void main(String[] args) {
        ClientDrawUI du=new ClientDrawUI();
        du.initUI();
    }
}
```

以上代码需要注意以下几点:

(1) 给 JFrame 对象添加鼠标事件监听器时,采用匿名内部类的编写格式,代码如下:

```java
// 以匿名内部类的形式添加 Mouse 监听器,在监听器中发送坐标
this.addMouseListener(new MouseAdapter() {
    int x1,y1,x2,y2;
    // 鼠标按下的事件响应,获取线段起点坐标
```

```
        public void mousePressed(MouseEvent e) {
            //相关代码
        }

        // 鼠标松开的事件响应：获取坐标，发送
        public void mouseReleased(MouseEvent e) {
            // 相关代码
        }
    });
}
```

上述代码将原本单独编写的用于实现鼠标监听接口的类整合到一起。这里的 MouseAdapter 类是 JDK 提供的抽象类，它已经实现了 MouseListener 接口，因此本例直接调用。

（2）界面代码中一开始就创建了 ClientDrawConn conn 对象，其中定义了连接服务器的方法和发送一组坐标的方法。

测试以上代码，首先启动服务器端，然后启动客户端并在其界面上画图，结果如图 7-14 所示。

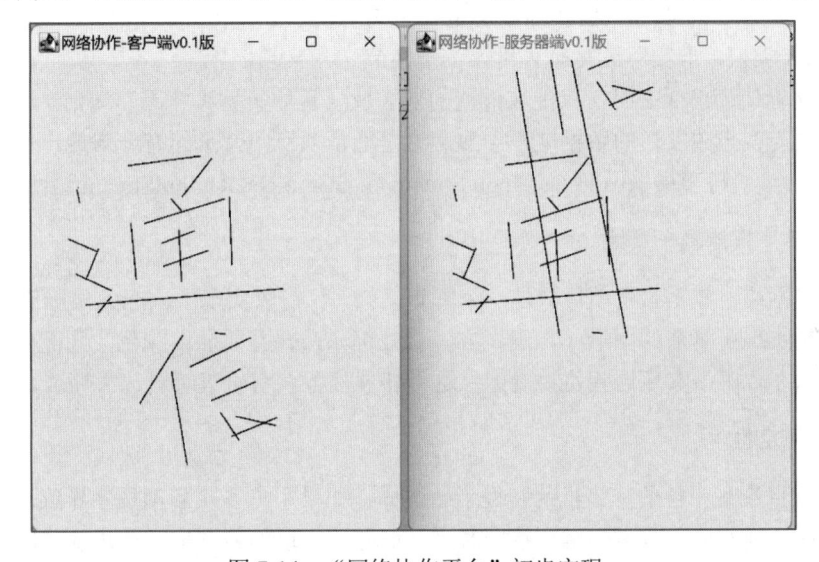

图 7-14　"网络协作平台"初步实现

7.5.4　"网络协作平台"项目升级规划

1. 部分线条画不全

测试以上程序时会发现，在客户端左上角画的线在服务器端能够正确显示，但越往右下方，尤其是当 x 和 y 坐标值较大时，服务器端无法正确显示图形，如图 7-15 所示。

观察控制台输出的结果（见图 7-16），可以发现，大于 255 的数据经客户端发送后，到了服务器端会减少 256。例如，最后一条线的 y 坐标发送前是 306，服务器收到后变成了 50。为什么会发生这种情况？

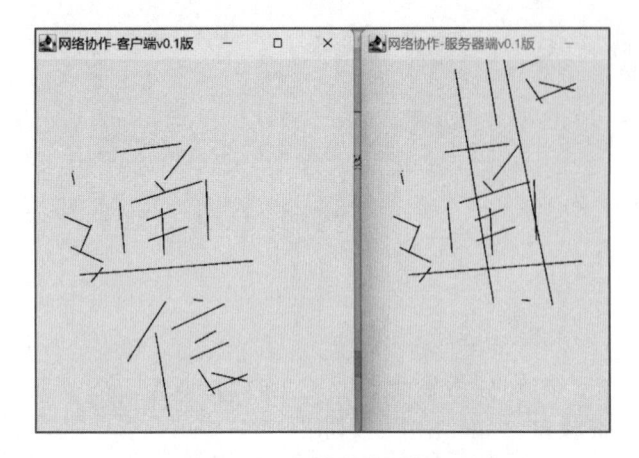

图 7-15　"网络协作平台"观察 bug　　　　图 7-16　"网络协作平台"分析数据

这是因为在通信过程中，数据的读写是通过 InputStream 和 OutputStream 这两个输入/输出流对象来实现的。输出时的 ous.write(int t)和输入时的 int b=ins.read()这两个方法底层只处理 1 字节的读写。虽然其参数定义为 int 类型，但实际底层是写入或读取 1 个字节（即 8 位）。也就是说，尽管方法中定义的是 int 类型，但实际读写时只传输 1 个字节。

因此，当坐标值超出 256 时，只能取该值的低 8 位（具体参见"补码"规则）。这样，服务器端接收到的数据与客户端发送的数据就不一致。这是通信项目中常见的有趣问题，也留给读者作为拓展实践的机会。读者可查阅 java.io.DataInputStream 和 java.io.DataOutputStream 这两个类进行解决。

2. 协议简单，只能画一条线

本例中的"网络协作平台"项目只是一个基础框架，目前仅实现了画一条坐标值在 byte 取值范围内的直线。要实现更复杂的图形（如圆、方、曲线等），并且要加上颜色，则需要定义更复杂的协议。读者可以在代码中实现这些协议规则，这个拓展任务就留给读者自己去完成。

3. 项目的稳定性

目前这个项目没有完善的容错机制和提示。例如，如果用户多次启动程序导致端口被占用而系统报错，该如何处理？如果有多个客户端同时连接服务器，该如何支持？如果底层网络因为外部原因（如停电，广域网的光纤被挖掘机挖断）导致断开，如何在后台自动尝试重新建立其他连接？这些问题都是通信系统中需要解决的问题。通过实践不断改进这些问题，通信工程专业的学生可以提高自己的能力，成为更高水平的专家。

7.6　拓展学习路线指导

1. 阅读网络通信原理书籍

网络通信工程专业的学生在学习和就业时，所面向的主流系统通常是基于 TCP/IP 的计算机通信网络。因此，必须深入理解 TCP/IP 协议栈。从局域网、广域网结构到 IP 地址分配规则、路由器交换机的子网划分和路由规则等，都是需要掌握的知识。

一个有效的学习方法是仔细观察和测试，读者可通过配置自己的家庭网络或宿舍网关进行实践。通过操作和管理这些小型设备，有助于新手由浅入深地理解网络通信的原理。

2. 实践网络通信项目

在熟练掌握本章代码的基础上，可以进一步拓展通信功能，尝试编写复杂的通信协议，如传送图片、大文件或视频文件等。通过解决这些技术难点，可以提高自己的技术水平。

本章示例中使用的是"阻塞"通信模型，读者在拓展中可以尝试比较非阻塞模型编程的区别，推荐使用 Java 中的 NIO 框架提高项目的性能。还可以考虑模仿腾讯 QQ 或微信的通信功能，开发一个完整的作品级项目，将其作为简历的一部分。无论是实习还是校招，这都会成为一个有力的竞争优势。

3. 熟练编程语言，深研计算机基础

从就业角度看，通信工程专业的学生主要的就业方向是互联网研发、银行金融科技岗。通信的理论知识和设备管理技能是专业特长，再加上熟练的编程能力以及对操作系统、数据库甚至分布式架构的深刻理解，会让你在求职过程中具有专业优势。

现实中的通信系统以硬件设备为基础，通过代码实现硬件价值的发挥。因此，通信专业方向的学生必须具备良好的编程能力，这对于进入技术岗位和提升竞争力至关重要。

第 8 章

"物联网工程"专业入门实践

本章目标

掌握鸿蒙平台 ArkTS 编程入门技术,实现"鸿蒙手机与服务器通信"项目。

将物联网专业放在最后一章,是因为本专业既需要计算机理论和软件工程的编程能力,又广泛应用于通信工程、人工智能或大数据方面。这也是本专业的复杂性所在。本章项目使用鸿蒙平台的 ArkTS 语言编程(服务器端使用 Java)实现。

本章将带领读者搭建鸿蒙开发环境,使用 ArkTS 编程开发鸿蒙手机应用。首先,介绍 ArkTS 编程语言,实现手机开发中的界面布局管理和事件处理;然后进行模拟器配置、仿真测试和权限配置等;最后整合这些技术要点,实现"鸿蒙手机与服务器通信"项目。通过这个较为完整的物联网项目实践,带领读者掌握手机与服务器联网应用的基本架构,并激发读者对物联网的兴趣。本章最后一节还将提供物联网专业学生的拓展学习思路。

8.1 职业前景和就业方向

最能体现物联网重要性的，莫过于全球著名的华为公司，其企业愿景就是构建一个万物互联的智能世界，如图 8-1 所示。

图 8-1 万物互联的世界（图片来自 https://www.huawei.com/cn/about-huawei）

把物联网专业放在最后一章，是为了和第 1 章的计算机科学与技术专业相对应。因为有人说这是一个计算机的世界，也有人说这是一个物联网的世界。这两者说的其实都对。从外部看，这是一个万物互联的世界，大到卫星、飞机，小到家里的扫地机器人、手机等，一切物体都可联入网络；但从内在看，物体之所以能联入网络，是因为其内部有计算机软件系统的支持。因此，物联网和计算机，一个像手背，一个像手心。

物联网的就业方向，不仅包括物联网系统开发和硬件设备（如智能手环、智能摄像头、智能家电）的产品设计、开发与测试，还涉及嵌入式系统、芯片加速器等领域，需求巨大；同时，物联网也与计算机科学与技术、软件工程等专业的就业方向有相似之处。

物联网专业的优势在于能够从较为整体、全局的角度看待系统并解决问题；会考虑软件与硬件的有效结合以及异构系统的协作通信；不仅学习网络通信、硬件原理，还要掌握计算机原理和编程语言。物联网专业的就业方向既包括华为、大疆、汇川、西门子、新华三等科技公司，也包括百度、阿里、京东等互联网企业。

本章从零开始讲解鸿蒙（HarmonyOS）开发入门，初步掌握 ArkTS 编程语言，最后带领读者实现"鸿蒙手机与服务器通信"项目。希望通过本章的项目实践，能帮助物联网专业的学生在实践上迈出第一步，获取信心和成就感，为未来的职业生涯奠定基础。

8.2 鸿蒙开发平台简介

鸿蒙平台是华为推出的全场景分布式操作系统，具有以下优势：

（1）跨设备无缝协同：开发者可一次编写代码，适配手机、平板电脑、智能手表、智慧屏、车载设备等多种终端，实现各种硬件能力共享，比如调用其他设备的摄像头、GPS 等硬件（如用手机调用平板摄像头视频通话）；实现应用任务跨设备无缝流转，例如将手机游戏切换到平板电脑上继续玩。HarmonyOS 的全场景应用如图 8-2 所示。

图 8-2　全场景应用

（2）对初学者友好：鸿蒙使用的编程语言是 ArkTS 语言，它是 TypeScript 语言的超集，采用静态类型检查和声明式 UI，性能接近原生，学习成本低；能够多端自适应布局，一套代码自动适配不同屏幕尺寸，减少 70%的适配工作量。DevEco Studio IDE 工具提供的智能代码补全、双向预览（修改代码实时更新 UI，拖动 UI 控件自动生成代码）、跨设备模拟（一键切换手机/手表/车机等设备模拟环境）、低代码开发（通过可视化拖曳生成基础 UI 代码）等特性，可以帮助新手快速上手物联网平台开发。

（3）与人工智能系统云服务的结合度高：大部分的人工智能服务是云端布置并由终端调用。终端设备通过云平台提供语音识别、图像识别、AIGC 生成能力，满足用户需求。在物联网架构中，云服务起着存储、分析数据及远程控制协调等关键作用。鸿蒙设备可以方便地与云服务进行连接，通过网络通信模块，将物联网设备采集的数据上传至云端进行处理，并根据云端的指令反馈或分析结果，对设备进行相应操作。

可以看出，鸿蒙是实现万物互联的通用开发平台，从平板电脑到智能汽车应用，都可以通过该平台实现，因此是物联网专业学生首选的实践平台。接下来，将带领读者使用鸿蒙平台，开启有趣的物联网项目实践之旅！

8.3　Hello 鸿蒙

8.3.1　下载安装 DevEco Studio

DevEco Studio 是华为推出的集成开发环境（IDE），专为 OpenHarmony 生态设计，支持应用/服务的全流程开发，覆盖手机、平板电脑、智能穿戴、智慧屏等多设备场景。

- 多端适配：一次开发，多端部署。
- 高效工具链：代码编辑、调试、预览、编译、烧录一站式完成。
- 模拟器支持：提供本地与远程设备模拟器，实时预览 UI 效果。
- 可视化开发：拖曳式 UI 设计（ArkUI），实时预览多设备效果。

- 双向调试：JavaScript/ArkTS 代码调试与 UI 界面调试同步进行。
- 多语言支持：支持 ArkTS（推荐）、JavaScript、C/C++等语言，适配不同开发需求。

下载安装 DevEco Studio 的步骤如下：

首先，打开官方网站 https://developer.huawei.com/consumer/cn/deveco-studio，下载 DevEco Studio，如图 8-3 所示。

图 8-3　下载界面

下载后，双击 deveco-studio-5.0.9.300.exe 进行解压安装，笔者将其安装在 D:\Huawei\DevEcoStudio 目录下，如图 8-4 所示。双击 launcher.exe 即可启动 DevEco Studio。

图 8-4　安装成功

8.3.2　开发第一个手机软件

创建项目的步骤如下：

步骤 01 双击 launcher.exe，首次启动 DevEco Studio 的界面如图 8-5 所示。

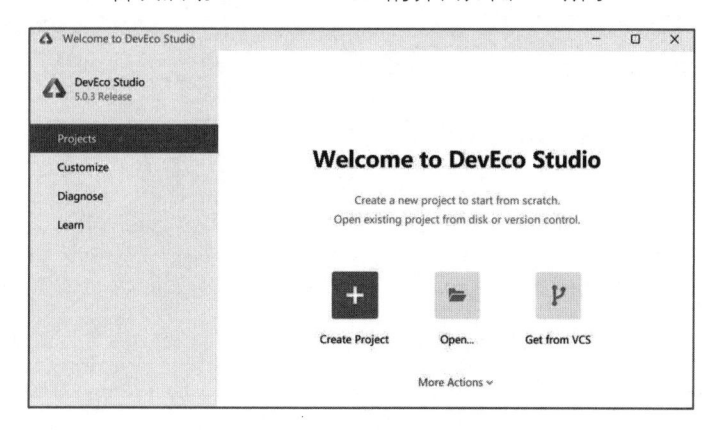

图 8-5　首次启动

这个界面提供的选项包括：

- Create Project：创建新项目。
- Open...：打开已有的项目。
- Get from VCS：从源代码管理服务器导入项目。
- More Actions：提供导入系统案例，管理模拟器等功能。

步骤 02 单击 Create Project，将看到如图 8-6 所示的创建新项目界面。

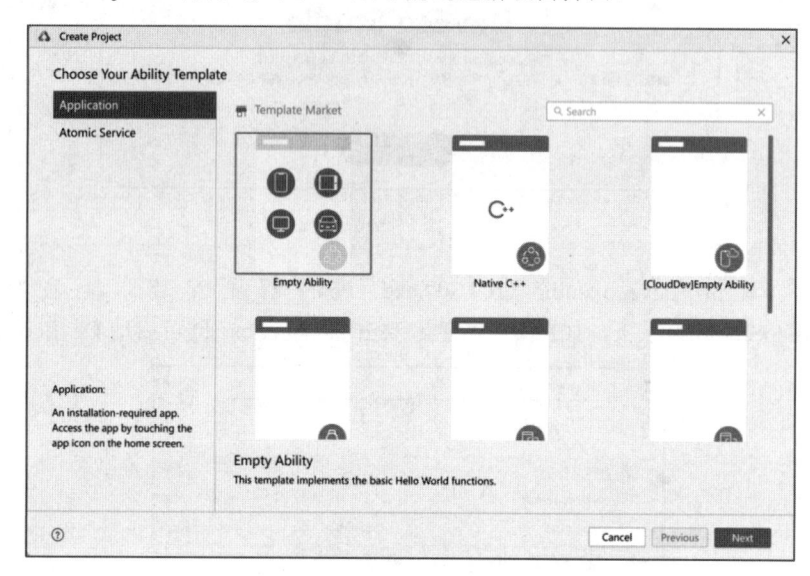

图 8-6　创建项目

在这个界面中，我们选择 Empty Ability，意思是创建一个空的界面，也称作页面。一个手机 App 由多个 Ability 组成。多个页面的跳转类似于网页页面跳转。然后单击 Next 按钮，进入下一步配置，如图 8-7 所示。

图 8-7　配置项目

步骤03 在这个界面完成鸿蒙项目的基础配置，各配置项说明如下：

- Project name：项目名字，本例中为 HarmonyApp。
- Bundle name：程序源代码的包名。
- Save location：项目源代码及其相关配置文件存放的目录。
- Compatible SDK：所使用的鸿蒙 SDK 版本。
- Module name：应用 App 的入口，通常为 entry。
- Device type：适配手机、平板电脑和智能汽车。

步骤04 完成配置设置后，单击 Finish 按钮，进入如图 8-8 所示的开发界面。

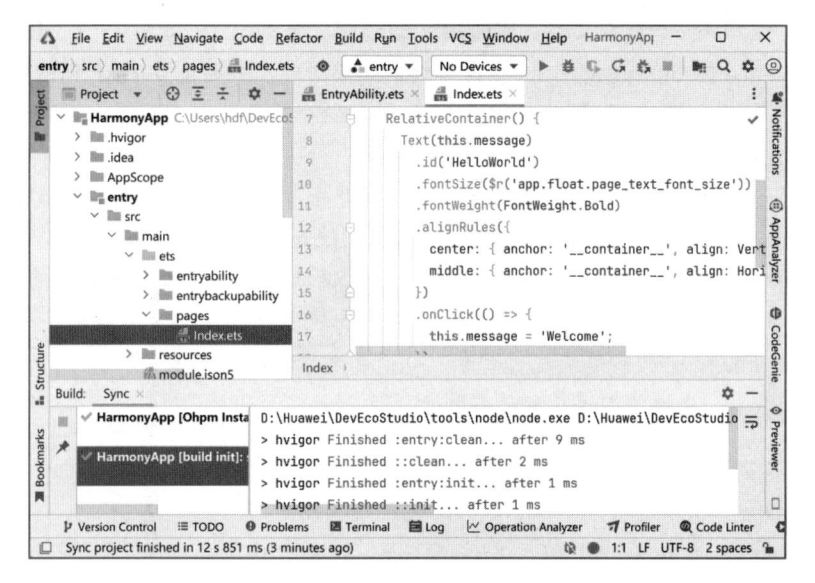

图 8-8　开发界面

步骤05 单击右侧的 Previewer，即可预览项目，如图 8-9 所示。

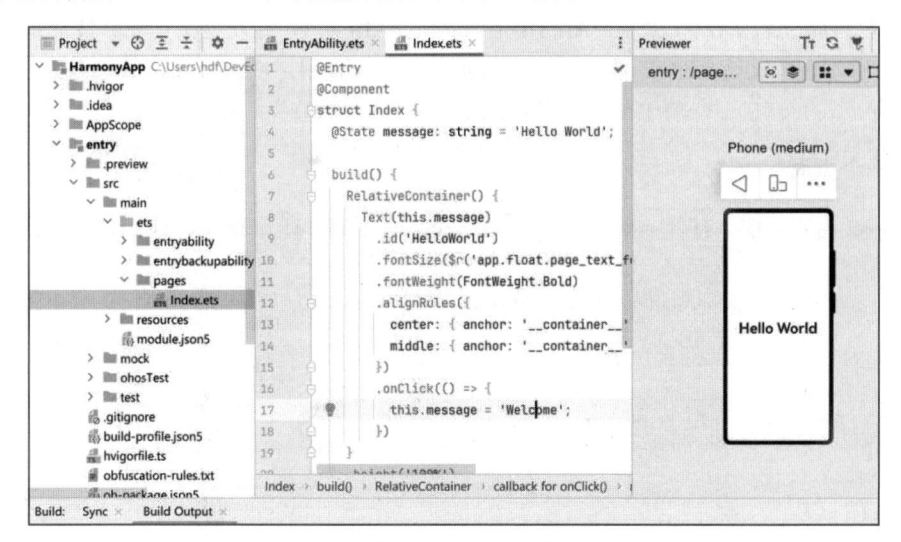

图 8-9　开发者预览

接下来，具体介绍 DevEco Studio 中整体的项目结构。

（1）左侧部分是项目所有文件目录，包括配置文件、源代码等，具体说明如下：

- AppScope > app.json5：应用的全局配置信息。
- entry：HarmonyOS 工程模块，编译构建生成一个 HAP 包。
- src > main > ets：用于存放 ArkTS 源代码，我们编写的代码存放在此目录下。
- src > main > ets > entryability：应用/服务的入口。
- src > main > ets > pages：应用的页面，本例中自动生成 index.ets 页面。
- src > main > resources：用于存放应用/服务所用到的资源文件，如图形、多媒体、字符串、布局文件等。关于资源文件，官方的文档还未发布。
- src > main > module.json5：Stage 模型模块配置文件，主要包含 HAP 包的配置信息、应用/服务在具体设备上的配置信息以及应用/服务的全局配置信息。具体的配置文件说明详见 module.json5 配置文件。
- build-profile.json5：当前的模块信息、编译信息配置项，包括 buildOption、targets 配置等。其中 targets 中可配置当前运行环境，默认为 HarmonyOS。
- hvigorfile.ts：模块级编译构建任务脚本，开发者可以自定义相关任务和代码实现。
- oh_modules：用于存放第三方库依赖信息。
- build-profile.json5：应用级配置信息，包括签名、产品配置等。
- hvigorfile.ts：应用级编译构建任务脚本。

（2）中间部分是编辑区域，可以打开源代码文件或配置文件进行编辑。

（3）右侧部分可以预览项目并显示参数配置等相关信息。

8.3.3 页面跳转

本着"以练代学"的原则，下面将带领读者从零开始实现一个 App，并发布到手机上。通过实现页面跳转功能，初识 ArkTS 编程。ArkTS 是 HarmonyOS 的 UI 开发框架，能够便捷地实现多种组件、布局计算、动画效果、UI 交互、绘制等功能。ArkTS 采用声明式开发范式（兼容 JavaScript 的类 Web 开发范式）。在下一节中将详细介绍 ArkTS 语言，本节先进行实践。

1. 第一个页面

在 Project 窗口，依次打开 entry→src→main→ets→pages，打开 Index.ets 文件，并将默认生成的初始界面代码修改为如下代码：

```
@Entry
@Component
struct Index {
  @State message: string = 'Hello World';

  build() {
    Row() {
      Column() {
        Text(this.message)    // 文本显示
```

```
        .fontSize(50)
        .fontWeight(FontWeight.Bold)
      Button() {          // 跳转按钮
        Text('Next')
          .fontSize(30)
          .fontWeight(FontWeight.Bold)
      }
      .margin({ top: 20 })
      .backgroundColor('#0D9FFB')
      .width('40%')
      .height('5%')
    }
    .width('100%')
  }
  .height('100%')
  }
}
```

然后单击 Previewer 预览结果，如图 8-10 所示。

Index.ets 界面使用 Row 和 Column 组件来布局。界面显示一个文本块 Text 和一个按钮 Button，其他参数用于设置组件的背景、颜色、字体、大小等。

2. 第二个页面

新建第二个页面文件。在 Project 窗口中，依次打开 entry→src→main→ets，选中 pages 文件夹并右击，在弹出的快捷菜单中选择 New→ArkTS File 选项，新建一个页面文件，如图 8-11 所示。

将新建的文件命名为 Second，按回车键，即可看到如图 8-12 所示的文件目录结构。

图 8-10　首页界面

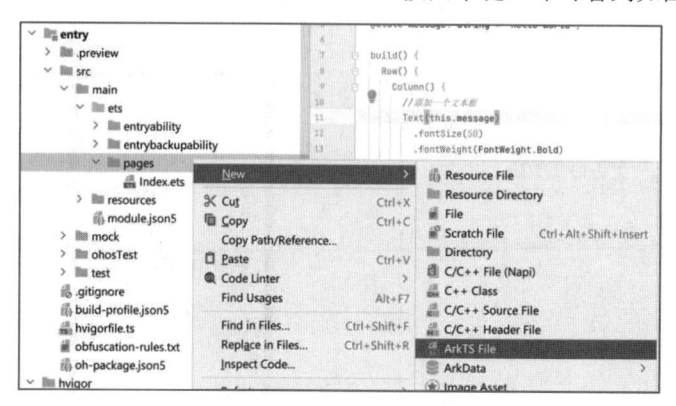

图 8-11　新建页面　　　　　　图 8-12　目录结构

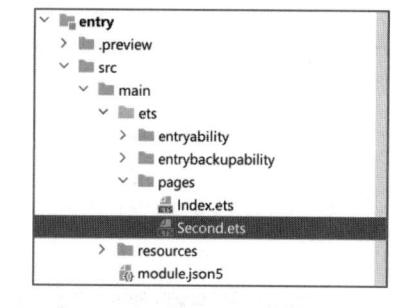

此时，Second.ets 文件为空白文件，在该文件中编辑如下代码：

```
// Second.ets
@Entry
```

```
@Component
struct Second {
  @State message: string = '欢迎来到鸿蒙';
  build() {
    Row() {
      Column() {
        Text(this.message)
          .fontSize(50)
          .fontWeight(FontWeight.Bold)
        Button() {
          Text('Back')
            .fontSize(30)
            .fontWeight(FontWeight.Bold)
        }
        .type(ButtonType.Capsule)
        .margin({
          top: 20
        })
        .backgroundColor('#00FF00')
        .width('40%')
        .height('5%')
      }
      .width('100%')
    }
    .height('100%')
  }
}
```

第二个页面 Second.ets 包含一个文本块和一个按钮。为了能够预览并实现页面跳转，需要配置页面的路由。在 Project 窗口中，依次打开 entry→src→main→resources→base→profile，在 main_pages.json 文件中的"src"下配置第二个页面的路由"pages/Second"，示例如图 8-13 所示。

配置好路由后，打开 Second.ets，单击 Previewer 进行预览，效果如图 8-14 所示。

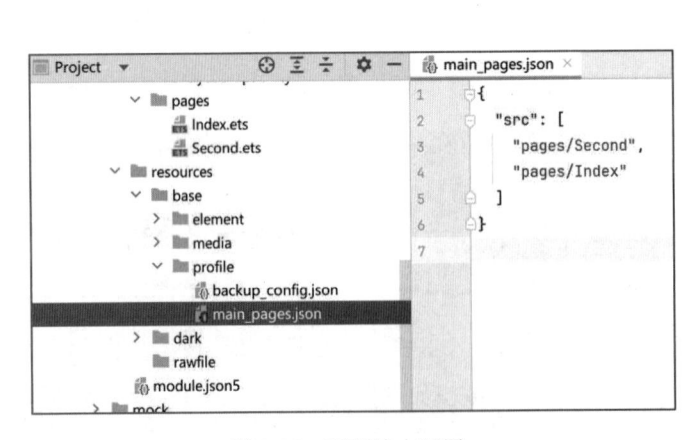

图 8-13　页面路由配置　　　　　　　　图 8-14　预览第二个页面

接下来，实现在 Index.ets 和 Second.ets 两个页面之间的跳转。

3. 实现页面跳转

页面间的跳转通过使用路由组件 router 来实现。页面路由 router 根据页面的 URL 找到目标页面，从而实现跳转。在使用之前，需要导入 router 模块。添加跳转功能后的 Index.ets 文件代码如下：

```
// Index.ets
// 导入页面路由模块
import { router } from '@kit.ArkUI';
import { BusinessError } from '@kit.BasicServicesKit';

@Entry
@Component
struct Index {
  @State message: string = 'Hello World';

  build() {
    Row() {
      Column() {
        Text(this.message)
          .fontSize(50)
          .fontWeight(FontWeight.Bold)
        // 添加按钮，以响应用户单击
        Button() {
          Text('Next')
            .fontSize(30)
            .fontWeight(FontWeight.Bold)
        }
        .type(ButtonType.Capsule)
        .margin({
          top: 20
        })
        .backgroundColor('#0D9FFB')
        .width('40%')
        .height('5%')
        // 跳转按钮绑定 onClick 事件，单击时跳转到 Second 页面
        .onClick(() => {
          console.info(`Succeeded in clicking the 'Next' button.`)
          // 跳转到 Second 页面
          router.pushUrl({ url: 'pages/Second' })
        })
      }
      .width('100%')
    }
    .height('100%')
  }
}
```

这里最关键的是以下 3 行代码：

```
import { router } from '@kit.ArkUI';          : 导入路由组件
.onClick(() =>                                 : 给按钮对象添加单击事件，单击后执行跳转
router.pushUrl({ url: 'pages/Second' })) : 跳转到 Second 页面
```

练习：

请读者根据上述内容修改 Index.ets 代码，然后预览。如果成功跳转到第二个页面，再采用相同的代码形式修改 Second.ets 文件源代码，添加跳转回 Index.ets 页面的功能。

修改后的 Second.ets 源代码如下：

```
// Second.ets
// 导入页面路由模块
import { router } from '@kit.ArkUI';
import { BusinessError } from '@kit.BasicServicesKit';

@Entry
@Component
struct Second {
  @State message: string = '欢迎来到鸿蒙';

  build() {
    Row() {
      Column() {
        Text(this.message)
          .fontSize(50)
          .fontWeight(FontWeight.Bold)
        Button() {
          Text('Back')
            .fontSize(30)
            .fontWeight(FontWeight.Bold)
        }
        .type(ButtonType.Capsule)
        .margin({
          top: 20
        })
        .backgroundColor('#00ff00')
        .width('40%')
        .height('5%')
        // 返回按钮绑定 onClick 事件，单击该按钮时返回到 Index 页面
        .onClick(() => {
          router.back()// 返回 Index 页面
          console.info('Succeeded in returning ')
        })
      }
      .width('100%')
    }
    .height('100%')
  }
}
```

保存后进入预览模式，即可实现页面跳转，如图 8-15 所示。

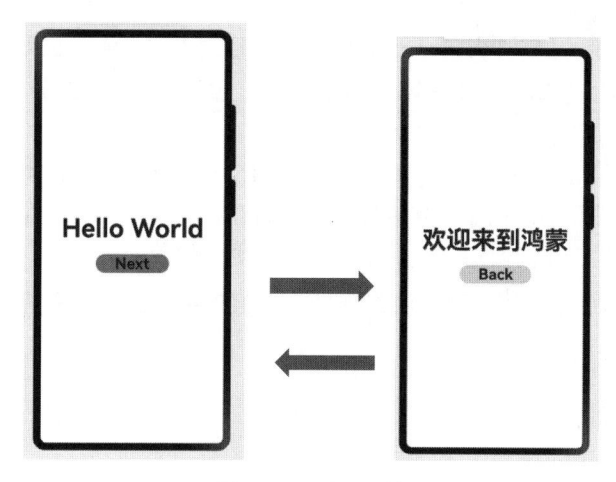

图 8-15　页面跳转

4. 使用真机运行

将搭载 HarmonyOS 系统的真机与计算机连接，依次单击 File→Project Structure...→Project→Signing Configs，使用华为账号登录，如图 8-16 所示。等待自动签名完成后，单击 OK 按钮即可使用真机运行。

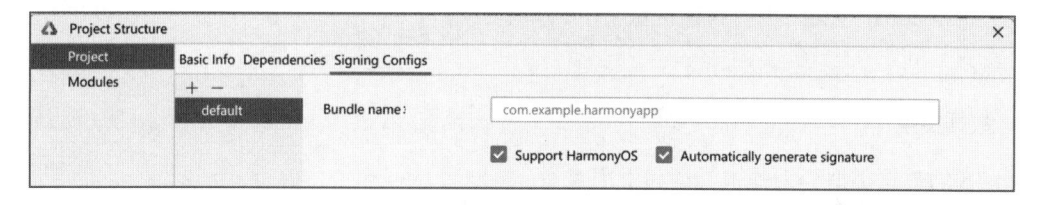

图 8-16　真机授权

8.4　初试 ArkTS 语言

8.4.1　ArkTS 是什么

在面向万物互联的时代，华为提出了"一次开发多端部署、可分可合自由流转、统一生态原生智能"三大应用与服务开发理念。针对多设备、多入口、服务可分可合等特性，提供了多种能力，协助开发者降低开发门槛，同时统一 HarmonyOS 与 OpenHarmony 的生态。HarmonyOS 基于 JavaScript/TypeScript 语言体系，构建了全新的声明式开发语言 ArkTS，如图 8-17 所示。除了兼容 JavaScript/TypeScript 语言生态之外，ArkTS 还扩展了声明式 UI 语法和轻量化并发机制。

图 8-17　ArkTS 标志

目前流行的编程语言 TypeScript 是在 JavaScript 基础上通过添加类型定义扩展而来的，而 ArkTS

则是 TypeScript 的进一步扩展。TypeScript 之所以深受开发者的喜爱，是因为它提供了一种更结构化的 JavaScript 编码方法。ArkTS 旨在保持 TypeScript 的大部分语法，为现有的 TypeScript 开发者实现无缝过渡，让移动开发者能够快速上手 ArkTS。

ArkTS 的一大特性是它专注于低运行时开销。ArkTS 对 TypeScript 的动态类型特性施加了更严格的限制，以减少运行时开销，从而提高执行效率。通过取消动态类型特性，ArkTS 代码能够更有效地在运行前编译和优化，从而实现更快的应用启动和更低的功耗。

本节面向零基础读者，仅介绍入门项目所需的关键 ArkTS 语言知识。想要详细完整地学习 ArkTS，请参阅官方文档。

8.4.2 ArkTS 基础知识

1. 变量定义

以关键字 let 开头来声明变量，示例如下：

```
let hi: string = 'hello';
hi = 'hello, world';
```

2. 常量声明

以关键字 const 开头来声明只读常量，示例如下：

```
const hello: string = 'hello';
```

3. 数据类型

ArkTS 的数据类型分为基本类型和引用类型。

- 基本类型包括 number、string、boolean 等简单类型，它们可以准确地表示单一的数据类型。基本类型确保数据在存储和访问时是直接的，比较时直接比较其值。
- ArkTS 中的引用类型如对象、数组和函数等，是通过引用访问的复杂数据结构。对象和数组可以包含多个值或键值对（key-value pair），函数则可以封装可执行的代码逻辑。引用类型在内存中通过指针访问数据，修改引用会影响原始数据。

如下代码示例定义并使用不同的数据类型：

```
let n1 = 3.14;
let n2 = 3.141592;
let n3 = .5;
let n4 = 1e2;

function factorial(n: number): number {
  if (n <= 1) {
    return 1;
  }
  return n * factorial(n - 1);
}

factorial(n1)  // 7.660344000000002
```

```
factorial(n2)  // 7.680640444893748
factorial(n3)  // 1
factorial(n4)  // 9.33262154439441e+157
```

（1）boolean 类型：boolean 类型由 true 和 false 两个逻辑值组成。通常在条件语句中使用 boolean 类型的变量，示例如下：

```
let isDone: boolean = false;
// ...
if (isDone) {
  console.log ('Done!');
}
```

（2）string 类型：string 代表字符序列；可以使用转义字符来表示字符。字符串字面量由一对单引号（'）或一对双引号（"）之间的零个或多个字符组成。字符串字面量还有一种特殊形式，即由一对反向单引号（`）引起来的模板字面量，示例如下：

```
let s1 = 'Hello, world!\n';
let s2 = "this is a string";
let a = 'Success';
let s3 = `The result is ${a}`;
```

（3）Object 类型：Object 类型是所有引用类型的基类型。任何值，包括基本类型的值（它们会被自动装箱），都可以直接赋给 Object 类型的变量。

（4）array 类型：array 即数组，是由可赋值给数组声明中指定的元素类型的数据组成的对象。数组可由数组复合字面量（即用方括号括起来的零个或多个表达式的列表，其中每个表达式为数组中的一个元素）来赋值。数组的长度由数组中元素的个数来决定。数组中第一个元素的索引为 0。

以下示例将创建包含 3 个元素的数组：

```
let names: string[] = ['Alice', 'Bob', 'Carol'];
// 遍历输出数组中的元素
for (let i = 0; i < names.length; i++) {
  console.log(names[i]);
}
```

8.4.3 ArkTS 函数定义

1. 函数声明

函数声明引入一个函数，包含其名称、参数列表、返回类型和函数体。以下示例是一个简单的函数，包含两个 string 类型的参数，返回类型为 string。

```
function add(x: string, y: string): string {
  let z: string = `${x} ${y}`;
  return z;
}
```

在函数声明中，必须为每个参数标记类型。如果参数为可选参数，则允许在调用函数时省略该参数。函数的最后一个参数可以是 rest。

2. 返回类型

如果可以从函数体内推断出函数返回类型，则可以在函数声明中省略标注返回类型。对于不需要返回值的函数，可以显式指定返回类型为 void，或省略返回值类型的标注。这类函数不需要返回语句。代码示例如下：

```
// 显式指定返回类型
function foo(): string { return 'foo'; }

// 推断返回类型为 string
function goo() { return 'goo'; }
```

3. 函数的作用域

函数中定义的变量和其他实例仅在函数内部可访问，外部无法访问。如果函数中定义的变量与外部作用域中的实例同名，则函数内的局部变量定义将覆盖函数外部的定义。

4. 函数调用

调用函数以执行其函数体，实参值会赋给函数的形参。函数定义和调用的代码示例如下：

```
// 定义函数
function join(x: string, y: string): string {
  let z: string = `${x} ${y}`;
  return z;
}

// 调用 join 函数
let x = join('hello', 'world');
console.log(x);
```

5. 箭头函数

函数可以定义为箭头函数（又名 Lambda 函数），箭头函数的返回类型可以省略；省略时，返回类型通过函数体推断。代码示例如下：

```
// 定义箭头函数
let sum = (x: number, y: number): number => {
  return x + y;
}
// 调用箭头函数的两种形式
let sum1 = (x: number, y: number) => { return x + y; }
let sum2 = (x: number, y: number) => x + y
```

6. 闭包函数

闭包由函数及声明该函数的环境组合而成。该环境包含了闭包创建时作用域内的任何局部变量。在如下示例中，f()函数将返回一个闭包，它捕获 count 变量，每次调用 z 时，count 的值会被保留并递增。

```
function f(): () => number {
  let count = 0;
  let g = (): number => { count++; return count; };
```

```
    return g;
}

let z = f();
z(); // 返回: 1
z(); // 返回: 2
```

8.4.4 ArkTS 中的 OOP

面向对象编程（OOP）是 ArkTS 的一大特征。ArkTS 通过定义类来创建对象，进而实现 OOP 编程思想。

1. 定义类创建对象

类的定义包括字段、方法和构造函数。在以下示例中定义了 Person 类，该类具有字段 name 和 surname，以及构造函数（方法）fullName。

```
//定义类名为 Person
class Person {
  //定义类的属性
  private name: string = '';
  private age = 0;

  //定义有参构造器
  constructor(name: string, age: number) {
    this.name = name;
    this.age = age;
  }

  // 定义类中的函数（方法）
  getAge(): number {
    return this.age;
  }

  showInfo(): string {
    return "name:" + this.name + " age: " + this.age;
  }
}
```

可以通过创建类的实例对象来调用对象方法，代码示例如下：

```
//创建 Person 类的对象
let wang = new Person("小王", 20);
//调用对象的方法
wang.showInfo();
```

2. 类的继承

类继承基类的字段和方法，但不继承构造函数。继承类可以新增自定义的字段和方法，也可以覆盖其基类定义的方法。基类也称为"父类"或"超类"，继承而来的类也称为"派生类"或"子类"。代码示例如下：

```
class Person {
  name: string = '';
  private _age = 0;
  get age(): number {
    return this._age;
  }
}

// 继承父类
class Employee extends Person {
  salary: number = 0;
  calculateTaxes(): number {
    return this.salary * 0.42;
  }
}
```

3. 重写方法

子类可以重写其父类中定义的方法的实现。重写的方法必须具有与原始方法相同的参数类型和相同或派生的返回类型。代码示例如下:

```
class RectangleSize {
  // 父类中的方法
  area(): number {
    // 实现
    return 0;
  }
}
class Square extends RectangleSize {
  private side: number = 0;

  // 子类重写后,创建对象则调用子类中的方法
  area(): number {
    return this.side * this.side;
  }
}
```

4. 方法的重载

重载是指在同一个类中有多个名字相同但参数不同的方法定义,在调用时根据传入的参数类型和个数,自动匹配对应的方法。注意,重载是在同一个类中,重写则是在子类中重新定义父类的方法。重载的代码示例如下:

```
class C {
  // 三个重载的方法
  foo(x: number): void;              /* 第一个签名 */
  foo(x: string): void;              /* 第二个签名 */
  foo(x: number | string): void {    /* 实现签名 */
  }
}
let c = new C();
```

```
c.foo(123);          // OK, 使用第一个签名
c.foo('aa');         // OK, 使用第二个签名
```

8.5　ArkTS 的 UI 范式

8.5.1　ArkTS 界面的基本组成

为了便于理解,在 pages 目录下新建 UITest.ets 页面,页面代码显示一个文本和两个按钮,单击第二个按钮时,调用预定义的事件函数 fn()。完整的代码如下:

```
//UITest.ets
@Entry
@Component

struct UITest {

 @State myName:string="你好鸿蒙";
 counter:number=10;
 fn = () => {
   console.info(`counter: ${this.counter}`)
   this.counter++
   this.myName="点击了 "+this.counter
 }

 build() {
  Column(){
    Text(this.myName)
      .fontSize(60)
    Divider()
    Button("单击事件")
      .onClick(()=>{
        this.myName="ArkUI";
      })
      .height(100)
      .width(200)
      .fontSize(40)
      .margin({top:20})
    Button("调用函数")
      .height(100)
      .width(200)
      .fontSize(40)
      .margin({top:20})
      .onClick((event: ClickEvent) => {
      this.fn();
     })
    }
   }
  }
}
```

然后，在 main_pages 文件中配置指向 UITests 的路由，即可预览测试，如图 8-18 所示。

图 8-18　界面示意图

通过这个练习，希望读者对界面组件有一个形象的认识：像搭建积木一样构建界面；至于响应操作事件的代码，则可独立写成代码段（后面将要介绍的导出模块）。

对界面组件的理解如图 8-19 所示。

```
@Entry                          ← 装饰器
@Component
struct Hello{                   ← 自定义组件
  @State myText:string ="鸿蒙!";

  build(){                      ← UI 描述
    Column(){
      Text("你好~"+this.myText) ← 系统组件
      .fontSize(50)
      Divider()
      Button("click me")
      .onClick(()=>{            ← 事件方法
        this.myText="ArkUI"
      })
      .height(60)
      .width(160)               ← 属性方法
      .margin({top:20})
    }
  }
}
```

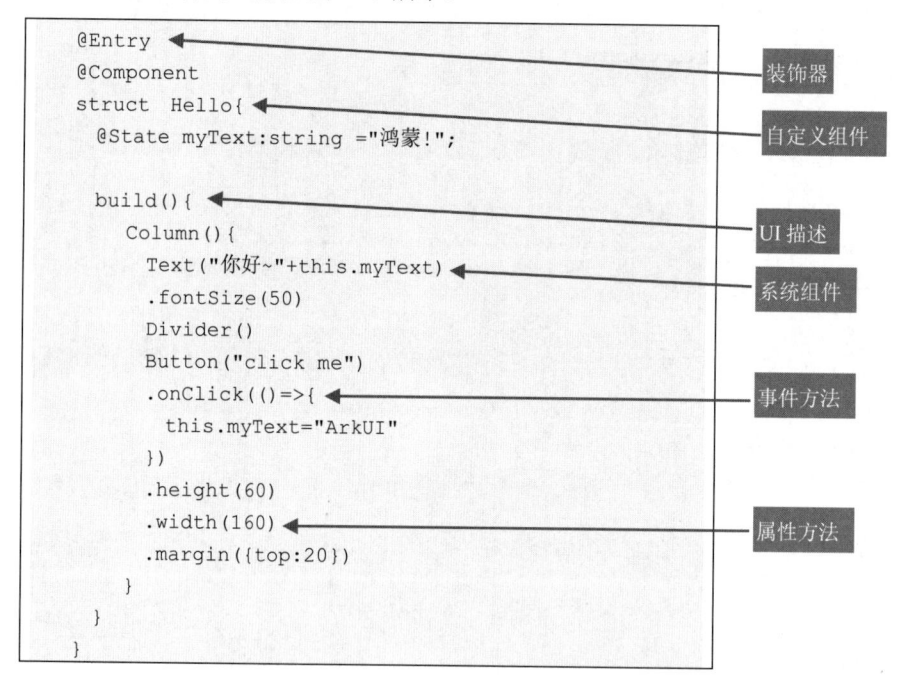

图 8-19　理解界面组件

其中一些关键概念说明如下：

- 装饰器：用于装饰类、结构、方法以及变量，并赋予其特殊的含义。如图 8-19 中@Entry、@Component 和@State 都是装饰器，@Component 表示自定义组件，@Entry 表示该自定义组件为入口组件，@State 表示组件中的状态变量，该状态变量变化会触发 UI 刷新。
- 自定义组件：可复用的 UI 单元，可组合其他组件，如图 8-19 中被@Component 装饰的 struct

Hello。
- UI 描述：以声明式的方式来描述 UI 的结构，例如 build()方法中的代码块。
- 系统组件：ArkUI 框架中默认内置的基础和容器组件，可直接被开发者调用，例如示例中的 Column、Text、Divider、Button。
- 属性方法：组件可以通过链式调用配置多项属性，如 fontSize()、width()、height()、backgroundColor()等。
- 事件方法：组件可以通过链式调用设置多个事件的响应逻辑，如跟随在 Button 后面的 onClick()。

8.5.2 声明式 UI 描述

ArkTS 以声明方式组合和扩展组件来描述应用程序的 UI，同时还提供了基本的属性、事件和子组件配置方法，帮助开发者实现应用交互逻辑。

组件的创建分为无参数和有参数两种形式。如果组件的接口定义没有包含必选构造参数，则组件后面的"()"不需要配置任何内容。如图 8-20 所示，Divider 组件不包含构造参数。

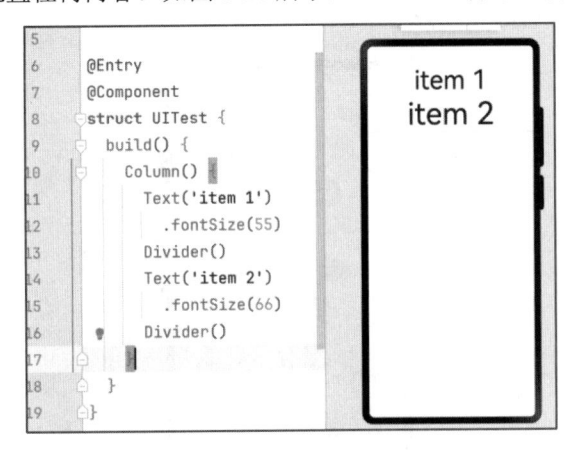

图 8-20　组件的创建及其预览效果

接下来，将详细介绍界面组成的基本元素。

1. 配置属性

可以看到，界面设计主要是通过配置属性实现的。所有界面组件的属性方法以"."链式调用的方式配置系统组件的样式和其他属性，建议每个属性方法单独写一行。如下代码配置 Text 组件的字体大小、颜色和加粗样式：

```
Text('hello')
  .fontSize(20)
  .fontColor(Color.Red)
  .fontWeight(FontWeight.Bold)
```

2. 配置事件

事件方法以"."链式调用的方式配置系统组件支持的事件，建议每个事件方法单独写一行。使用箭头函数配置按钮组件的单击事件方法的代码示例如下：

```
Button('Click me')
  .onClick(() => {
    this.myText = 'ArkUI';
  })
```

调用预定义的函数处理事件的代码示例如下：

```
fn = () => {
  console.info(`counter: ${this.counter}`)
  this.counter++
}
...
Button('add counter')
  .onClick(this.fn)
```

8.5.3 整合练习：图形控制

本小节我们将要实现的图形控制界面如图 8-21 所示。

图 8-21　图形控制界面

在本例中，我们将使用 UI 界面和绘图算法逻辑分离的模式，也就是将代码放到不同文件中。其中 ShapePrinterPage.ets 负责界面显示；ShapeUtils.ets 根据传入的参数进行计算，并返回绘制图形的字符串。

首先，在 src/main/ets/ 下创建名为 draw 的文件夹，用于存放我们编写的 ets 文件。

然后，在 ShapeUtils.ets 中编写如下代码：

```
// src/main/ets/draw/ShapeUtils.ets

// 图形打印工具类
export class ShapeUtils {
```

```
/**
 * 打印三角形
 * @param size 三角形层数
 * @returns 格式化后的图形字符串
 */
static printTriangle(size: number): string {
  let result = '';
  for (let i = 1; i <= size; i++) {
    result += ' '.repeat(size - i) + '*'.repeat(2 * i - 1) + '\n';
  }
  return result;
}

/**
 * 打印正方形
 * @param size 边长
 * @returns 格式化后的图形字符串
 */
static printSquare(size: number): string {
  let result = '';
  const line = '*'.repeat(size * 2 - 1) + '\n';
  return line.repeat(size);
}
}
```

ShapeUtils 中封装了两个函数,分别根据传入的数字返回对应的字符串。

- export class ShapeUtils:用 export 指令导出类,以便在其他 ets 文件中调用。
- repeat 函数:是 ArkTS 内置函数,用于将字符串重复指定次数并拼接。

最后,在 ShapePrinterPage.ets 中编写如下代码:

```
// src/main/ets/draw/ShapePrinterPage.ets
import { ShapeUtils } from '../draw/ShapeUtils';

@Entry
@Component
struct ShapePrinterPage {
  @State shapeText: string = '单击按钮生成图形';
  @State shapeType: string = 'triangle'; // 'triangle' | 'square'
  @State len: number = 5;

  // 生成图形按钮单击事件
  private generateShape() {
    this.shapeText = this.shapeType === 'triangle'
      ? ShapeUtils.printTriangle(this.len)
      : ShapeUtils.printSquare(this.len);
  }

  build() {
    Column({ space: 20 }) {
```

```
    // 图形类型选择
    Row({ space: 15 }) {
      Button('三角形')
        .stateEffect(true)
.backgroundColor(this.shapeType === 'triangle' ? '#FF0000' : '#0000FF')
        .onClick(() => this.shapeType = 'triangle')

      Button('正方形')
        .stateEffect(true)
.backgroundColor(this.shapeType === 'square' ? '#FF0000' : '#0000FF')
        .onClick(() => this.shapeType = 'square')
    }

    // 大小调节
    Slider({
      value: this.len,
      min: 2,
      max: 10,
      step: 1,
      style: SliderStyle.OutSet
    }).onChange((value: number) => {
      this.len = value;
    })

    // 生成按钮
    Button('生成图形', { type: ButtonType.Capsule })
      .width(200)
      .onClick(() => this.generateShape())

    // 图形显示区域
    Text(this.shapeText)
      .fontFamily('monospace')
      .fontSize(20)
      .border({ width: 1, color: '#36D' })
      .padding(10)
      .width('80%')
  }
  .width('100%')
  .height('100%')
  .padding(20)
  .justifyContent(FlexAlign.Center)
  }
}
```

ShapePrinterPage 中主要显示 3 个组件：

- Button：前两个按钮用于让用户选择是生成三角形还是正方形，最后一个按钮被单击时，调用 generateShape 函数，并在 generateShape 中调用 ShapeUtils 中对应的生成字符图的方法。
- Slider：滑杆组件，用于设置输出图形的高度。当滑杆被拖动时，改变变量 len 的值，这个值将在按钮事件触发时使用。

- Text：文本组件，用以显示 generateShape.ets 对应的函数所返回的格式化字符串，就是我们看到的图形。

建议读者在如上基础上改进练习，发挥创意。在应用中学习，才是有效掌握鸿蒙开发的好方法。

8.6 物联网项目初试

8.6.1 项目设计

物联网项目的一个基本功能就是通信，将终端设置的数据发送给服务器（云端平台）。终端可能是手机，也可能是小型的湿度传感器等。手机本身内置了重力、速度等丰富的传感器，是物联网专业学生练手的好工具。本节将带领读者实现一个基本的通信流程：鸿蒙手机与服务器通信。通过本项目，读者能够掌握通信的基本框架，并能够在后续学习中进行扩展。项目示意图如图 8-22 所示。

图 8-22　通信项目手机端界面

鸿蒙手机提供了多种对外通信接口，比如蓝牙、RPC、HTTP、Socket、UDP。本例中，使用 Socket 实现通信。Socket 具有如下特点：

（1）面向连接：Socket 使用的是 TCP/IP 协议，通信前需先建立连接（三次握手），结束时需释放连接（四次挥手），确保数据按序到达、不丢失、不重复，适用于需要高可靠性的场景（如文件传输、网页访问）。

（2）可靠稳定：Socket 通过 ACK 确认机制、超时重传、流量控制等来保证数据正确传输。连接建立后，通信双方维持会话状态，适合长时间的数据交换。

（3）协议自由：Socket 不绑定特定应用层协议，开发者可自定义数据格式（如 HTTP、FTP、

WebSocket 均基于 Socket 实现），可传输任意数据（文本、二进制、JSON、Protobuf 等），实现跨平台、跨系统通信。

8.6.2 鸿蒙客户端实现

ChatClient 设计的消息协议为：每个字符串以"#"分割。这样在基于 Socket 的流式通信过程中，无论是服务器还是客户端都可解析出消息。

ChatClient 源代码由三部分组成：

- 第一部分是文件头的 import 指令，它导入了网络通信库。
- 第二部分是由 struct 关键字定义的 ChatClient 类，其中封装了根据服务器 IP 地址和端口号连接服务器、发送消息（自动加上"#"）、接收解析服务器发来的消息并显示到手机界面上的方法。
- 第三部分是 Build()以下的界面相关组件。

ChatClient 的完整代码如下：

```
import { socket } from '@kit.NetworkKit';
import { util } from '@kit.ArkTS';
import { BusinessError } from '@kit.BasicServicesKit';
import { promptAction } from '@kit.ArkUI';

@Entry
@Component
struct ChatClient {
  @State message: string = '';
  @State status: string = '准备连接';
  @State serverIp: string = '192.168.1.100';    // 可改为输入框让用户输入
  @State serverPort: string = '8080';

  private tcpSocket: socket.TCPSocket = socket.constructTCPSocketInstance();

  // 构建合法的 NetAddress 对象
  private getNetAddress(): socket.NetAddress {
    return {
      address: this.serverIp,
      port: parseInt(this.serverPort),
      family: 1 // IPv4
    };
  }

  aboutToAppear() {
    this.setupSocketListeners();
  }

  setupSocketListeners() {
    this.tcpSocket.on('message', (data: socket.SocketMessageInfo) => {
      try {
```

```
      const decoder = new util.TextDecoder();
      const response = decoder.decodeWithStream(new Uint8Array(data.message));
      this.status = `服务器回复: ${response}`;
    } catch (err) {
      this.status = `解码错误: ${(err as BusinessError).message}`;
    }
  });

  this.tcpSocket.on('close', () => {
    this.status = '连接已关闭';
  });

  this.tcpSocket.on('error', (err: BusinessError) => {
    this.status = `错误: ${err.code}`;
    promptAction.showToast({
      message: `网络错误: ${err.message}`,
      duration: 3000
    });
  });
}

connectAndSend() {
  if (!this.message.trim()) {
    promptAction.showToast({ message: '请输入要发送的内容' });
    return;
  }

  // 验证端口号
  const port = parseInt(this.serverPort);
  if (isNaN(port) || port < 1 || port > 65535) {
    promptAction.showToast({ message: '端口号必须是1-65535的数字' });
    return;
  }

  this.status = '连接中...';

  this.tcpSocket.connect({
    address: this.getNetAddress(),
    timeout: 5000
  }).then(() => {
    this.status = '已连接,发送中...';

    const encoder = new util.TextEncoder();
    const buffer = encoder.encodeInto(this.message).buffer;

    this.tcpSocket.send({ data: buffer })
      .then(() => {
        promptAction.showToast({ message: '发送成功' });
      })
      .catch((sendErr: BusinessError) => {
```

```
        this.status = `发送失败: ${sendErr.code}`;
      });
  }).catch((connectErr: BusinessError) => {
    this.status = `连接失败: ${connectErr.code}`;
  });
}

disconnect() {
  this.tcpSocket.close();
}

build() {
  Column({ space: 15 }) {
    Text('Socket 通信')
      .fontSize(20)
      .margin({ bottom: 20 })

    // 输入服务器地址
    Row({ space: 10 }) {
      TextInput({ placeholder: '服务器 IP', text: this.serverIp })
        .width('60%')
        .onChange((ip: string) => this.serverIp = ip)

      TextInput({ placeholder: '端口', text: this.serverPort })
        .width('30%')
        .onChange((port: string) => this.serverPort = port)
    }.width('90%')

    // 消息输入
    TextInput({ placeholder: '输入消息', text: this.message })
      .width('90%')
      .height(60)
      .onChange((msg: string) => this.message = msg)

    // 操作按钮
    Button('连接并发送')
      .width('80%')
      .height(50)
      .margin({ top: 10 })
      .onClick(() => this.connectAndSend())

    Button('断开连接')
      .width('80%')
      .height(50)
      .margin({ top: 10 })
      .onClick(() => this.disconnect())

    // 状态显示
    Text(this.status)
      .fontSize(16)
```

```
        .margin({ top: 20 })
        .fontColor('#FF0000')
    }
    .width('100%')
    .height('100%')
    .padding(20)
  }
}
```

8.6.3 计算机服务器端实现

计算机服务器端使用 Java 编程实现。服务器读取用户发来的字节，组成以"#"结尾的字符串后，将字符串的长度发送给客户端。计算机服务器端的完整代码如下：

```java
import java.io.InputStream;
import java.io.OutputStream;
import java.net.ServerSocket;
import java.net.Socket;

// 等待鸿蒙手机连接的计算机服务器
// 收到以"#"结尾的字符串后，发送长度给客户端
public class HarmonyServer {
// 此方法在端口上启动服务器，执行通信流程
public void upServer(int port) {
    try {
        System.out.println("1-即将创建服务器对象，绑定端口是： "+port);
        ServerSocket server=new ServerSocket(port);    // 创建服务器对象
        System.out.println("2-服务器创建成功 "+port+" 等待客户端连接进入");
        Socket socket=server.accept();                 // 此处阻塞，等待客户端连接进入
        System.out.println("3-客户端进入，取得输入/输出流，准备读写网络信息");
        InputStream ins=socket.getInputStream();       // 从连接上获取输入/输出流对象
        OutputStream ous=socket.getOutputStream();
        // 将字符串转成字节数组，发送给客户端
        String s="Telecommunication Engineering Welcome!#\r\n";
        byte[] data=s.getBytes();
        ous.write(data);
        System.out.println("4-服务器给客户端发送信息成功");
        String rs="run";
        while(!rs.equals("exit")) {
            StringBuffer stb=new StringBuffer();
            // 读取客户端发来的一个字节，此处会阻塞
            int t =ins.read();
            // 如果收到"#"号，则表示一个字符串结束
            while(t!='#') {
                // 将读到的字节保存到缓存区
                stb.append((char)t);
                System.out.println("5-服务器读取到了客户端的一个字节:"+t);
                t=ins.read();
            }
            rs=stb.toString();
```

```
            System.out.println("6-服务器收到的字符串是:"+rs);
            // 给客户端一个应答
            String toAndroid="recv you mssg len is "+rs.length()+"#";
            data=toAndroid.getBytes();
            ous.write(data);
            // 返回循环，继续读取客户端发来的信息
        }
        server.close();
        System.out.println("7-通信结束，服务器退出");
    }catch(Exception ef) {
        System.out.println("通信服务器出错，报错如下：");
        ef.printStackTrace();
    }
}

// 主函数中，启动服务器
public static void main(String[] args) {
    HarmonyServer ms=new HarmonyServer();
    ms.upServer(9999);
}
```

以上代码，读者应在第 7 章中练习过。

接下来启动测试。测试前，用 ipconfig 命令查看服务器的 IP 地址，如图 8-23 所示。

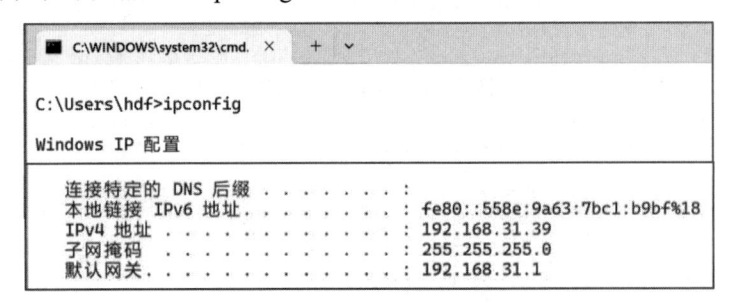

```
C:\Users\hdf>ipconfig

Windows IP 配置

连接特定的 DNS 后缀 . . . . . . . :
本地链接 IPv6 地址 . . . . . . . : fe80::558e:9a63:7bc1:b9bf%18
IPv4 地址 . . . . . . . . . . . . : 192.168.31.39
子网掩码 . . . . . . . . . . . . : 255.255.255.0
默认网关 . . . . . . . . . . . . : 192.168.31.1
```

图 8-23　查看服务器 IP 地址

然后启动服务器，部署客户端到实际手机上，确认手机和服务器连接的是同一个网关（路由器），即可实现测试。至此，我们完整地实现了手机与计算机的通信过程。有了这个基础，就可以将手机的各种传感器数据发送给计算机，用来实现一些典型的物联网应用。

8.6.4　模拟器的功能和特点

在 DevEco Studio 中完成开发的 App，可以通过 Previewer 初步测试其功能是否正确和完善。但对于具有联网等一些复杂交互功能的 App，Previewer 就无能为力了。例如，本例中的联网通信功能就无法通过 Previewer 进行测试。此时，模拟器就显得尤为重要。如图 8-24 所示是一个典型的鸿蒙手机模拟器界面。

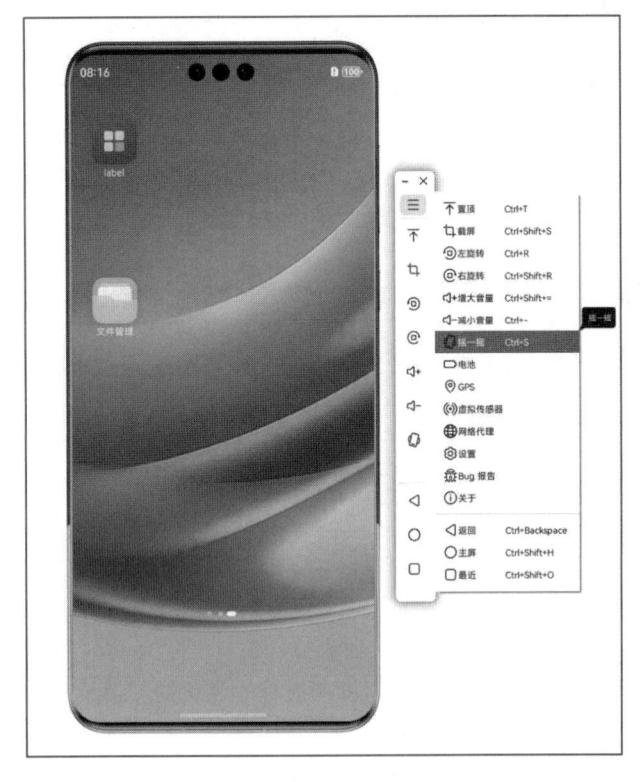

图 8-24　模拟器界面

模拟器测试具有如下功能和优点。

1. 高效多设备兼容性测试

- 覆盖全场景设备：鸿蒙模拟器支持手机、平板电脑、智能手表、智慧屏、车机等多种终端形态，无须购买实体设备即可验证应用在不同屏幕尺寸、分辨率及交互模式（如触控、旋钮）下的适配性。
- 快速切换系统版本：模拟器可灵活配置不同 HarmonyOS 版本（如 3.0、4.0），便于测试应用在旧版和新版系统的兼容性，避免因系统升级而导致用户流失。

2. 低成本与高可及性

- 零硬件投入：对于中小团队或个人开发者，模拟器免除了购买多款鸿蒙设备的成本，且能模拟稀缺或未发布的设备（如折叠屏）。
- 全球化测试支持：可模拟不同地区设备的语言、时区、网络环境（如低带宽），确保应用符合本地化需求。

3. 开发调试一体化

- 实时热重载：配合 DevEco Studio，代码修改后能在模拟器上实时刷新，加速 UI 调整和功能迭代。
- 深度调试工具：集成 HiLog 日志查看、性能分析（CPU/内存占用）、分布式能力模拟（如多设备协同），精准定位跨设备通信问题。

4. 极端场景模拟

- 异常条件触发：轻松模拟低内存、存储不足、网络延迟/断网等极端情况，验证应用鲁棒性。
- 传感器模拟：测试陀螺仪、GPS定位（如模拟移动轨迹）、心率传感器（穿戴设备）等硬件交互，无须依赖真实环境。

5. 自动化测试支持

- 兼容UI测试框架：支持通过OpenHarmony Test Kit进行自动化UI操作测试，提升回归测试效率。
- CI/CD集成：可嵌入持续集成流程（如Jenkins），实现每日构建自动测试，确保代码稳定性。

6. 安全与隐私保护

- 隔离测试环境：敏感权限（如摄像头、通讯录）可在模拟器中安全调用，避免真实用户数据泄露的风险。
- 预装安全检测工具：快速识别应用是否存在违规权限申请或数据安全漏洞。

7. 快速原型验证

- UI/UX快速迭代：设计师可通过模拟器即时查看界面在不同设备上的视觉效果，加速设计定稿。
- 分布式功能演示：模拟多设备协同场景（如手机与手表联动），便于向客户或团队展示功能。

当然，模拟器也有不足之处。模拟器无法100%还原真实设备的GPU渲染、电池功耗等性能表现，关键场景仍需真机验证。例如，NFC、蓝牙配对等依赖物理芯片的功能可能会受限。

推荐策略：开发初期优先使用模拟器完成80%的功能和兼容性测试，后期结合真机进行性能优化和硬件专项测试，实现效率与质量的平衡。

8.6.5 模拟器配置和测试

DevEco Studio开发工具的标准版不附带模拟器，需要自己下载和配置。如图8-25所示，单击No Devices下拉列表框，选择Device Manager。

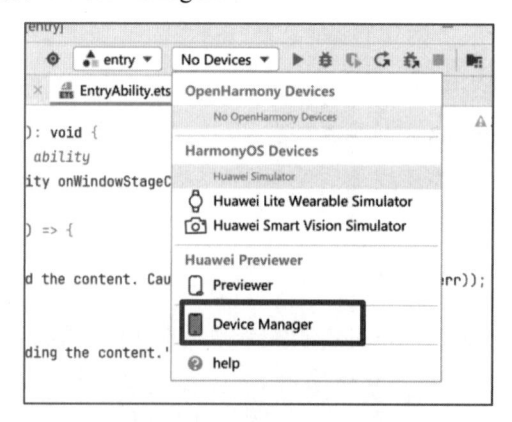

图8-25 下载模拟器界面

此时跳出模拟器配置界面，如图 8-26 所示。

图 8-26 配置模拟器

单击"+New Emulator"按钮，进入模拟器下载界面，如图 8-27 所示。

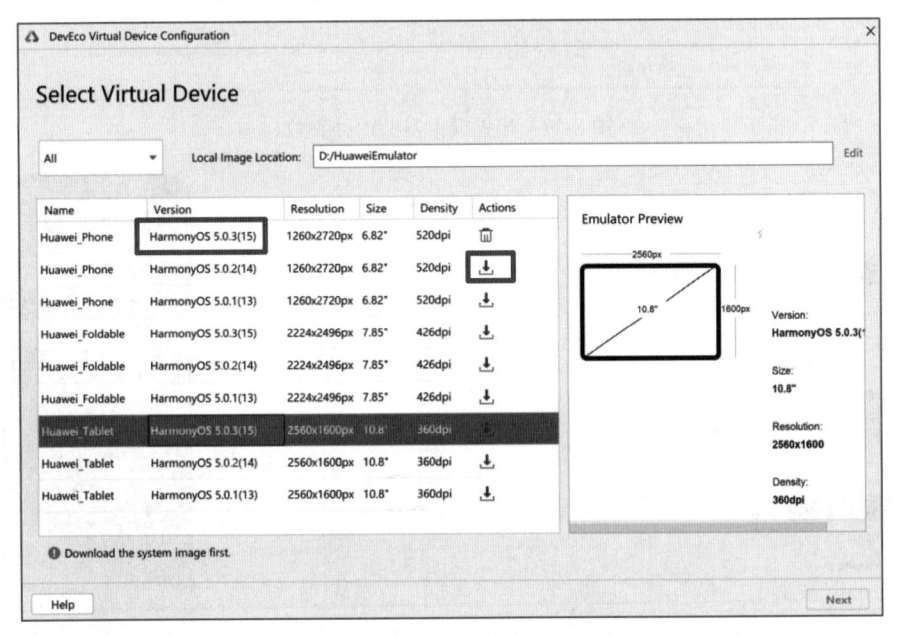

图 8-27 下载模拟器

要下载的模拟器的版本号必须与 Build-profile.json5 中的版本号一致。查看当前开发系统的版本号如图 8-28 所示。

模拟器文件通常体积较大，建议将其放在 D 盘。下载完毕后，进入下一步，配置模拟器的内存等相关参数，如图 8-29 所示。对于新开发者，使用默认设置即可。

配置完成后，单击 Finish 按钮，即可看到模拟器配置成功的界面，如图 8-30 所示。

单击左侧的绿色三角形按钮，即可启动模拟器。启动成功的模拟器如图 8-31 所示。

图 8-28　查看版本号

图 8-29　配置模拟器的内存参数

图 8-30　配置成功后的模拟器　　　　　　　　图 8-31　启动成功的模拟器

　　模拟器中启动的 App 默认是 Pages 目录下的 index.ets 文件。在本例中，我们要测试运行的是 client 目录下的 ChatClient.ets 文件，因此需要打开 entryability 目录下的 EntryAbility.ets 文件，将 windowStage.loadContent() 参数设置为目标启动文件，即可配置 App 入口页面，如图 8-32 所示。

　　如果 App 带有诸如网络通信、读取通话记录等功能，则需要在 App 发布前配置相关权限。本例中用到网络通信权限，打开 main 目录下的 module.json5 文件，在该文件中添加

ohos.permission.INTERNET 权限，如图 8-33 所示。

图 8-32　配置入口页面

最后，在模拟器中测试我们的通信 App。在运行栏内选中 Huawei_Phone 后，单击绿色三角形按钮，如图 8-34 所示。

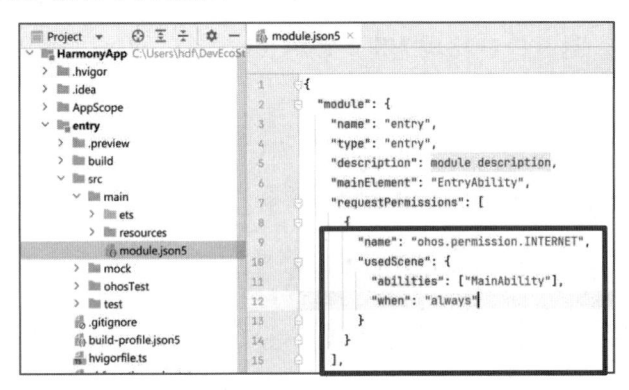

图 8-33　配置网络通信权限　　　　　　　图 8-34　用模拟器测试

现在可以看到十分真实的 App 运行界面。启动本例中的服务器程序，即可进行鸿蒙客户端和服务器的联调测试，如图 8-35 所示。

图 8-35　鸿蒙客户端和服务器联调测试

8.7 拓展学习路线指导

1. "鸿蒙手机与服务器通信"项目改进

物联网专业涉及的技术领域广泛，编程要求较高。因此，必须具备大胆实践、在错误中不断探索前进的精神。目前我们实现的"鸿蒙手机与服务器通信"项目，已经搭建了一个物联网学习的平台和框架，在此框架上可以开展更多的实践和选择更多的学习方向。例如，可以利用手机的拍照、摄像头等功能，将更丰富的数据传输到计算机进行处理；完善手机-计算机聊天的练习，开发一个功能较完善的手机客户端，如登录、注册、收发消息、注销、多人聊天通信等功能；参照微信客户端，可以发挥自己的创意，开发一个简洁而有趣的项目。目标是打造一个可以写进简历的作品。

2. 物联网拓展

利用先进的设备，及时追踪业界前沿动态，是物联网专业学生领先一步的秘诀。可以从淘宝网等平台采购各种传感器设备，例如人体感应器、运动姿态传感器、机器人小车等，组建自己的项目。在此推荐 Leap Motion，如图 8-36 所示，这是一种比较先进的联网传感工具，其官方网站是 https://www.ultraleap.com/，供读者参考。

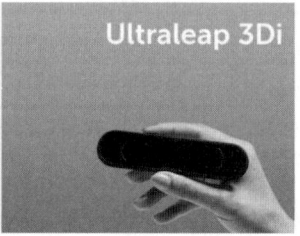

图 8-36　Leap Motion 介绍

3. 知识技能拓展

物联网专业是一个涉及计算机、网络、软件工程、通信工程、人工智能等多个技术领域的交叉学科。要想成为物联网专业的高手，除了学习本专业的课程，熟练掌握一门编程语言之外，还需要对计算机操作系统、TCP/IP 网络通信、机器学习算法和分布式架构等进行实践学习。这些将为你插上腾飞的翅膀。

附录 A
计算机发展简介

本章目标

本附录将讲述计算机从诞生到互联网时代的演进历程。我们将从楚泽的机械计算机谈起，经过图灵的理论奠基，再到冯·诺依曼的存储程序原理、香农的信息论，以及硅谷"八叛徒"推动的芯片革命，最终到互联网时代的群雄并起，带领读者初步领略计算机科学的辉煌历史与未来潜力。希望通过了解技术发展脉络和科技创新背后的人物与故事，能激励读者思考和奋进。

A.1 孤胆英雄——楚泽

1945 年，苏联红军攻占柏林之际，两名带着特殊使命的英国情报官在一队法国士兵的护送下，直奔一个名为欣特斯泰因的小镇。当他们打开小镇粮仓地窖的大门时，呈现在他们眼前的是由 2500 个继电器组成的机械计算机——Z-4。这台计算机具备 1024 位存储，通过在 35 毫米电影胶片上打孔输入程序，平均每小时可进行约 1000 次浮点算术运算。这是当时世界领先的计算机，是德国工程师楚泽毕生心血的成果。如图 A-1 所示为楚泽及其发明的 Z-4 计算机。

图 A-1　楚泽及其发明的 Z-4 计算机

楚泽于 1935 年从柏林工业大学土木工程专业毕业，在飞机制造厂工作时，因烦琐的力学计算工作而萌生了制造计算机的想法。随后，他将家中卧室改造成了"实验室"并开始研究。1938 年，楚泽完成了可编程数字计算机 Z-1，它采用二进制数，可进行 3×3 矩阵运算。在随后的十多年，楚泽陆续发布了 Z-2、Z-3 以及 Z-4 等升级版型号。因此，楚泽被认为是计算机实践工程的拓荒者。

楚泽为 Z 系列计算机的研制付出了毕生心血和全部资产，为此晚年负债累累。Z 系列计算机最终失败了，其主要原因是其采用纯机械结构，使用了约 30,000 个金属条部件，精度难以达到理想状态；使用继电器作为逻辑元件，开关速度相对较慢，这从根本上限制了 Z 系列计算机的运算速度。而后来的基于晶体管等电子元件的计算机，则为摩尔定律的实现提供了巨大的空间。

机械组件是传统范式，导致 Z 系列计算机自设计之初便具有缺陷。更重要的是，缺乏协作团队和庞大的资金投入，并且由于战争的隔离，导致楚泽的研究工作与美国、英国等科学家的计算机研究几乎完全隔绝。孤身奋斗也是楚泽失败的原因之一。但这并不影响楚泽在计算机历史上的英雄地位。他的失败向其他科学家证明了机械计算机之路行不通。

楚泽并不孤单，在他夜以继日地改进金属条精度时，英国人图灵也在苦苦思索何谓"计算"，而大西洋彼岸的美国则启动了重塑世界的"曼哈顿计划"。

A.2 数字世界的钥匙——艾伦·图灵

称艾伦·图灵为当今数字世界的普罗米修斯并不为过。图灵在 1936 年发表的论文《论可计算数在判定性问题上的应用》和 1950 年发表的论文《计算机器与智能》中，定义了"计算"的含义，并明确了计算机的功能和限制，即能做什么和不能做什么。后来，冯·诺依曼制造的计算机正是基于图灵的理论而获得成功。据说，乔布斯设计的苹果计算机标志上被咬掉的一口，正是向图灵致敬的象征。1966 年，ACM（美国计算机协会）为纪念图灵设立了计算机界最具权威与崇高地位的"图灵奖"，该奖项每年颁发一次，授予在计算机领域做出持久而重大贡献的科学家，该奖项被誉为"计算机界的诺贝尔奖"。图 A-2 为图灵像。

图灵的这两篇论文奠定了计算机和人工智能发展的理论框架。今天的计算机和人工智能技术仍然在图灵的理论框架内发展，而"图灵机"这一思想实验，更是迄今所有计算机的本质和灵魂所在。因此，强烈推荐计算机相关专业的学生阅读这两篇论文，它们对人工智能的发展前景、应用范围以及计算思想等方面都有着深刻的启迪作用。

1940 年，正是第二次世界大战的艰难时期，欧洲战场每天都有成千上万人丧命。而在英国伦敦郊区的布莱切利公园，图灵带领团队设计出了代号为"甜点"（bombe）的机器，每个月能破译多达 8400 条恩尼格玛密码机的加密信息，从而解读战争中的情报，让盟军得以提前知晓德军的军事动向、兵力部署及作战计划等重要情报。

破解战争通信密码的技术固然重要，但如何在战争中利用破解后的情报避免牺牲、赢得胜利，同时保持不让敌人察觉情报信息已经泄露，这是比技术更重要的判断力。可以想象，在决定哪条破解信息要披露的选择上，图灵经历了多么痛苦的挣扎，每一条信息都直接关系到很多人的生命安危。有关这段惊心动魄的历史，推荐读者观看电影《模仿游戏》，图 A-3 为该部电影的海报。

图 A-2　图灵像　　　　　　　图 A-3　《模仿游戏》电影海报

图灵不仅被誉为"计算机和人工智能之父"，还是一位出色的长跑健将。据说他认为长跑是释放压力的最佳方法。在剑桥国王学院时，他常常沿着剑桥和伊利之间的河边步道奔跑。1948 年，他参加了英国奥运代表队的选拔赛，但因伤病未获得参赛资格。1947 年，在英国业余田径协会马拉松锦标赛中，他跑出 2 小时 46 分 03 秒的个人最好成绩，名列第五。

A.3　临危受命——冯·诺依曼

罗斯福批准了一项名为"曼哈顿计划"的原子弹制造计划，该计划的小组成员有奥本海默、爱因斯坦、费米、冯·诺依曼等物理学家和数学家。众所周知，原子弹的发明重塑了世界格局，同时催生了今日数字世界的发动机——现代电子计算机。

在原子弹的研制过程中，冯·诺依曼发现，原子弹的成功研制需要大量数据计算，如果依靠人力手工完成这些计算，结果会非常不精确。因此，他提出了"计算机的逻辑结构"，即存储程序的工作原理，这一理论奠定了现代电子计算机的理论基础。此外，他还直接参与世界公认的第一台真正意义上的存储程序计算机（Stored-Program Computer）——EDVAC 的设计和研发。该计算机于 1951 年成功制造并投入使用，如图 A-4 所示。时至今日，所有计算机系统都被称为"冯·诺依曼体系"。

图 A-4　EDVAC 计算机

70 多年前的 EDVAC 计算机占地 45 平方米，运行时需要 30 名技术人员同时操作，每条指令的计算时间大约为 300 毫秒。

今天，我们随手可用的一台计算设备的性能，可能都是 70 年前计算机的万亿倍。在这短短的几十年中，发生了许多传奇故事和科技变革。回顾过去的历程，不仅能帮助我们了解历史，更能为探索未来提供启示。建议读者阅读更多相关历史书籍，如《冯·诺依曼传》《计算机与人脑》（见图 A-5）等科普书籍，了解计算机发展的历史。

图 A-5　冯·诺依曼的著作

A.4　指路的明灯——香农

今天的世界，信息已成为不可或缺的元素。计算机历史实际上也是信息被发现和应用的历史。然而，很少有人能够清晰地解释什么是信息，信息的质量与数量如何衡量，信息的传输与存储背后的科学原理是什么。

直到 1948 年，香农（见图 A-6）在《通信的数学理论》一书中提出了"信息熵"的概念，并阐述了香农三大定理，定义了信息的衡量、传输及其本质。这一理论为后来的计算机科学和人工智能发展提供了科学依据。香农通过通信工程、数学和计算机科学的深度融合，打破了学科壁垒，推动了计算机科学从单纯的工程实践向具备严谨理论体系的方向转变。正是有了理论的支撑，计算机科学才迎来了今天的高速发展。

1937 年，21 岁的香农在其硕士毕业论文《继电器与开关电路的符号分析》中，将开关电路、布尔逻辑代数与二进制计算关联起来，提出把布尔代数中的"真"与"假"分别对应电路系统的"开"与"关"，并用 1 和 0 表示。这一创新为数字电路的逻辑设计建立了清晰的数学模型，奠定了数字电路设计的基础数学原理。这一创新性的理论成果，使得设计出具有复杂逻辑关系的电路成为可能，为数字电路的发展打下了坚实的理论基础。该论文也被誉为 20 世纪最重要、最著名的硕士论文之一。

香农于 1916 年出生于美国，从小便展现出了非凡的创造力，喜欢搞发明创造，如电报机、电动船以及各种机械装置，8 岁时，他已能辅导姐姐做高等数学作业。1943 年，香农首次提出了"人造思维机器"的概念。1952 年，他设计了"会走迷宫的老鼠"，这只名为"忒修斯"的电子鼠通过隐藏在迷宫各处的 75 个继电器开关，不断试错并记住路线，即使迷宫墙壁发生移动，它依然能找到出口。这一装置被认为是人工智能装置的雏形之一。推荐读者阅读《香农传》，如图 A-7 所示。

香农在科研之外，对杂耍也有着浓厚的兴趣，甚至获得了"杂耍学博士"的证书。据说，他家中收藏了各种杂耍器械。1956 年，香农还在《科学美国人》杂志上发表了一篇关于杂耍的数学原理的文章，探讨杂耍中的节奏、平衡和协调等数学原理，将杂耍从一种娱乐活动提升到了科学研究的层面。

正如牛顿的微积分为现代热力学、电磁学与量子力学的发展奠定基础一样，香农创立的信息论为计算机领域的蓬勃发展提供了理论支持。

图 A-6　香农

图 A-7　《香农传》

A.5 芯片的火种——硅谷"八叛徒"

当计算机的基础理论建设完成，原始机型开始投入应用后，决定计算机发展的关键器件——芯片，也叫集成电路——迎来了自己的爆发期。而这个爆发，以一位大学教授的创业为起点。

1956 年，已是全球顶尖半导体科学家的肖克利教授（见图 A-8），还窝在贝尔实验室里带学生做科研。怀才不遇的他，带着对财富的渴望和对晶体管前景的坚定信念，回到了自己位于圣克拉拉谷的家乡（即后来举世闻名的硅谷），创办了肖克利半导体实验室。至此，整个计算机科学的大发展拉开了帷幕，硅谷也正是在肖克利这颗火种的蔓延下，成为举世闻名的计算机科学发源地。

肖克利当时已在学界名扬天下，他发布招聘广告，面向全美海选优秀人才，很快就招募了 8 名不满 30 岁的热血青年。这 8 名年轻人刚加入肖克利公司不久，便迎来了一个大好消息——1956 年 11 月，肖克利因晶体管的发明，荣获诺贝尔物理学奖。

据说，恰恰是在肖克利获奖的庆祝酒会上，8 名年轻人提议开发集成电路，但肖克利怎能放弃自己的成名作"晶体管"呢？于是，这一提议被肖克利毫不犹豫地拒绝了。成名后的肖克利性格孤傲、管理刻板、喜欢教训年轻人，或许他是一位好老师，但显然不是一位好老板。这 8 名追随他而来的"小天才"感到前途渺茫，于是在 1957 年年初集体向肖克利递交了辞呈。可以想象，肖克利教授当时是何等愤怒，据说他怒不可遏地骂这 8 人是"八叛徒"（The Traitorous Eight）。硅谷"八叛徒"分别是诺伊斯、摩尔、布兰克、克莱纳、拉斯特、罗伯茨、格里尼克、赫尔尼，如图 A-9 所示。

图 A-8 肖克利　　　　　　　　图 A-9 硅谷"八叛徒"

这 8 名离开的年轻人很快就成立了新公司，名为 Fairchild（即仙童半导体），于是硅谷传奇开始登上舞台！到 1958 年年底，Fairchild 已拥有 50 万的销售额和 100 名员工，依靠技术创新优势一举成为硅谷成长最快的公司。但没过多久，Fairchild 的 8 位英雄们便各奔东西了。其中，诺伊斯和摩尔创立了英特尔（Intel）公司，这个摩尔就是提出芯片发展规则摩尔定律的人；克莱纳创建了风险投资公司凯鹏华盈（KPCB），投资了初创公司，成功的有谷歌、亚马逊、康柏等。到了 2013 年，由 Fairchild 直接或间接衍生出来的公司达到了 92 家，硅谷的半导体公司几乎都源自 Fairchild。

可以说，从肖克利实验室的解体到仙童公司的聚散，"硅谷八叛徒"事件不仅推动了芯片技术的创新与产业化，促使了后来的英特尔（Intel）与 AMD 的崛起，促成了个人计算机的普及和连接世界的互联网，还塑造了硅谷的创业精神和风险投资氛围，成为推动计算机发展的重要催化剂。

A.6　互联网时代——群雄并起

如今的大学生或许难以想象 20 世纪 90 年代使用计算机的场景：进入学校的静电机房需要提前预约排队，还必须穿戴白大褂和防尘鞋套。90 年代初的计算机还停留在 286、386 的时代，到 90 年代末 486 和早期的奔腾（Pentium）逐渐普及。90 年代初网络主要靠电话线拨号（速率通常 14.4kbps 至 56kbps）。在那个连图形界面尚未普及的 90 年代，谁能预见今日人工智能技术的高度发展？

1975 年和 1976 年，微软公司和苹果公司分别成立。在此之前，计算机依然是庞然大物，比一般家用冰箱还要大，基本上被 IBM、惠普（HP）、DEC 等公司垄断，只应用在大型企业、政府机构和大学实验室。乔布斯和盖茨通过苹果的 Apple I、Apple II 以及微软的 BASIC 和 MS-DOS，对个人计算机的普及和商业化作出了重大贡献，配合其他先驱如 MITS 和 Commodore，共同推动了个人计算机时代的到来。

1969 年，由美国国防部高级研究计划局（DARPA）资助并建立了阿帕网（ARPANET），用 NCP 协议实现不同主机之间的通信协议，这是 TCP 网络的雏形。到了 1983 年，ARPANET 正式将 NCP 替换为 TCP/IP，标志着 TCP/IP 在互联网中的全面应用。从此，计算机接入了互联网，实现了全球信息的互联互通，网络时代由此拉开了帷幕。

1996 年雅虎上市，1998 年谷歌成立。2000 年，中国互联网三大门户网站新浪、搜狐、网易分别在纳斯达克上市；与此同时，百度在中关村成立。全球进入了互联网时代。

2010 年 6 月，苹果的 iPhone 4 手机首发，引发了排队抢购的热潮。曾占领移动手机市场大部分份额的诺基亚和摩托罗拉逐渐淡出市场。移动互联网时代正式来临！

2020 年年底，一经发布就震惊天下的人工智能服务 GPT-3，更可称得上是跨时代的产品。而 GPT 的核心基础架构 Transformer，使用的却是由谷歌团队在 2017 年发表的论文 *Attention Is All You Need* 中提出的方案。谷歌公司内部在选择是沿用传统搜索框还是开发对话式生成（GPT）服务时，选择了后者。这正是计算机科学激动人心之处：总有奇迹发生！

可以想象，当年风起云涌之时，今日的大厂像阿里、腾讯、字节跳动、美团等的创始人，初期可能都只是这几个公司的普通员工，或者正在读大学。技术永远在发展，历史永远在进步，翻看历史，我们希望能给年轻的读者带来希望和信心，带来启发和智慧，让他们勇敢地去实践和探索，在未来的计算机之路上再创辉煌！

最后，摘抄艾伦·图灵在《计算机器与智能》这篇论文的结尾语，送给读者：

"We can only see a short distance ahead, but we can see plenty there that needs to be done."

"我们目光所及，只是前方不远，但可以看到，那里有许多工作需要去完成。"

同时提供给读者两种不同的翻译版本，供读者鉴赏：

"目力所及虽不远，待行之事却无穷。"

"目光所及有限，前方之路长远。"

附录 B
人工智能发展简介

本章目标

本附录将详细介绍人工智能发展的四次高潮。从 1956 年达特茅斯会议的诞生，到 20 世纪 80 年代的知识工程，再到深度学习的崛起，最后到当前 AI 大模型的突破，为读者展现了人工智能的发展及未来发展方向，如多模态大模型、世界模型、具身智能和 AI 推动科研等。同时，本附录将探讨人工智能带来的安全风险及其与计算机技术的共生关系。通过回顾历史与展望未来，希望读者能对人工智能的发展脉络有初步的理解。大江东去，无非湘水余波，了解过去，是读者把握现在、开拓未来的良好基础。

B.1 人工智能的四次发展高潮

发展的路从来不是一帆风顺，通常呈现出 S 曲线的进展。人工智能在过去 60 年的发展中，经历了起起落落，许多标志性的事件曾令世人振奋，但之后又长期陷入低潮。经过无数研究者的默默探索，人工智能再次令世界瞩目。本节将主要介绍人工智能发展过程中的四次高潮时刻。

B.1.1 第一次发展高潮：达特茅斯会议

1956 年夏天，在美国达特茅斯学院的会议上，首创的"人工智能"一词被人们视为人工智能正式诞生的标志。本次会议由著名科学家麦卡锡、明斯基、香农、罗切斯特等召集和组织。其中，麦卡锡是 Lisp 编程语言的创始人，也是世界上第一个人工智能实验室——MIT AI Lab 的创始人；明斯基被认为是人工神经网络框架的发明者；大名鼎鼎的香农是信息论的创始人；罗切斯特是 IBM 701 计算机的设计者。达特茅斯会议的专家团如图 B-1 所示。这次会议汇聚了顶尖人才，各路精英们对人工智能的实现充满信心，以至于将这项工作描述为"带上一群研究生，花几个月就能完成的暑期项目"。

图 B-1　达特茅斯会议的专家团

据记载，当时会议提案中写道：

"我们提议在 1956 年夏天，在达特茅斯开展为期两个月、10 人参加的人工智能项目。项目将基于以下设想：从理论上看，学习的任何一个方面或智能的任何特征，都可以被精确描述，并可建立相应的机器进行模拟。团队将努力……我们认为，通过精心挑选的研究者在一个夏天的共同努力下，可以在一个或多个问题上取得重大进展"。

这个雄心壮志的梦想最终当然是落空了。然而，达特茅斯会议持续了两个月，一群顶尖人才在一起漫无边际地交流、想象，碰撞出的思想火花，却为后来的发展指明了方向。

人工智能的这些奠基人广泛吸收了多学科的思想（兼容并蓄），他们的背景主要集中在数学、电子工程和物理学领域，但也涉及心理科学、认知科学等学科。他们认为，可以通过计算机程序完美类比、模仿人脑的思维。这无疑是人类历史上的一次非常勇敢的尝试。

B.1.2　第二次发展高潮：知识工程

在 20 世纪 80 年代，麻省理工学院（Massachusetts Institute of Technology，MIT）的费根鲍姆教授开创了一个全新的领域——知识工程（Knowledge Engineering），开启了人工智能的又一轮发展高潮。所谓知识工程，就是将特定领域（医学、金融、经济）的事实和解决方案整理成数据库，在人们咨询时，由计算机输出解决方案。以下两件具有代表性的事件，让研究者对知识工程深信不疑。

第一，当时苹果公司的研发人员采用统计学模型设计了支持连续语音识别的系统，为苹果系统的成功立下汗马功劳，成为 Siri 的前身。

第二，1997 年 5 月 11 日，IBM 的深蓝在国际象棋比赛中击败了当时的世界冠军卡斯帕罗夫（见图 B-2）。深蓝采用的是 IBM RS/6000 SP 超级计算机，配置 30 颗 PowerPC CPU，集成了 480 颗特别制造的象棋芯片，每颗象棋芯片每秒能够搜索 200 万到 250 万个棋局。这标志着计算机首次在智力竞赛中超越了人类。

图 B-2　深蓝大战国际象棋冠军

这一创想最初激动人心，也取得了一定的成果，但很快陷入了如何组织海量信息的困境。它的局限性在于无法处理指数增长的计算复杂度（时间复杂度和空间复杂度），只能解决线性增长问题，并且对于高维复杂空间问题无法进行有效求解，从而限制了其适用范围。知识工程系统是基于知识规则建立的，但我们无法通过穷举法列出所有常识，因此它的应用范围受到了很大的限制。

当开发者发现自己只是没日没夜地将人类已知信息在 Excel 表格中编辑成条目，并且无论如何编写代码，机器给出的答案依然呆板甚至肤浅，远远无法与人类专家的判断相媲美时，开发工作陷入了困境。随着研究的商业价值下降，投入的资金也在不断减少，最终知识工程逐渐淡出了公众视野。

B.1.3　第三次发展高潮：深度学习

1943 年，生物神经学家麦卡洛克和皮茨提出了神经元的数学模型，为神经网络奠定了理论基础。1958 年，罗森布拉特发明了感知机，它是首个能学习并分类的神经网络模型，但由于单一单感知机的局限性，神经网络一度陷入低谷。神经元结构示意图如图 B-3 所示。

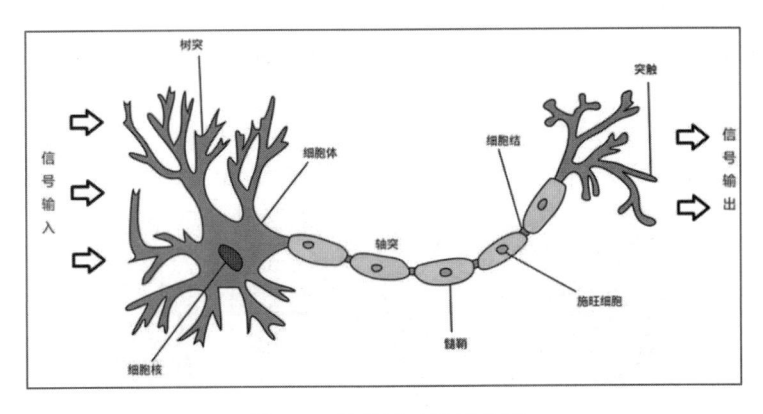

图 B-3　神经元结构示意图

深度学习通过使用多层、海量的神经元来模拟人脑神经元的连接方式，构建多层神经网络，包含输入层、多个隐藏层和输出层。例如，在图像识别中，输入层接收图像像素信息，经过隐藏层对特征进行逐层抽象和提取，最终由输出层输出识别结果（如判断是猫还是狗等类别）。每个神经元接收来自上一层神经元的输入，通过加权求和，再经过激活函数（如 ReLU、Sigmoid、Tanh 等）处理后，输出传递给下一层神经元，使得神经网络能够拟合复杂的非线性关系。

训练过程（反向传播与梯度下降）是深度学习系统的关键。在监督学习场景下，训练数据集由一组带有标注的数据组成。数据输入网络后得到输出，将输出与真实标注进行对比，计算损失函数（差异程度）。然后，误差通过反向传播从输出层逐层传递回前面的各层，依据误差调整每层神经元连接的权重。调整权重的过程基于梯度下降算法，通过不断迭代更新权重，使损失函数不断减小，最终使网络能够对输入数据做出准确的预测。

这一轮发展高潮有 3 个代表性事件：

第一，2006 年，杰弗里·辛顿发表了论文 *learning of multiple layers of representation*，奠定了当代神经网络全新架构的基础。辛顿也因此获得了 2024 年诺贝尔物理学奖。

第二，2004 年，加州理工大学的研究生李飞飞（见图 B-4）完成了她宏大的工程项目 ImageNet。这个项目的独特之处在于，它收集了有史以来最大规模的机器学习图像数据集合，包含 100 个类别下的 9000 多幅图像。李飞飞在其回忆录中写道："这比我这辈子做过的任何事都要费力（包括周末在干洗店干活），但这恰恰是我想要的。"

图 B-4　李飞飞

随后，ImageNet 一举成名，开源了世界上最大的图像识别数据集，为基于深度学习的人工智能提供了北极星般的指南。李飞飞当年的壮举在今天看来不可思议，一个计算机专业的大学生都可以实现的工程，成为当年人工智能领域的标志性事件。搞科研固然要踏实勤奋，但自主思考和走自己独特的路才是成功的关键。

第三，2016 年，DeepMind 的 AlphaGo 程序由深度神经网络驱动，在五场比赛中击败了围棋世界冠军李世石，在复杂策略游戏中取得重大突破，令全球惊叹。图 B-5 所示为李世石大战 AlphaGo。

图 B-5　李世石大战 AlphaGo

B.1.4　第四次发展高潮：AI 大模型

人工智能的第四次发展高潮以 OpenAI 在 2020 年年底发布的 GPT-3 大模型为标志。这次发展高潮推动了人工智能研究方向的转变，从以往的"专用系统+小模型+判别式"转向"通用系统+大模型+生成式"发展。传统的人工智能系统多应用于人脸识别、目标检测和文本分类等任务，而如今基于大模型的系统则能够处理文本生成、3D 数字人生成、图像生成、语音生成以及视频生成等更为复杂的任务。过去的人工智能系统主要用于问答和查询，而现在，基于大模型的系统已经能够进行创作和生产。OpenAI 的官方网站如图 B-6 所示。

图 B-6　OpenAI 的官方网站

GPT 代表了通用人工智能（Artificial General Intelligence，AGI）时代的开启。AGI 是指能够像人类一样，广泛适应各种任务，灵活学习新知识，并具备推理与解决问题等多种能力的人工智能系统。而传统的狭义人工智能通常只在特定领域中发挥作用。据报道，GPT-4 在参与麻省理工学院数学系和电气工程与计算机科学系（EECS）本科生的模拟测试中，不仅成功回答了随机生成的 228 个问题，得分率更是达到了 100%，完全满足了麻省理工学院的毕业要求。

大模型的特点就是大，这个大有以下两层含义：

- 大数据：在 GPT-4 模型中，120 层网络中总共有 1.8 万亿个参数，13 万亿个 Token（词元）。

其训练使用的数据来源几乎穷尽了互联网和人类有史以来的文字、语音、图像及视频数据，甚至还需要将大模型自己作为"世界模拟器"来生成训练数据。
- 大算力：GPT-4 的训练使用了约 25000 块 A100 GPU，训练成本约为 1 亿美元。

大模型带来了三大变革：

- 规模定律（Scaling Law）：在模型参数规模超过某一阈值后，模型的能力会快速提升。也就是说，只要增大模型的规模（算力和数据），模型性能便能持续提高。
- GPU 的爆炸式增长：万亿参数规模的大模型通常需要在数万乃至数十万 GPU 上进行训练，训练周期为 2~3 个月。急剧增加的算力需求推动芯片行业的超速发展，使得英伟达的市值一度超过 3 万亿美元。
- 对就业、教育、科研的变革：有了通用人工智能，在人类社会的各个领域，越来越多的智力工作都可以让 AI 来完成。无论是考试做题、制造商品还是科学研究，许多过去需要人类思考和创造的工作，将来都有可能交给人工智能去完成。

B.2 人工智能的发展展望

B.2.1 多模态大模型

从人类视角出发，人类智能是天然的多模态。人不仅能学习，更拥有看、听、闻、说和触摸等多种感知世界的能力。新一代人工智能同样能够实现人类的这些感知能力。例如，视觉和听觉等都可以建模为 token 序列，采取与大语言模型相同的方法进行学习，并进一步与语言中的语义进行对齐，最终实现多模态对齐的智能。

B.2.2 世界模型

世界模型（World Model）是一种能够对真实世界（或模拟世界）的状态、结构、动态变化等进行学习、表征和预测的模型结构。它不仅对物理世界（例如全球气候、生态等）建立符合物理学规则的模型，还能对文化、社会、经济运行等进行全面的建模与仿真。简而言之，世界模型旨在构建平行世界，帮助人们实现"第二人生"的梦想。世界模型具有广泛的应用前景，能够在全球气候预测、音视频内容生成、无人驾驶、城市规划、机器人和自动化等领域带来变革性应用。读者可通过以下典型示例来领略世界模型的魅力。

1. Earth-2 开放平台

Earth-2 开放平台通过交互式高分辨率模拟加速气候和天气预测的速度，并提高预测的准确性。该平台提供了多种机器学习模型，实现了 ICON（全球数值天气预报和气候建模系统）等数值模型的物理模拟和深度学习天气预测（DLWP）。建议读者登录官方网站，亲自体验其魅力。Earth-2 平台官方网站如图 B-7 所示。

图 B-7　Earth-2 平台官方网站

2. SORA 系统

SORA 系统是 OpenAI 于 2024 年发布的，其功能是将文本生成视频模型，并能够将视频生成的时长从几秒大幅提升至几分钟。SORA 的最大意义在于它具备了世界模型的基本特征，即具有深度理解物理世界的属性和关系的能力。建议读者访问 SORA 的官方网站，进行试用体验。SORA 官方网站的界面如图 B-8 所示。

图 B-8　SORA 官方网站

世界模型是基于 AI 能够理解世界的基本物理常识（如水往低处流等），在此基础上进行观察、预测下一秒将要发生的事件，并做出响应。虽然这些模型仍然存在很多问题，但其表现出的画面想象力以及实际的物理计算、预测能力，已经让人们对世界模型的实现充满信心。

B.2.3　具身智能

具身智能是指有身体并支持与物理世界进行交互的智能体，如机器人、无人驾驶车等。具身智能通过多模态大模型处理各种传感器数据，由大模型生成运动指令来驱动智能体。通俗来说，具身智能就是实现一个外在表现跟人类一模一样的"机器人"。

B.2.4　AI 推动科研

人工智能正在成为科学发现与技术发明的主要驱动力（AI for Research）。当前，科学发现主要依赖实验和人脑智慧,通过大胆的猜想和小心的求证,信息技术在计算和数据处理上起到辅助作用。然而,在 2024 年,诺贝尔化学奖和物理学奖都颁发给了人工智能领域的科学家,这足以说明人工智能在科学探索领域将发挥越来越大的作用。

与人类在记忆力、高维复杂、全视野、推理深度、猜想等方面的特征相比,能否将 AI 作为主力进行一些科学发现和技术发明,从而大幅提升人类科学发现的效率?比如主动发现物理学规律,预测蛋白质结构,设计高性能芯片,高效合成新药等。

人工智能大模型具有全量数据和"上帝视角",再加上近期发布的模型已显示出人工智能能够实现从推断(inference)到推理(reasoning)的跃升,如果未来的人工智能模型具备与爱因斯坦一样的想象力和科学猜想能力,它就能极大地提升人类科学发现的效率,突破人类认知的边界。这才是人工智能真正的颠覆性所在。

只要能够通过语言清晰表达的,人工智能就能实现。新一代人工智能向我们展示了一个无比激动人心的未来,一个想象力即为生产力的未来!

B.3 人工智能的安全风险

技术的发展一直是把双刃剑,让生活变得更加美好的同时也带来了更多的安全风险。特别是人工智能生成技术的广泛应用,导致在各个领域"以假乱真"的安全问题愈发严重。

1. 伪造数字身份

在网络化生存的时代,当我们说这世界上存在某个人的时候,指的并不仅仅是其物理上的存在,更多的是体现其在网络上的身份与形象。过去,人们通过物理世界和面对面的社会网络来展示自己,而现在,个人的展示则更多依赖于网络上的是数字身份。例如,韩国的 AI 人物 Yoon 是首个通过使用 DeepFake 技术合成的数字人,并迅速在网络上走红。如果某天你发现自己所喜欢的人只是网络上的代码和数字,而并不存在于现实世界中,你会作何感想?

2. 伪造音视频

伪造音视频是最常见的安全问题之一。过去,电话、视频或照片可以作为验证真实性的手段,但在 AI 生成技术面前,这些手段变得易于失效。当你与远方的朋友进行视频通话时,屏幕上出现的实时视频中看到的有可能不是你的朋友,而是通过基本数据生成的影像。这类安全问题如今时有发生,尤其是对于老年人或对新技术不够了解的人群来说,他们最容易成为上当受骗者。

B.4 人工智能和计算机的关系

B.4.1 共生共成

如果将计算机的发展类比为一棵不断成长的树,那么今天所看到的人工智能就是这棵树上的果实。计算技术的发展历史大致可分为四个阶段。

第一阶段：机械计算阶段

人类计算工具的历史可以追溯到公元 1200 年的中国算盘。1834 年，英国数学家、哲学家、发明家查尔斯·巴贝奇设计并实现了支持自动机械计算的差分机和分析机。在这一时期，已经有了编程的概念。一般认为，人类历史上的第一位程序员是诗人拜伦之女艾达·洛夫莱斯，如图 B-9 所示。她为巴贝奇的差分机编写了一组求解伯努利数列的计算指令，这套指令也是人类历史上的第一套计算机算法程序。它首次将硬件和软件分离，并引入了程序的概念。1980 年，美国国防部将一种新的计算机程序设计语言命名为 Ada，以纪念艾达·洛夫莱斯。

图 B-9　艾达·洛夫莱斯

第二阶段：以计算机为中心的阶段

20 世纪上半叶，以布尔代数、图灵机理论、冯·诺依曼体系结构和晶体管集成电路这 4 个现代计算机科学理论和技术为基础，电子计算机取得了长足发展。从 1946 年世界上第一台电子计算机 ENIAC 诞生，到如今电子计算机在各领域的普遍应用，计算机技术依然在不断进步。

布尔代数用来描述程序和硬件（如 CPU）的底层逻辑；图灵机是一种通用的计算模型，将复杂任务转换为自动计算、无须人工干预；冯·诺依曼体系结构提出了构造计算机的三大基本原则：采用二进制逻辑，程序存储执行以及计算机由运算器、控制器、存储器、输入设备、输出设备这 5 个基本单元组成；集成电路和芯片在摩尔定律的推动下，推动了现代计算机应用的不断升级。

第三阶段：以网络为中心的阶段

1980 年前后，TCP/IP 协议栈成为全球计算机通信的通用语言，计算机接入全球互联网，进入了以"互联网"为中心的计算机应用时代，从此"网络就是计算机"。人们使用的终端与互联网后台的数据中心、云服务相连，构成了全球网络。随着 3G 和 5G 无线网的发展，4A（Anytime，Anyone，Anywhere，All-online）级信息网得以实现。今天的世界，已是一个由网络支撑的世界，也可以说是一个软件定义的世界，甚至是一个万物互联的智能世界。

在 2005 年左右，谷歌公司率先提出了云计算技术架构的概念，谷歌云计算的三大论文（GFS、MapReduce、Bigtable）以及开源项目 Hadoop 的发布，推动了各大互联网和电商公司平台的升级和变革。这三篇论文也成为计算机专业学生必读的经典论文。

第四阶段：以智能服务为中心的阶段

标志性事件是 2020 年年底，OpenAI 组织发布了人工智能服务 GPT-3。智能生成技术（AIGC）

成为人工智能的第四起热潮。如今，在科研院所、硕博论文和前沿探索领域，大模型技术和多模态技术无处不在。进入智能服务时代，技术能够支撑各类终端实现万物互联，终端、物端、边缘和云端都嵌入 AI 技术，提供类似于 ChatGPT 的大模型智能服务，最终实现"有计算的地方就有 AI"。

无处不在的智能终端带来了海量数据，也引发了算力需求的爆发。智能服务的普及、数据的剧增和 GPU 芯片工艺的提升，这三者互相促进，螺旋式增长，有望将人工智能带入新的纪元。

B.4.2 共同的梦想和理论

1. 同一个计算之梦

三百多年前，莱布尼茨提出了建立一种普遍语言的设想："这种语言是一种用来代替自然语言的人工语言，它通过字母和符号进行逻辑分析与综合，把一般逻辑推理的规则改变为演算规则，以便更精确、更敏捷地进行推理。"他将这种语言称为"alphabet of human thought"（人类思想的字母表），并认为在这种语言中，一切理性真理都会被还原为一种演算。

"人类思想的字母表是自己设想出来事物的一个目录，我们的观念就是由这些字母组成的……倘若我们像算术表达数字或几何分析表达线段那样，明确和精确地组合这些字符来表达我们的全部思想，就能在一切学科中，在符合推理的范围内，完成（思想）像在算术和几何中能完成的事情……我敢说，这是人类心灵的最高成就，这个工程一旦竣工……如果老天给我足够的时间，我的抱负就是完成这一工程。我是在 18 岁时最早想到这件事情的……我确信没有任何一项发现能与之相提并论。"

图 B-10 为莱布尼茨的画像。

图 B-10 莱布尼茨

如果说计算机是肉体，那么人工智能就是梦想。人们为了实现智能之梦，不断改进计算技术。正是莱布尼茨开启的计算之梦，作为计算机和人工智能的起点，才有了今天的智能时代。

2. 共同的思想奠基者

图灵被誉为"计算机科学之父和人工智能之父"。在 1950 年左右，他提出的图灵机模型、停机问题和图灵测试，奠定了人工智能的可计算基础。他在《计算机器与智能》论文中，从现代数字计算机的角度探讨了人工智能的可能性，回答了从神学、心理学、行为科学等不同领域对人工智能可实现的疑问，为人工智能的发展提供了重要的理论基础。此外，哥德尔、维特根斯坦、乔姆斯基、邱奇等人的理论，从哲学、语言学、计算机科学等方面，分别奠定了可计算理论的基础，这为人工智能的进一步发展提供了理论支撑。

3. 共同的实践基础

计算机的出现引发对人工智能的思考：1946 年，第一台电子数字计算机 ENIAC 的诞生引发了关于"电子大脑"的可行性探索。人们开始思考计算机是否能超越单纯的计算功能且具有智能，进而引起了公开的"大辩论"，为人工智能应用的诞生奠定了实践基础。需要注意的是，在附录 A 中我们提到过另外一台计算机——世界公认的第一台真正意义上的存储程序计算机（Stored-Program Computer）——EDVAC 的设计和研发，该计算机于 1951 年成功制造并投入使用。ENIAC 和 EDVAC 从不同角度定义了"第一台计算机"。

4. 共同的理论奠基者

1956 年，在达特茅斯会议上，四位美国科学家——麦卡锡、明斯基、罗切斯特和香农，首次提出了"人工智能"这一术语。他们不仅是计算机领域的顶级科学家和早期奠基人，也是人工智能领域的重要人物。

附录 C
编程语言发展简介

本章目标

本附录将介绍编程语言的发展历程,从早期的机器语言和汇编语言,到高级语言,再到面向对象编程,展示编程语言如何随着技术的进步而不断演变。本附录还将列举 8 种常用编程语言的简单示例,帮助读者直观理解不同语言的语法特点。通过讲解编程语言的历史与现状,本附录为读者提供对编程语言发展的全面认识,适合初学者了解编程语言的基本概念及其重要性,同时也为有经验的开发者提供对编程语言演变的深入思考。

C.1　编程语言的重要性

有一种说法："学习语文，才能掌握人类语言，才能与人交流，这是个人在社会生存的基本技能。"同理，学习编程才能掌握机器语言，这是个人在智能时代指挥操作机器的必备技能。未来社会将是一个人机共生、协同进步的社会，掌握编程语言可能会成为通识教育的一部分。虽然未必人人都是程序员，但学习编程是理解人工智能原理、掌握机器思维特征的有效途径。

编程语言的发展与进化，伴随着计算机工程实践的进步，经历了机器语言、高级语言和面向对象语言三个阶段。

C.2　机器语言

编程语言起源于 20 世纪 40 年代，和计算机一起诞生。计算机的工作过程首先是人向机器下达指令，然后由机器执行。最早出现的是机器语言，这种语言由 0 和 1 组成的二进制代码构成，是计算机能够直接识别和执行的语言。可以想象，这样的代码如同天书，只有少数专业的工程师能够理解和使用，这严重限制了计算机应用的发展。

到了 20 世纪 50 年代，汇编语言应运而生。汇编语言使用助记符来代替机器语言中的二进制指令，比如用"MOV"表示数据移动操作等，这使得程序员可以用相对直观的符号来编写程序。汇编语言仍然与底层硬件紧密相关，开发人员需要对计算机硬件结构有深入了解，但相较于机器语言，汇编语言已经大幅提高了编程的效率和可读性，为早期计算机在科学计算、军事等领域的应用推进起到了关键作用。

下列代码是简单汇编语言示例，使用 x86-64 汇编语法实现循环加法，并返回结果：

```
square(int):
        push    rbp
        mov     rbp, rsp
        mov     DWORD PTR [rbp-20], edi
        mov     DWORD PTR [rbp-4], 0
        jmp     .L2.L3:
        mov     eax, DWORD PTR [rbp-4]
        add     DWORD PTR [rbp-20], eax
        add     DWORD PTR [rbp-4], 1.L2:
        cmp     DWORD PTR [rbp-4], 9
        jle     .L3
        mov     eax, DWORD PTR [rbp-20]
        pop     rbp
        ret

int square(int num) {
    for(int i=0;i<10;i++){
        num+=i;
```

```
    }
    return num ;
}
```

对大多数人而言，汇编语言依然晦涩难懂，编写效率低下且极易出错；在面对复杂的大型系统时，难以组织系统化的代码逻辑，于是催生了高级程序设计语言（或称为高级编程语言，简称高级语言）。

C.3 高级语言

计算机思维中的一个重要概念是分层分治思想。CPU 底层能够执行的其实只是 01 串，但直接用 01 编程效率太低，于是工程师发明了汇编语言。汇编语言使用助记符，以命令为单位执行，在底层执行时需要将汇编语言翻译成 01 串。

20 世纪 50 年代，IBM 工程师约翰·巴科斯（John Backus）在进行月历计算等工作时，实在忍受不了用汇编指令编写程序的"痛苦"，于是他在 1953 年带领一个 13 人小组（包括几位有经验的程序员和刚从学校毕业的青年人），设计出了 FORTRAN 语言和编译器。

编译器是高级语言能够实现的关键概念。它将易学易用的编程语言翻译成汇编指令。有了编译器，程序员得以拥有更大的灵活性，从此程序员作为一项职业登上历史舞台；有了编译器，才有了日后层出不穷的高级语言。编译器转换代码的过程如图 C-1 所示。

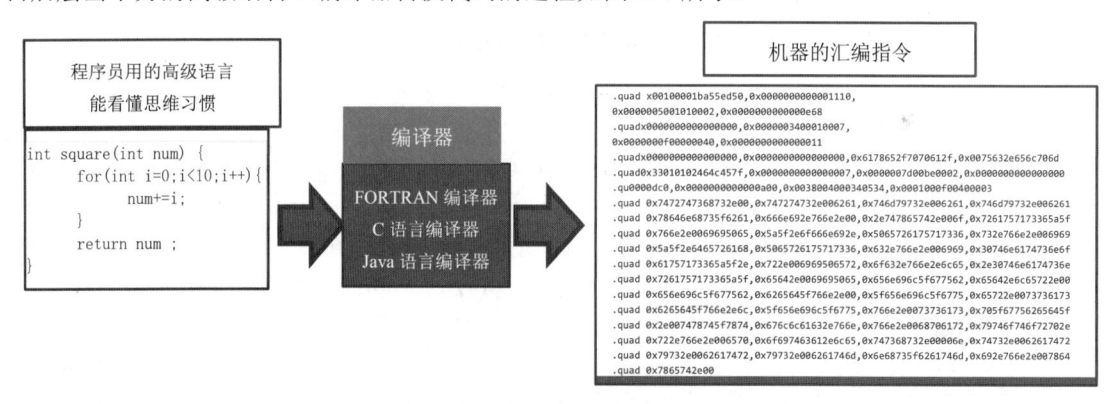

图 C-1 编译器转换代码的过程

编译器是硬件和程序之间的翻译员，将高级语言的源代码翻译为机器码的过程叫作编译；将机器码的汇编语言翻译成高级语言的过程，叫作反汇编。FORTRAN 是公认的第一个"编译型"语言，程序员首先用接近人类思考逻辑的方式编写符合 FORTRAN 语法规则的代码，然后由编译器将源代码编译为机器代码，再由机器去执行。各种编程语言和 CPU 与不同的汇编指令对应，在网站 https://godbolt.org/ 上可以进行测试，体会这一过程。如图 C-2 所示是一段 FORTRAN 语言代码与它对应的汇编语言的比较。

随后的几十年里，编程语言如雨后春笋般不断涌现。20 世纪 60 年代，COBOL 语言问世，它侧重于商业数据处理，具有强大的数据描述和文件处理能力。同一时期的 BASIC 语言，以其简单易学的特点，成为很多人接触编程的入门语言。

到了 20 世纪 70 年代，C 语言横空出世，它融合了高级语言的便利性和汇编语言对硬件的操控能力，有着简洁、高效的语法结构，可移植性强，可用于操作系统、嵌入式系统以及各类应用程序的开发。C 语言的影响力极为深远，后续很多编程语言的设计都借鉴了它的语法和特性，像 C++、Java 等语言都和 C 语言有着千丝万缕的联系。

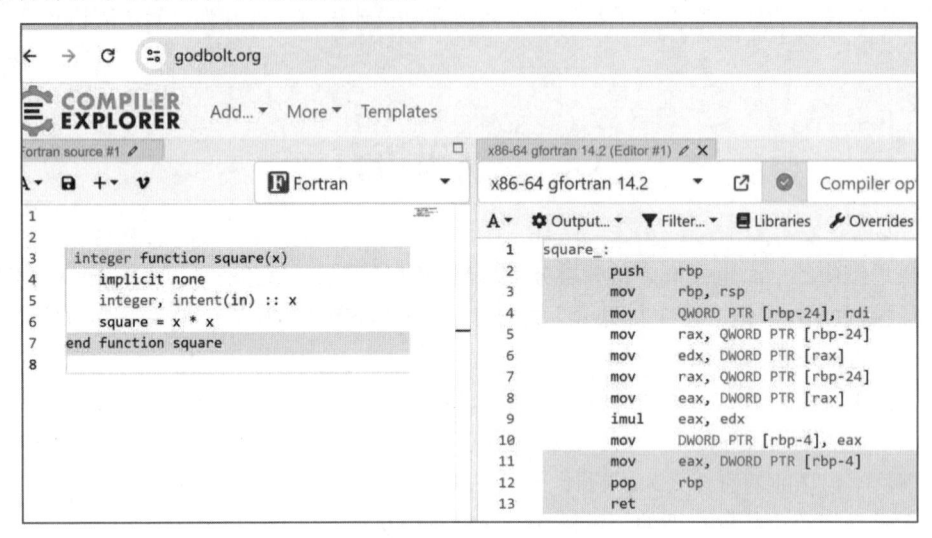

图 C-2　在线汇编翻译工具

C.4　面向对象语言

20 世纪 90 年代，随着互联网的蓬勃发展，各行各业对软件应用的需求急剧增加，世界迫切需要更多的代码、更多的软件、更易学习的编程语言以及更多的程序员，进而催生了新的编程需求。

1979 年，在贝尔实验室工作时，本贾尼·斯特劳斯特卢普使用了一种名叫 Simula 的语言，这种语言具有面向对象的特性，但相对于流行的 C 语言，其效率不够高。因此，斯特劳斯特卢普决定开发一种新的编程语言，它既能保存 C 语言的高效性，又能继承 Simula 的自然和优雅，于是 C++ 诞生了。C++在 C 语言的基础上增加了面向对象的特性，更加通用，同时支持大型项目的开发。

1990 年，Sun 公司的工程詹姆斯·高斯林提出开发一种能够在不同设备上运行的编程语言。最初他们选择 C++，但在开发过程中遇到诸多问题，于是高斯林决定自己设计一种新语言。在 1995 年 5 月，该语言以 Java 的名称正式发布。Java 的名字来源于一次头脑风暴会上，一位成员桌上放着一杯 Java 咖啡。Java 是印度尼西亚的一个岛屿，以产咖啡闻名。Java 语言在设计之初便秉承了面向对象的思想，凭借着"一次编写，各处运行"的跨平台特性，在网络编程、企业级应用开发等方面大放异彩。图 C-3 是 Java 语言之父高斯林的照片。

1991 年，Python 的第一个版本（0.9.0）正式发布。此后，Python 逐渐崭露头角，它简洁优雅的语法和极强的可读性，配合丰富的库和框架，使它适用于

图 C-3　Java 语言之父高斯林

从网页开发到数据分析、再到人工智能等众多领域。如今，Python 已成为最热门的编程语言之一。

面向对象是现代通用编程语言（C++、Java、Python）的灵魂所在，具有如下优点。

1. 代码组织清晰

在大型软件项目中，C++、Java、Python 等面向对象的编程语言能够将复杂的功能分解成相对独立的类（Class）。例如，在开发电商系统时，可能会有用户类、商品类、订单类等。每个类负责特定的功能和数据管理，使得代码结构清晰，更易于理解。不同的程序员可以分工负责不同类的开发与维护，从而提高团队协作的效率。

2. 提高软件的可复用性

比如常用的 QQ、微信等软件，可能包含上百万行代码，每年都需要更新发布新版本，但不可能每次更新时都将代码重新编写一遍。如何复用已有的代码是一个重要的设计思想。具有良好设计能力的程序员编写的代码，往往可以在许多场合和较长的时间段内重复使用。

面向对象编程通过继承、多态和封装这三大策略来实现类和对象的复用，避免了重复编写相同的基础代码。

3. 更好地模拟现实世界

面向对象的编程思维更接近于人类理解和学习现实世界的方式，甚至可以说，它是最接近自然语言的程序设计语言。这种编程方式便于在代码中构建与现实世界的对应关系。现实世界由各种各样的实体及其相互关系构成，面向对象编程语言能够有效地模拟它们。例如，在物流管理系统中，涉及仓库、货物、车辆、司机等实体，采用面向对象的方式可以分别定义对应的类，并通过类之间的关系（如司机驾驶车辆运输货物，车辆从仓库装载货物等关系）来构建整个物流业务流程，使得软件的设计和实现更加符合实际业务需求，便于业务人员理解和参与软件开发。

进入 21 世纪后，编程语言持续演变，JavaScript 在网页前端开发中占据主导地位，Go 语言在云计算等领域展现出优势，而 Rust 语言则致力于解决内存安全等问题，为系统级编程带来了新的选择。

总之，编程语言的发展是为了不断适应时代需求，更好地帮助人类发挥计算机的强大功能。这也表明，正是追求卓越的工程技术人员对更美好未来的执着，才催生了更通用的新型编程语言。这生动地阐释了"困难即机会"这句话的意义。

时至今日，软件定义网络、软件定义手机、软件定义汽车、软件定义世界等概念，愈发体现了编程的重要性，预示着我们即将进入一个"所编即所得"的时代——编写什么样的软件，就拥有什么样的产品。

C.5 常用的 8 种编程语言

目前，常用的 8 种编程语言包括 Python、Java、C++、C、JavaScript、PHP、Swift 和 Go。对于许多新手而言，在面对众多编程语言时通常会难以选择用哪种语言来学习入门。一般而言，推荐从 Java 或 C++入手。但实际上，编程语言大同小异，对于初学者而言，它们的区别主要体现在语法规则上，实际上只需熟练掌握一种编程语言，其他语言都可以速通。就像一个文学家讲河南话还是讲河北话，这并不重要，真正重要的是他深刻理解了中国文学。编程语言也是这个逻辑，学习编程语言除了熟练编码规范之外，更重要的是掌握程序化思维，通过编程语言探索计算机科学的世界。

一位优秀的工程师，一定是一边连接着人文世界，一边连接着计算机的世界，是人机交互的桥梁。因此，熟练的编程水平和良好的沟通能力显然是工程师的必备素养。自然语言和编程语言在这一点上是相通的，都是沟通的工具。当然，自然语言与编程语言也存在差异，具体区别如表 C-1 所示。

表 C-1　自然语言与编程语言的区别

	自然语言	编程语言
歧义性	较大歧义，宽泛理解	无歧义
通用性	群体内通用	图灵完备，计算机通用
原子性	难以分解，以句子为单位	可递归分解到 01 层次
拓展性	肢体表情等丰富表达	无

以下是使用 8 种编程语言循环输出 10 行"Hello World"的示例，请读者观察：

（1）Python：

```
for i in range(10):
    print("Hello World")
```

（2）Java：

```
public class HelloWorld {
    public static void main(String[] args) {
        for (int i = 0; i < 10; i++) {
            System.out.println("Hello World");
        }
    }
}
```

（3）C++：

```
#include <iostream>using namespace std;
int main() {
    for (int i = 0; i < 10; i++) {
        cout << "Hello World" << endl;
    }
    return 0;
}
```

（4）C：

```
#include <stdio.h>
int main() {
    for (int i = 0; i < 10; i++) {
        printf("Hello World\n");
    }
    return 0;
}
```

（5）JavaScript：

```
for (let i = 0; i < 10; i++) {
   console.log("Hello World");
}
```

（6）PHP：

```
<?phpfor ($i = 0; $i < 10; $i++) {
    echo "Hello World<br>";
   }
?>
```

（7）Swift：

```
for _ in 0..<10 {
   print("Hello World")}
```

（8）Go：

```
package mainimport "fmt"
func main() {
   for i := 0; i < 10; i++ {
       fmt.Println("Hello World")
   }
}
```

附录 D
十三家名企招聘简介和待遇

本章目标

本附录将详细介绍 13 家知名企业——字节跳动、华为、百度、比亚迪、小米、京东、美团、腾讯、小红书、建信金融科技、兴业数金、平安科技和阿里巴巴的基本情况。内容包括各公司的成立时间、员工数量、人均薪资、员工福利待遇、所在城市，以及 2024 年校招的具体岗位和要求。通过这些信息，读者能够全面了解这些企业的招聘动态。无论是应届毕业生还是职场新人，本书都将成为他们了解大厂招聘信息和企业文化的实用指南。

D.1　字节跳动招聘简介

成立与上市时间：字节跳动成立于2012年3月，目前尚未上市，但据《华尔街日报》2024年11月17日报道，字节跳动的估值已达约3000亿美元（注：本章的数据和待遇仅作为参考）。

员工数量：2019—2021年，字节跳动实现了快速发展，员工数量从1万多人增加到10万人。截至2024年1月30日，字节跳动的员工总数已超过10万。

人均薪资：据网友分享的数据，字节跳动的薪资范围较为广泛，从低到高跨度和差距较大，从4 500~50 000元/月不等。具体薪资水平会因岗位职级和地区差异而有所不同，例如北京的薪资水平约为38 600元/月，上海约为40 000元/月。此外，约76.7%的岗位薪资为30 000~50 000元/月。

员工福利待遇：字节跳动为员工提供五险一金，并包括补充医疗保险、意外险、子女保险等福利。公司还提供丰富的生活补贴：对于距离公司步行30分钟以内或骑车20分钟以内的员工，每月可享受1 500元的租房补贴。员工的三餐由公司包办，且全部免费，还有下午茶。若加班到22点后，员工可以报销打车费用。公司还设有健身房，提供年度免费体检，并在过节时发放红包、新春礼包、活动礼品等。

2024年校招情况：字节跳动2024年的校招覆盖了10多个技术方向，包括后端、算法、前端、客户端、基础架构、测试、多媒体、大数据、芯片、运维、自然语言处理、计算机视觉、数据科学、机器学习等多个岗位。与2024届相比，2025届的研发类岗位需求增加了60%，其中后端、算法、前端和客户端的招聘需求最大。字节跳动的应聘入口为：https://jobs.bytedance.com/campus，页面如图D-1所示。

图D-1　字节跳动校招首页

所在城市：字节跳动的总部位于北京，并在全国多个城市设有办公室和研发中心，包括上海、广州、深圳、杭州、成都、重庆、武汉、珠海等20多个城市。

企业文化与价值观：追求极致，务实敢为，开放谦逊，坦诚清晰，始终创业，多元兼容。

D.2　华为公司招聘简介

成立时间：华为技术有限公司成立于1987年9月15日。

员工数量：据网络信息显示，华为全球员工总数约为 20.7 万，研发员工约占总员工数量的 55.0%（约 11.4 万人）。

人均薪资：根据网友分享的统计数据，华为员工的平均工资为 23 117 元/月。具体收入分布如下：33%的员工工资为 20 000~25 000 元/月，20%的员工工资为 15 000~20 000 元/月，年终奖的平均金额为 56 997 元。

员工福利待遇：华为为员工提供五险一金，并按照国家规定缴纳住房公积金。员工还可以享受补充商业保险，包括人身意外伤害险、重大疾病险、寿险、医疗险及商务旅行险等。此外，公司为员工提供一定的住房补贴、交通补助和班车服务，并设有股权激励计划，员工可以参与公司的持股计划。每年提供健康体检服务，并组织团队旅游活动，增强团队凝聚力等。

2024 年校招情况：研发类岗位是招聘重点，主要招聘计算机类（如计算机科学与技术、软件工程、信息安全、网络空间安全、网络工程等）、电子信息类、自动化类等专业，也涵盖材料类、数学类、统计学类、物理学类、机械类等专业。公司设有"天才少年计划"，为优秀人才提供世界级挑战性课题研究机会和百万以上的年薪。

薪资待遇：不同部门岗位之间的薪资差异较大（据说华为流传有"神无线、圣终端"之说，即无线通信业务和终端业务两大核心业务部门）。无线算法岗位的薪资最为优厚，月均收入高达 3.6 万元，并且提供 10 万元的年终奖金；相比之下，OD（Organizational Development，组织发展）项目的月薪较低，范围在 1.1 万元和 1.8 万元之间。华为应聘入口为 https://career.huawei.com/reccampportal/portal5/index.html。华为的校招首页如图 D-2 所示。

图 D-2 华为校招首页

所在城市：华为总部位于深圳市，在全球多个城市设有研究所和分支机构，包括上海、北京、杭州、西安、东莞、慕尼黑等。

企业文化与价值观：以客户为中心，以奋斗者为本，长期艰苦奋斗，坚持自我批判，开放进取，至诚守信。团队合作：胜则举杯相庆，败则拼死相救。

D.3 百度招聘简介

成立与上市时间：百度成立于 2000 年，2005 年在美国纳斯达克上市。

员工数量：据网络数据，截至 2024 年，百度员工总数约为 4 万。

人均薪资：据网络数据，百度的平均工资为 27 514 元/月，其中 29%的员工工资为 20 000~25 000 元/月，14%的员工工资为 10 000~15 000 元/月。据百度 2024 届校招情况，算法岗的月薪为 24 000~36 000 元，一年 16 个月薪资；开发岗月薪为 20 000~34 000 元，一年 15 至 16 个月薪资。

员工福利待遇：百度提供五险一金，部分岗位享有六险二金，还包括补充商业保险，如补充医疗保险、意外伤害保险等。公司通常提供免费的早餐和午餐，此外还有晚餐补贴、交通补贴或免费班车服务。百度还提供带薪休假，包括法定节假日、带薪年假、病假和婚假等，优秀员工可以获得更丰厚的年终奖金。公司注重员工的工作与生活平衡，并有明确的晋升机制。

2024 年校招情况：百度 2025 年校园招聘全面启动，面向全球毕业生发出超 3000 份录用通知，约 80%为 AI 技术相关岗位，涵盖 AI 算力、模型框架、产品应用等多种类别，包括 AI 异构计算、云计算虚拟化、高性能计算、AI 推理框架、AI 训练框架、大模型算法工程师、AI 数据训练师等职位。

百度的招聘入口为 https://talent.baidu.com/jobs。百度校招首页如图 D-3 所示。

图 D-3　百度校招首页

所在城市：总部位于北京，在上海、广州、深圳、成都、大连等城市设有办公室。

企业文化与价值观：

- 使命：用科技让复杂的世界更简单。
- 愿景：成为最懂用户，并能帮助人们成长的全球顶级高科技公司。
- 核心价值观：简单可依赖、专注如一、创新求变、高效率执行、团结协作。

D.4　比亚迪招聘简介

成立时间：比亚迪成立于 1995 年，2007 年分拆出来的比亚迪电子（国际）有限公司在香港联交所挂牌上市，2011 年比亚迪股份有限公司在深圳交易所上市。

员工数量：据 2023 年网络数据显示，比亚迪员工总数突破 90 万，其中技术研发人员近 11 万，是全球研发人员最多的车企之一。

人均薪资：根据网友分享的统计数据，比亚迪平均工资为 10 486 元/月，其中 39%的员工工资为 6 000~9 000 元/月，17%的员工工资为 9 000~12 000 元/月，年终奖平均为 13 185 元。

员工福利待遇：提供六险一金，按照国家规定为员工缴纳住房公积金，同时为员工提供住房补贴、交通补助等。生活福利方面，部分地区提供免费的工作餐，部分地区有免费的员工宿舍，水电费公司承担。如果员工购买本公司汽车，公司还提供免费的充电桩。年终奖金通常会根据公司业绩和个人表现发放。此外，公司注重员工职业发展，提供多种培训机会，并定期组织团建、旅游等活动，以增强团队凝聚力。

2024 年校招情况：在比亚迪成立 30 周年暨第 1000 万辆新能源汽车下线发布会上，王传福公布的数据显示，2024 年校招生中，硕博生占比为 70%，研发人员占比为 80%。

比亚迪的招聘入口为 https://job.byd.com/portal/pc/#/school/home。比亚迪校招首页如图 D-4 所示。

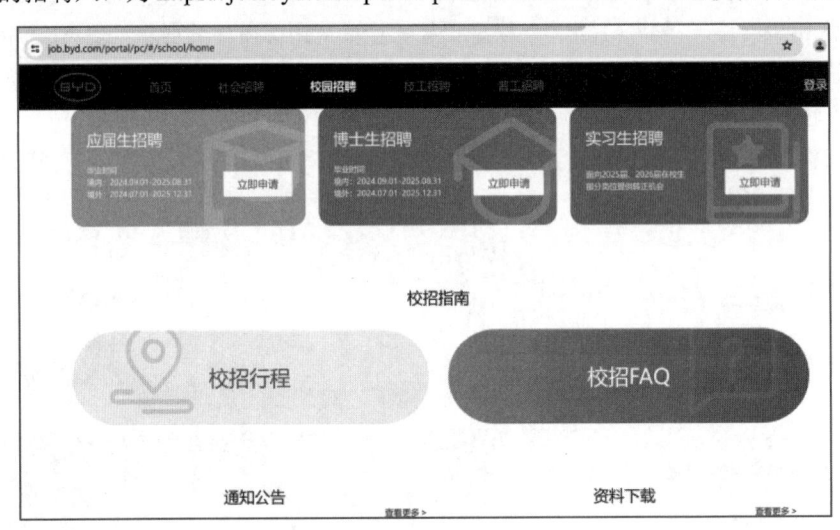

图 D-4　比亚迪校招首页

所在城市：比亚迪总部位于深圳，在全国设立 30 多个工业园，分布于西安、北京、上海、惠州、长沙、韶关等城市，业务涉及电子、汽车、新能源和轨道交通等多个领域。

企业文化与价值观：

- 核心价值观：平等、务实、激情、创新。
- 企业精神：质量为本、信誉为魂、追求卓越。
- 发展理念：技术为王，创新为本。
- 人才策略：事业留人，待遇留人，感情留人。

倡导"以厂为家、爱厂如家"，致力营造一个亲近、和善的工作环境。

D.5　小米招聘简介

成立与上市时间：小米公司正式成立于 2010 年，于 2018 年在香港联交所主板上市。

员工数量：据 2024 年上半年数据显示，小米公司员工总人数为 37525 人。

人均薪资：根据 BOSS 统计数据，2023 年小米集团员工的薪资分布如下：

- 1 000~8 000 元/月，占比为 12%。
- 8 000~13 000 元/月，占比为 17%。
- 13 000~19 000 元/月，占比为 3%。
- 19 000~26 000 元/月，占比为 10%。
- 26 000~36 000 元/月，占比为 24%。
- 36 000~46 000 元/月，占比为 14%。
- 46 000~ 56 000 元/月，占比为 9%。
- 56 000~66 000 元/月，占比为 3%。
- 66 000~81 000 元/月，占比为 2%。
- 81 000~100 000 元/月，小于 1%。

月收入平均值为 27 846 元，有 50%的员工高于平均薪资，且高于同行业平均值 22 565 元。第一梯队的产品、技术、生产制造岗位的月平均收入都超过了 3 0000 元，其中技术岗位平均月收入为 37 507 元。

员工福利待遇：小米为员工提供有竞争力的薪资和奖金，通常包括基本工资、绩效奖金和年终奖金等。公司按照国家规定为员工缴纳五险一金，并提供补充商业保险。在生活福利方面，公司设有食堂，并为员工提供餐饮补贴或免费的工作餐；部分地区有员工宿舍或住房补贴；提供交通补贴或免费班车；此外，还会发放节日福利、生日福利等。小米注重员工的职业发展，提供丰富的培训和晋升机会。员工还可享受带薪年假、病假等休假福利；公司还定期组织各类团队建设活动、文体活动等。

2024 年校招情况：小米 2024 年校招偏向计算机类、电子信息类、自动化与人工智能类专业的毕业生，本科及以上学历优先，硕士研究生特别受欢迎。热门岗位如芯片研发工程师年薪为 350 000~570 000 元，算法工程师年薪为 300 000~500 000 元，软件开发工程师年薪为 250 000~450 000 元。

小米的应聘入口为 https://hr.xiaomi.com/campus。小米校招首页如图 D-5 所示。

图 D-5 小米校招首页

所在城市：小米总部位于北京，在全球多地设有办公地点，包括印度、东南亚、欧洲等；在国内的武汉、南京、上海、深圳等城市也有重要的研发中心和办公机构。

企业文化与价值观：始终坚持做"感动人心、价格厚道"的好产品，让全球每个人都能享受科技带来的美好生活；愿景是和用户交朋友，做用户心中最酷的公司，成为全球领先的科技创新企业，为用户提供高品质、高性价比的产品和服务。

D.6 京东招聘简介

成立与上市时间：京东于1998年创立，2004年进入电商领域，并于2014年5月在美国纳斯达克证券交易所上市。2020年6月，京东在香港联交所完成二次上市。

员工数量：据2024年统计数据，京东目前员工总数已接近52万人。近两年内，新增员工约13万人，其中大部分来自物流领域。

人均薪资：根据网友分享的统计数据，京东的平均工资为18 132元/月，年终奖平均为35 842元。然而，不同岗位和层级的薪资差异较大。

员工福利待遇：京东为员工缴纳五险一金，部分岗位还提供补充商业保险；根据年度绩效，员工获得3~8个月月薪年终奖金。在生活福利方面，公司设有食堂并提供餐饮补贴，部分地区为员工提供宿舍或住房补贴；员工还可享受班车服务。公司为员工提供带薪年假、病假等休假福利。京东注重员工的职业发展，提供丰富的培训和晋升机会。此外，京东还会组织各类团队建设活动、文体活动等；员工可享受内部购物优惠。

2024年校招情况：京东2024年校招算法岗月薪为25 500~30 000元，16个月薪资，年薪为410 000~480 000元；开发岗月薪为23 000~27 500元，16个月薪资，年薪为360 000~440 000元。京东计划于2025年进行史上最大规模的校招，面向在校生提供1.8万个岗位，同时宣布2025年校招岗位薪酬将全面上调，其中技术等核心岗位薪酬提升幅度将不低于20%。

京东的应聘入口为https://campus.jd.com。京东校招首页如图D-6所示。

图D-6 京东校招首页

所在城市：京东总部位于北京市大兴区亦庄经济技术开发区，在全国乃至全球多地设有分支机构。

企业文化与价值观：使命是"技术为本，让生活更美好"，核心价值观是"客户为先、创新、拼搏、担当、感恩、诚信"，企业愿景是"成为全球最值得信赖的企业"。

D.7　美团招聘简介

成立与上市时间：美团于2010年成立，2018年在港交所挂牌上市。

员工数量：截至2024年，具体员工数量尚未查证，但已知2022届入职4640人，2023届入职6246人，2024届已入职约5000人，全年预计入职超过6000人。

人均薪资：根据网友分享的统计数据，美团的平均工资为14 922元/月，年终奖平均为42 546元。职级方面：

- L5职级月薪平均约为21 000元，年终奖中位数约为67 000元，年薪中位数约为25.2万元。
- L6职级月薪平均约为24 000元，年终奖中位数约为72 000元，年薪约为36万元。
- L7职级月薪平均约为32 000元，年终奖中位数约为92 000元，年薪约为54万元。
- L8职级月薪平均约为49 000元，年终奖中位数约为160 000元，另有一定数量的股票，绩效优秀的员工可享受更高薪资，年薪约为80万元。
- L9职级工资年薪约96万元，年终奖约18.1万元，股权激励约180万元，总年薪约294.1万元。

员工福利待遇：美团为员工缴纳五险一金，并提供补充保险等福利。在生活福利方面，公司提供房补，每月1 500元；晚8点后下班的员工可享有30元餐补，晚9点后下班还可享有打车补贴。公司提供免费的健身房。此外，员工如遇到结婚、生育等喜事时，公司会提供结婚贺礼、生育贺礼；如遇直系亲属丧葬，公司将提供慰问金。

2024年校招情况：美团2024年春季校招预计招募4000人，其中技术类岗位占比超过50%。面向全球精尖校园科技人才的招聘项目"北斗计划"也在持续进行。实习薪资方面：

- 本科技术岗：280元/天+餐补30元/天（晚8点后）+1500元房补。
- 研究生技术岗：310元/天+餐补30元/天（晚8点后）+1500元房补。
- 正式员工的薪资：开发岗基础薪资为21 000~24 000元/月，年薪根据绩效等因素在一定范围内浮动。

美团的招聘入口为http://hr.meituan.com/。美团校招首页如图D-7所示。

图 D-7　美团校招首页

所在城市：美团总部位于北京，在上海、成都、深圳、广州、香港、利雅得等几十个城市有办公地点。

企业文化与价值观：使命是"帮大家吃得更好，生活更好"；愿景是通过"零售 + 科技"的战略，成为全球领先的生活服务科技公司，为消费者提供更便捷、高效、优质的生活服务。

D.8　腾讯招聘简介

成立与上市时间：腾讯成立于 1998 年，并于 2004 年 6 月 16 日在港交所主板上市。

员工数量：截至 2024 年 9 月 30 日，腾讯集团的员工超过 108 823 人，较去年同期略有增长。

人均薪资：根据 2024 年第三季度财报显示，截至 2024 年 9 月 30 日的 3 个月内，腾讯薪酬支出总额为 296 亿元，人均年薪约 108 万元。年薪除了工资外，还包括股票等。

员工福利待遇：健康保障方面，为员工提供细致周到的健康保险计划，覆盖医疗保险、意外伤害保险等。工作时间与地点方面，推行灵活的工作时间和地点安排。薪资结构调整方面，提高基础薪资比例，降低绩效奖金占比，将年底"十三薪"分摊到月薪，提升员工的月度现金流，年终奖则更加聚焦于对员工全年业绩的奖励。家庭关怀方面，增设了多项家庭关怀福利，如育儿假、长期护理假等。职业里程碑关怀方面，员工的"职业里程碑"包括入职 1 年、5 年、10 年、15 年、20 年及法定退休，每个节点都能享有不同的实物礼品或特色权益。

2024 年校招情况：

- 青云计划：2024 年腾讯针对技术研发领域推出了"青云计划"，该计划面向全球招募顶尖学子，涵盖 AI 大模型、大数据、多媒体、游戏引擎、金融科技等十大技术领域，设置了 160 多个技术课题，其中 AI 大模型招聘专项扩招 50%。薪酬范围为 100 万元~200 万元，其中 150 万元以上居多。腾讯还提供全面定制化的培养方案及开放核心业务的工作机会等。
- 常规校招：2025 年校园招聘开放技术、产品、市场、设计和职能等 5 个大类、70 余种岗位，校招面向的毕业生时间范围从 1 年拓宽至 2 年，2024 届毕业生和 2026 届准毕业生也可以参与。

腾讯的招聘入口为 https://join.qq.com。腾讯校招首页如图 D-8 所示。

图 D-8　腾讯校招首页

所在城市：总部位于深圳南山区高新南一道 9 号腾讯大厦，在全球的 28 个城市设有办公地点。

企业文化与价值观：

- 使命与愿景：用户为本，科技向善。一切以用户价值为依归，将社会责任融入产品及服务之中；推动科技创新与文化传承，助力各行各业升级，促进社会的可持续发展。
- 核心价值观：正直、进取、协作、创造。

D.9　小红书招聘简介

成立时间：小红书成立于 2018 年，是内容分享平台。用户可以在平台上发布和浏览各种笔记，分享生活经验和购物心得。这是小红书起家的核心业务，也是其用户规模快速增长和用户互动紧密的基础。

员工数量：根据 2023 年年报，小红书的员工总数接近 4000 人。

人均薪资：根据职友集数据，小红书的工资为 30 000~50 000 元/月（员工占比为 60.5%）。其中，本科员工的平均工资约为 40 100 元/月，硕士员工的平均工资约为 43 800 元/月，博士员工的平均工资约为 50 000 元/月。按地区统计，上海地区员工的平均工资约为 40 300 元/月，北京地区员工的平均工资约为 41 100 元/月，薪资以 14 个月的月薪为基准。

员工福利待遇：公司为员工缴纳五险一金，并提供补充医疗保险等福利。生活福利方面，员工享受免费三餐、下午茶、零食和饮料不限量供应。除此之外，还有住房补贴、交通补助、通讯补贴等，并定期组织团队聚餐。其他福利包括员工享有国家法定的双休日、年假等。此外，公司还会在电商节日发放一些衣服，生日可获得生日券，周年时还会赠送周年券。

2024 年校招情况：小红书在 2025 年校园招聘中，技术类岗位的占比超过 70%，覆盖算法、研发等岗位。

- "REDstar 顶尖人才计划"招聘于 2024 年 7 月启动，是小红书面向全球高校顶尖人才制订的专属人才计划。自 2022 年起实施，并已连续实行 3 年。该计划在 2024 年 9 月至 10 月，在北京、上海、杭州、南京、武汉、哈尔滨、合肥等多个城市举办技术沙龙。
- 培训计划，为技术序列的校招生举办"超级码力"启航营，帮助毕业生完成从校园到职场的身份转变。

小红书的应聘入口为 https://job.xiaohongshu.com。小红书校招首页如图 D-9 所示。

图 D-9　小红书校招首页

所在城市：总部位于上海，在北京、杭州、广州、深圳、西安、武汉等地设有办公地点。
企业文化与价值观：

- 用户至上，持续创新。小红书始终将用户的需求置于首位，积极倾听用户的反馈和建议，并致力于不断改进和创新产品和服务。
- 激情激发创新：鼓励员工敢于追求卓越，勇于尝试创新，坚信激情是推动创新的动力，提供充满激情和活力的工作环境。

D.10　建信金融科技招聘简介

成立时间：建信金融科技有限责任公司于 2018 年在上海成立。
员工数量：据网络数据显示，公司目前员工约 5000 人。
人均薪资：根据职友集数据，建信金融科技员工的工资在 20 000~30 000 元/月（员工占比为 47.8%）。其中，本科员工的平均工资约为 28 400 元/月，硕士员工的平均工资约为 33 600 元/月，博士员工的平均工资约为 50 000 元/月。按地区统计，北京地区员工的平均工资约为 33 000 元/月，厦门地区员工的平均工资约为 23 500 元/月。
员工福利待遇：公司为员工提供六险一金，公积金缴纳比例为 12%。此外，还提供补充医疗险、免费班车、定期体检、水吧零食、餐饮补贴、通讯补贴、年终奖金、企业年金等。员工享有国家法定的双休日、年假等相关假期。
2024 年校招情况：

- 招聘人数及岗位：计划招聘 240 人，岗位涵盖系统架构设计与研发类、数据研发与分析类、人工智能/区块链/云计算等创新技术类，以及业务运营和项目运营管理等。
- 招聘要求：招聘对象为 2025 年应届毕业生，本科（含）及以上学历。优先考虑计算机类、软件工程类、数理统计类等理工类专业的毕业生，要求具有良好的英语听、说、读、写能力，综合素质较好。具备 IT 科研或项目开发相关经验以及知名企业实习经验者优先。
- 笔试科目：申请技术岗位的应聘者需参加"信息技术类"笔试，考察内容涉及计算机网络、操作系统、软件工程、信息安全、设计模式、数据结构与算法、开发语言语法、数据库（语法）、编程能力等方面的专业知识。

建信金融科技的招聘入口为 https://job1.ccb.com/。建信金融科技校招首页如图 D-10 所示。

图 D-10　建信金融科技校招首页

所在城市：总部设在上海浦东新区建行大厦，工作地点包括上海、北京、厦门、广州、武汉、成都、深圳、太原、南京、重庆等。

企业文化与价值观：立足建行"新一代核心系统"基础，形成企业级、自主可控的"新金融操作系统"，提供数字化转型咨询服务和金融级云解决方案，以成为新金融科技生态体系建设的引领者。

核心价值观：积极践行"五要五不要"，即"要诚实守信，不逾越底线；要以义取利，不唯利是图；要稳健审慎，不急功近利；要守正创新，不脱实向虚；要依法合规，不胡作非为。

D.11　兴业数金招聘简介

成立时间：兴业数字金融服务（上海）股份有限公司成立于 2015 年。

员工数量：根据猎聘信息显示，兴业数金的员工规模在 1000~2000 人。

人均薪资：根据猎聘网的部分招聘信息，Java 研发工程师（硕士学历）的薪资为 20 000~25 000 元/月，大数据 ETL 工程师（硕士学历）的薪资为 15 000~25 000 元/月。但请注意，这仅为部分岗位的薪资范围，并不完全代表公司的人均薪资。

员工福利待遇：公司提供带薪年假及其他法定福利，提供五险一金等基本福利。作为兴业银行集团旗下的公司，兴业数金为员工提供在金融科技领域深入学习和实践的机会，并提供广阔的职业发展空间和晋升通道。

2024年校招情况：2025年校园招聘中涉及技术研发类岗位，如Java开发工程师、大数据ETL工程师等。通常要求国内大学统招硕士及以上学历，且本科或研究生学历必须来自国内211高校或国外知名大学。部分岗位，如大数据ETL工程师，要求计算机或数学相关专业，熟悉Hadoop、Storm、Hive、Spark、Kafka、Phoenix等技术应用。

兴业数金的招聘入口为https://www.cibfintech.com/。兴业数金校招首页如图D-11所示。

图D-11 兴业数金校招首页

所在城市：在上海、福州、成都、杭州、深圳、北京、广州、西安、武汉、苏州等城市设有办公地点或研发基地。

企业文化与价值观：

- 科技引领与创新：抢抓数字革命机遇，利用移动互联、云计算、大数据、人工智能等新兴技术，深化集团融合发展，积极构建"连接一切"的能力，致力于运用前沿科技为商业银行数字化转型提供解决方案。
- 开放包容与共享：依托集团化优势，面向全社会提供普惠数字金融服务，打造开放银行平台，通过开放接口，开展微创新，成为"银行端"和"客户端"的连接器，构建云端共赢生态。

D.12 平安科技招聘简介

成立时间：平安科技（深圳）有限公司成立于2008年9月。

员工数量：现有员工超过4000名，主要为专业IT技术人员和IT管理专家。仅上海公司就有793名员工。

人均薪资：根据启信宝的招聘信息显示，资深测试工程师和高级网络产品经理的薪资为

20 000~30 000 元/月。但这一数据不能完全代表人均薪资水平。

员工福利待遇：公司为员工提供五险一金等常规福利，此外还包括带薪年假、病假等。公司关注员工的健康状况，提供年度体检等福利。公司设有员工餐厅、健身房等设施，以丰富员工的业余生活。同时，还提供节日福利、生日福利等。

2024 年校招情况：招聘岗位有软件研发工程师、算法工程师、数据分析师、测试工程师等技术研发类岗位。招聘要求通常要求本科及以上学历，专业为计算机科学与技术、软件工程、数学、统计学等相关专业。应聘者需具备扎实的编程基础和数据结构知识，熟悉至少一种编程语言，如 Java、Python 等。对于算法工程师等岗位，要求具备较强的算法设计和优化能力，熟悉机器学习、深度学习等算法。

平安科技的应聘入口为 https://campus.pingan.com/。平安科技校招首页如图 D-12 所示。

图 D-12 平安科技校招首页

所在城市：总部位于深圳福田区益田路 5033 号平安金融中心，在上海、成都等地设有分部。

企业文化与价值观：

- 科技赋能金融、科技驱动生态：践行"科技赋能金融、科技驱动生态"的企业使命，赋能集团金融服务、医疗健康、汽车服务、智慧城市生态圈建设，致力于成为国际领先的科技公司。
- 创新：不断追求科技创新，在金融科技和数字医疗科技方面的专利申请数位居全球第一，在人工智能方面位居全球第三。

D.13 阿里巴巴招聘简介

成立与上市时间：1999 年创立，2014 年于纽交所上市。

员工数量：截至 2024 年 9 月 30 日，阿里巴巴的员工总数为 197 991 人。

人均薪资：根据职友集数据，工资在 30 000~50 000 元/月的员工占比最多，为 58.1%。本科毕业生的平均工资约为 36 000 元/月，硕士毕业生的平均工资约为 40 500 元/月，博士毕业生的平均工资约为 43 000 元/月。

员工福利待遇：公司为员工提供六险一金等法定福利；除基本工资外，还包括项目奖金、业绩提成等，部分岗位提供16个月月薪，即12个月基本工资＋1个月年底双薪（13薪）＋3个月绩效奖金。其他福利包括高温津贴、租房津贴、交通津贴、车油津贴、采暖津贴、餐饮津贴、寒暑假差旅津贴、带薪事假等。此外，公司还提供职业规划培训，并有期权等激励措施。

2024年校招情况：招聘岗位包括丰富的技术研发类岗位，如算法工程师、软件开发工程师、数据科学家、运维工程师等。招聘要求通常为本科及以上学历，计算机、数学、电子信息等相关专业。具备扎实的编程基础和数据结构知识，并熟悉至少一种编程语言，如Java、Python等。对于算法工程师等岗位，要求有较强的算法设计和优化能力，熟悉机器学习、深度学习等算法。阿里巴巴为校招技术研发人员提供完善的培训体系和晋升通道，新员工会经历系统的入职培训和导师一对一指导，帮助其快速适应工作环境和提升技术能力。

阿里巴巴的招聘入口为https://talent.alibaba.com。阿里巴巴校招首页如图D-13所示。

图D-13　阿里巴巴校招首页

所在城市：总部位于杭州，同时在北京、上海、广州、深圳等国内主要城市以及全球多个地区设有分支机构和研发中心。

企业文化与价值观：客户第一，拥抱变化，团队合作，诚信，激情，敬业。

附录 E
从简历撰写到校招面试的成功之路

本章目标

本附录将详细介绍从简历撰写到校招面试的全流程求职指南,帮助读者从大一开始逐步积累技能和项目经验,打造一份优秀的简历,进而成功求职。通过 STAR 法则,本附录将指导如何清晰、有条理地展示项目经历,并提供面试准备、沟通技巧和常见笔试题的解析。无论是简历撰写、面试技巧,还是高频笔试题的解答,本附录都为求职者提供了实用的建议和示例,帮助求职者在校招和实习中脱颖而出。

E.1 简历是什么

E.1.1 第二张成绩单

简历是什么？简历可以视为你大学生涯的第二张成绩单，建议读者尽早认识到，大学生涯有两张成绩单。

1. 记录分数的成绩单

记录分数的成绩单是为家长、学校和老师准备的。它能证明你对知识的掌握程度，不过，一旦考试结束，分数就失效了。进入职场后，分数成绩单的作用也逐渐减弱。它更多的是作为在校期间竞争的一种比较标准。

2. 记录技能、项目经验的成绩单

记录技能、项目经验的成绩单其实就是简历，是给市场、企业、面试官看的。虽然考试成绩优秀很重要，但与掌握理论、技能和企业需要的人才素质相比，简历中呈现的项目经验更能让面试官眼前一亮。在实习和校招时，项目经验尤为关键。

随着就业市场竞争的日益激烈，第二张成绩单的价值也愈加重要。无论是本科生、研究生，还是博士生，在找实习机会和工作时，首先向用人单位展示的就是简历。企业在考虑毕业生时，除了学历、大学层级等基本因素外，更多的关注点是简历中展示的技能、实践项目成果是否与企业当前招聘职位的要求匹配。企业招聘的基本原则是唯才是用。企业招聘人才的目标是解决问题、完成任务、创造成果。

一份优质的简历不仅是毕业后顺利就业的关键，更是在未来职场长期稳健发展的基础。遗憾的是，许多读者一开始便陷入了一个误区：以为大学生活还像高中一样，只要考高分，将来就能找到好工作。他们把追求考试的分数与提升做事的能力视为相互矛盾的任务，认为只能二选一。如何打破这一误区，我们将在后续章节中具体分析。

E.1.2 什么时候写简历

这是许多人常犯的第二个误区：以为简历要等到大四或研三，等到快毕业的那一天才开始写。在此，笔者提醒各位，简历应当从大一开始写。强烈建议读者每学年结束时，花时间整理出自己掌握的技能、获得的奖项和完成的实践项目，写一份简历。就像每年都有期末考试的成绩标示学习成果一样，简历可以帮助你总结和展示这一年的职业能力和技能提升。

简历中的技能和项目通常是贯穿整个大学生涯的，特别是技能方面，大一可能只能写一些基础的概念，但随着实践的积累，你会不断精进，在实践中深入解决问题。将简历贯穿整个大学阶段，可以避免毕业时出现"开盲盒"式的尴尬局面。

E.1.3 优秀简历示例

以下是一个优秀简历的示例：

张 三 丰

后台研发/北京邮电大学/信息工程学院/138-0000-8888

1. 掌握技能

1. 编程语言：熟悉 C++、Java、Python、SQL、JavaScript，对 Java 应用较多。
2. 了解机器学习相关算法，如贝叶斯算法、大语言模型、深度学习。
3. 比较了解链表、栈、二叉树、红黑树、哈希表等数据结构。
4. 比较熟悉 Android 开发平台，具有 Android 开发项目经验，已完成多个作品展示。
5. 深入了解 TCP/IP 通信协议，并在学习项目中使用过 MD5、RSA 等加密算法。
6. 有部署过 DeepSeek、Gemma 系列开源大模型的实践经验，具备初步的训练和微调经验。

2. 项目作品

1）数据压缩软件

（1）使用 Java 和 C++分别开发，目的是熟悉不同编程语言的应用。
（2）实现了哈夫曼压缩算法和 LZW 字典压缩算法。
（3）设计并实现了可视化界面的压缩和解压缩，并比较了压缩效率。

项目收获：
（1）掌握了严谨的代码编写风格（如变量的命名、变量作用域的控制、注解和 OOP 封装）。
（2）深入了解了堆排序、哈希表、数组的使用场景及优化技巧。
（3）碰到了大文件读写的问题，并设计了文件分块协议来读入超过 2GB 的文件。

2）视频会议平台

（1）实现了 PC 到 PC 和 PC 到手机端的视频通信。
（2）实现了视频的马赛克、二值化、锐化、弹幕、缩放等功能。
（3）利用 OpenCV 库，实现了人脸识别、运动跟踪和仿抖音特效功能。

项目收获：
（1）理解了 TCP 和 UDP 通信的区别，采用 TCP 传聊天信息，使用 UDP 传视频流。
（2）使用缓冲队列确保视频不丢帧，在服务器端使用线程池处理并发任务，深入了解线程池的应用。
（3）实现了图片传输前的压缩，测试了 JPEG、PNG 格式和自定义缩微图片传输的效果。
（4）实现了数据证书的登录认证，客户端用 RSA 加密，用 MD5 传输登录数据。
（5）服务器端使用 Redis 数据库存储用户信息，掌握了 Redis 持久化存储的基本原理。

3. 获奖和自荐

（1）ACM 比赛校级铜奖，蓝桥杯三等奖，全院游戏设计高手。
（2）性格开朗，乐于助人，能承受压力，热爱健身，为加班做好了准备。
（3）虽然只通过了大学英语四级考试，但具备良好的临场发挥能力，能够进行英语对话。

这个示例展示了一个不错的简历原型，但真正要明白的是：简历不是写出来的，而是在长期的探索和实践过程中不断沉淀的成果。只有通过充分的实践，并结合一些技巧，才能呈现一份亮眼的简历。写好简历的通用法则之一便是 STAR 法则，接下来将详细讲解如何运用该法则来撰写简历。

E.2　手把手带你写简历

E.2.1　研读企业招聘需求

在开始写简历之前，首先要深度研读企业的岗位招聘需求。岗位招聘要求不仅是学习的重要参考，更是写好一份能吸引面试官关注的简历的前提。无论是大一的同学，还是临近毕业的同学，都强烈建议仔细研读与自己方向对接的招聘要求。

企业的招聘需求一般由岗位描述、岗位要求和加分项三部分组成。如图 E-1 所示是腾讯公司后台开发实习生的招聘要求（网址为 https://join.qq.com/post_detail.html?pid=2&id=101&tid=2）。接下来以该招聘为例，讲解如何研读招聘需求。

图 E-1　招聘说明

1. 岗位描述

负责实现和优化公司的产品功能，以及构建和维护关键服务与基础设施。

（1）深入理解业务需求和产品设计，高效地实现并优化产品功能。
（2）持续优化架构，提升关键服务和基础设施的稳定性与可用性。
（3）通过引入新的工具和流程，提升团队的开发效率和代码质量。
（4）通过与产品和前端工程师的紧密合作，共同推进产品的迭代与优化。
（5）对线上问题进行快速定位并解决，对服务性能进行监控与优化。
（6）参与新技术的研究和探索，为团队的技术进步和产品创新提供支持。

提示：阅读这些描述的目的在于理解在项目实践中需要关注的要点。

2. 岗位要求

必须具备的能力：

（1）扎实的编程能力。

（2）熟练掌握 C/C++/Java/Go 其中一门开发语言；熟悉 TCP/UDP 网络协议及相关编程、进程间通信编程；具备扎实的算法、操作系统、软件工程设计模式、数据结构、数据库系统和网络安全等专业知识。

需要了解的技能：

（1）Python、Shell、Perl 等脚本语言。
（2）MySQL 及 SQL 语言及其编程。
（3）NoSQL、Key-Value 存储原理。

> **提　示**
>
> 阅读这些描述的目的是了解企业重点关注的技能点，为技术路线的选择提供重要参考。

3. 加分项或注意事项

（1）分布式系统设计与开发、负载均衡技术、系统容灾设计、高可用系统等相关知识。
（2）对云原生相关技术有所了解。

> **提　示**
>
> 这一部分的描述展示了本岗位的亮点要求，是面试时可能加分的内容。

研读招聘需求后，对于大学低年级的同学而言，这样就能明确技术实践的路线，促进同学们主动拓展学习内容，做到有的放矢。通过相应的学习与实践，接下来撰写一份内容充实的简历就水到渠成了。下一步，将带领读者运用 STAR 法则写好一份简历。

E.2.2　实践 STAR 法则写简历

STAR 法则包括 Situation（情境）、Task（任务）、Action（行动）、Result（结果）。按照 STAR 法则组织简历内容，可以清晰、有条理地展示你的经历与能力，让面试官快速了解你的价值和贡献。请按照以下步骤，开始撰写一份自己的简历。

1. 个人信息部分

包括真实姓名、手机号码、电子邮箱以及求职意向，例如技术研发实习生（也可具体注明意向的技术方向，如后端开发、算法研发等）。

2. 教育背景

写明所在的大学名称和专业名称，可选项包括入学时间与预计毕业时间。如果专业与招聘职位对口，可以列举自己专业的核心课程，增加简历的专业深度；如果学习成绩较为突出，更应在简历中体现这一优势。例如：

- 相关课程：列举与技术研发相关的核心课程，如数据结构、算法分析、编程语言（Java、Python 等）、操作系统、计算机网络等，体现专业知识储备。

- 成绩排名（如有优异表现）：如专业前[X]%，展现学习能力。

3. 项目经历（运用 STAR 法则重点描述）

1）项目一：[项目名称]

（1）Situation（情境）：介绍项目开展的背景，如是学校课程要求、实验室课题或竞赛项目等。例如，"在学校'人工智能实践'课程中，为解决[具体业务场景问题，如智能客服场景下对客户意图识别不准确的问题]，开展了相关项目研发。"可以进一步说明项目的规模与团队情况，"项目团队由 5 名同学组成，负责整个智能客服意图识别系统的全流程开发，从需求分析到上线部署。"

（2）Task（任务）：清晰阐述你在项目中的具体职责与目标。例如，"我的主要任务是负责模型搭建与训练部分，目标是通过自然语言处理技术，构建一个准确率达到[X]%以上的客户意图识别模型，从而提升智能客服的响应精准度。"

（3）Action（行动）：详细说明为完成任务采取的具体行动，如技术选型、代码实现等，例如，"首先，选用了[具体深度学习框架，如 PyTorch]作为模型开发框架，并基于[特定的预训练模型，如 BERT]进行微调；然后，收集并整理了[具体数量，如 5000 条]涵盖不同业务场景的客户对话数据，进行数据清洗、标注，并划分为训练集、验证集和测试集；接着，使用 Python 语言编写模型训练代码，针对业务需求设计了[提及关键的模型改进或优化点，如自定义损失函数、增加特定的注意力机制等]，通过不断调整超参数，经过[X]轮训练，最终得到最优模型。"

（4）Result（结果）：以量化的数据展示项目成果。例如，"测试结果显示，所构建的客户意图识别模型在测试集上的准确率达到了[X]%，相比基线模型提高了[X]个百分点。该模型成功应用于学校合作企业的智能客服系统中，使客户问题的首次响应准确率提升了[X]%，有效减少了人工转接次数，提高了客服效率。"

2）项目二（如有多个项目，依次按上述逻辑撰写）：[项目名称]

（1）Situation（情境）：例如"作为[竞赛名称，如全国大学生计算机设计大赛]参赛项目的成员，旨在开发一款能帮助校园社团高效管理活动的移动端应用，以解决社团活动组织流程烦琐、信息通知不及时等痛点。"

（2）Task（任务）：例如"我负责该移动端应用的后端开发工作，确保服务器端能够稳定处理大量并发请求，实现活动信息的快速存储、查询与推送，同时保证数据的安全性与完整性。"

（3）Action（行动）：例如，"选用了[后端开发技术框架，如 Spring Boot]搭建服务器框架，采用[数据库系统，如 MySQL]进行数据存储，运用[接口设计与通信协议相关技术，如 RESTful API]实现前后端交互；针对高并发场景，通过[具体优化手段，如引入 Redis 缓存机制、优化数据库查询语句]提升系统性能；为保障数据安全，实施了[列举安全措施，如加密传输、用户身份验证等]措施。在开发过程中，与前端团队密切协作，通过[具体的协作方式与工具，如使用 Git 进行代码版本管理、每日进行团队代码审查等]保证项目的整体进度。"

（4）Result（结果）：例如"最终开发完成的校园社团活动管理应用在大赛中获得了[具体奖项，如省级一等奖]，上线后在本校 30 多个社团中推广使用，平均每天处理并发请求量达到[X]次，活动信息推送成功率高达[X]%，极大地提高了校园社团活动组织与管理的效率，得到了师生们的广泛好评。"

4. 实习经历（如有）

按照 STAR 法则描述之前的实习经历，例如：

[公司名称] - 技术研发实习生（[入职时间]-[离职时间]）

（1）Situation（情境）：例如，"在公司[业务部门名称，如电商业务部]，为应对业务快速增长带来的系统性能瓶颈和功能拓展需求，参与了核心业务系统的升级优化项目。"

（2）Task（任务）：例如，"我的任务是协助正式员工对现有系统的部分模块进行性能优化，并开发新功能模块以满足新业务需求，具体包括优化订单处理流程模块和开发商品推荐功能模块。"

（3）Action（行动）：例如，"在性能优化方面，运用性能分析工具[如 JProfiler]对订单处理模块的代码进行了性能剖析，定位到[指出性能瓶颈所在，如数据库查询耗时过长、部分算法复杂度较高等]问题，通过[采取的优化行动，如改写复杂 SQL 查询语句、采用更高效的排序算法等]提升了模块运行效率；在新功能开发方面，深入学习公司业务逻辑与用户需求，基于[相关的技术框架或算法，如协同过滤算法结合深度学习推荐模型]进行商品推荐功能的设计与代码实现，通过与团队成员一起进行多次代码评审与测试，不断完善功能。"

（4）Result（结果）：例如，"经过优化，订单处理模块的平均响应时间缩短了[X]%，系统能够支持的并发订单处理量提升了[X]倍，新开发的商品推荐功能上线后，商品点击率提升了[X]%，有效促进了公司电商业务的销售业绩增长，获得部门领导的认可与表扬。"

5. 技能清单（举例）

（1）编程语言：熟练掌握 Python、Java 等，并注明掌握的程度（如熟练使用 Python 进行数据分析、Web 开发和机器学习模型开发等）。

（2）开发工具与框架：例如熟练使用 IDE（如 Intellij IDEA、PyCharm 等），掌握常见的 Web 开发框架（如 Django、Spring Boot 等）、深度学习框架（如 PyTorch、TensorFlow 等）。

（3）数据库：熟悉 MySQL、Redis 等数据库的操作与应用场景，了解数据库设计与优化原则。

（4）相关技能：如熟悉 Linux 系统操作，掌握版本控制工具 Git，了解容器技术 Docker 等。根据应聘岗位的要求，罗列相关技能。

6. 奖项与荣誉（可选）

列举在校期间获得的与技术、科研相关的奖项，如奖学金（注明等级）、编程竞赛奖项、科技创新奖项等，按照含金量从高到低排序，展示自己在专业领域的优秀表现。

7. 自我评价（可选）

用简洁有力的语言总结自己的优势，突出与技术研发岗位相关的特质。例如，"具备扎实的计算机专业基础，对新技术有强烈的学习兴趣和快速掌握能力，通过多个项目实践锻炼了良好的问题解决和代码实现能力，善于团队协作，乐于接受挑战，期待在互联网大厂的技术研发实习中进一步提升自我，为业务发展贡献力量。"

在撰写简历时，整体格式要简洁清晰、排版美观，控制在 1~2 页为宜，重点突出、内容真实且有针对性地向目标岗位需求靠拢，这样才能提高获得面试机会的概率。

E.3 面试方法和技巧

E.3.1 面试的方法

"三分能力,七分面试。"面试是向面试官全面展示自己能力的机会,包括反应机动性、清晰流畅的表达、逻辑严谨的推导等。甚至可以说,面试才是决定成败的关键,需要重视的是沟通能力。笔者在指导学生面试时发现,学生们经常遇到的问题是表述不清,无法将自己的技术理解和实践经验有效地给面试官讲解清楚。

沟通能力的提升,最好的机会恰恰在日常生活中。在平时的学习和生活中,多与同学分享经验,多写技术博客文章,多参加演讲活动,这"三多"是提升沟通能力的有效途径。

具体到面试场景,需要调整的心态是:

(1)不要把面试当成考试:面试的题目并不仅仅追求答案的正确性,更重要的是展示应聘者解决问题的思路、考虑问题的周全性,以及依据原理推导问题的逻辑性。

(2)不要把面试官当成"为难你"的人:面试官更多的是抱着发现人才的心态来提问的,因此,面试官提出的问题,恰恰是应聘者展示自己能力的机会。与面试官探讨问题也是向业界学习请教的一个机会。面试中的一些难题,正是应聘者以后在学习道路上需要复盘和深化的重点。

(3)每一次面试都是难得的学习机会,对初学者而言,理解这一点尤为重要。

E.3.2 面试的技巧

一次完整的面试需要从 PCDR 四个方面进行准备和实践,具体介绍如下。

1. Prepare(准备)

深入了解目标企业:了解企业的业务范围、重大事件、创始人的理念、和自己生活学习的关联点、主要产品以及企业文化等基本信息,这样能够让自己表现出对该公司的浓厚兴趣和认同感。

技术项目梳理:复习编程语言(如 Python、Java 的语法细节、特性等)、数据结构(如链表、树、图的操作与应用场景)、算法(如常见排序、搜索算法及其复杂度分析)、计算机网络(TCP/IP 协议族、HTTP 等)、操作系统(如进程、线程、内存管理等概念)的内容。这些通常是面试中大概率会考查的内容。同时,梳理自己过往的项目经历和实习经历,依据 STAR 法则准备好每个项目的详细情况,明确自己在其中的角色、解决的问题以及取得的成果,以便能在面试中流畅、有条理地回答相关问题。

2. Communicate(沟通)

在面试过程中,要保持清晰、流畅的表达:回答问题时,语速适中,有条理地阐述观点,可以使用连接词(如 firstly、secondly、moreover、finally 等),让回答更具逻辑性。一个好的方法是,找同学或前辈来模拟面试,并在反馈中寻找改进空间。

清楚问题后再回答:认真倾听面试官的问题,确保理解题意后再作答。若不确定问题,可以请求面试官进一步解释说明,避免出现答非所问的情况。积极与面试官互动,不仅要准确回答问题,还可以适当进行拓展和延伸,展示自己的思考深度和广度,但也要注意不要偏离主题或过于冗长。

3. Demonstrate（展示）

讲解项目经历、解决问题的过程：例如，编程技能可以通过介绍代码实现思路、解决的技术难点来体现；团队协作能力可以描述在项目中与他人合作的方式、分工以及共同克服的困难等。

学习能力和学习热情：一句话，"没有热情解决不了的问题。"一个对事情、对别人有热情的应聘者，肯定会受到面试官的欣赏。可以提及自学了哪些新的技术框架，如何通过学习解决了项目中的难题，或者平时会主动关注行业前沿动态等，让面试官看到你的潜力和成长空间。

拓展问题体现发展潜力：在回答一些开放性问题或分享项目改进思路时，提出独特、有价值的想法和见解，表明自己不墨守成规，具备为团队带来创新活力的能力。这更是体现发展潜力的机会，面试官固然看重应聘者目前具备的能力，但更希望看到应聘者在未来工作中茁壮成长，成为团队的重要一员。

4. Reflect（反思）

深度复盘让面试更具价值。面试结束后，要及时对整个面试过程进行反思，回顾自己回答得好的地方和不足之处，总结经验教训，以便在后续的面试或工作中改进。如果在面试中有不清楚的问题或回答得不好的知识点，要利用面试后的时间去深入学习、查漏补缺，不断提升自己的专业素养，为下一次机会做好更充分的准备。

E.3.3　如何拿到面试机会

取得面试机会的前提是，简历已通过面试官的筛选。要让自己的简历顺利通过筛选，除了长期的储备和实践之外，还有以下 3 条途径可以让简历到达面试官手中。

1. 学长推荐

这是最优通道，但并不是说有了学长推荐就能降低面试的难度。学长推荐真正的价值，首先是你在面试前就已经与目标企业的学长进行了沟通与探讨。有了这个交流，你的技术储备和简历展示可能更符合企业的要求。其次，这为你提供了一个向行业高手请教的机会，可以获得简历修改建议和掌握技术的指导。最后，才是字面意义的学长推荐。学长推荐一方面提供了信任背书，另一方面提供了及时的反馈，例如面试流程的进展（走到了哪一步），第二轮、第三轮面试的侧重点，以及如果面试失败了，哪些方面需要反思和改进。

2. 聚合信息的招聘网站

这里给读者推荐三个常用的招聘网站：

牛客网：https://www.nowcoder.com
Boss 直聘：https://www.zhipin.com
智联招聘网：https://www.zhaopin.com

需要注意的是，招聘网站不应仅仅在毕业找工作时才开始关注，而是应从大一、大二甚至高考报志愿之前就开始浏览。大型招聘网站能帮助你从基本面上了解市场的人才需求趋势。

3. 各企业的官方网站、微信企业号

大部分企业的招聘信息都通过网络发布，面试过程也大多通过远程视频进行。如今，招聘不再是在学校里等待企业带着大队人马到校开招聘会。从企业角度看，人才是企业的核心竞争力，因此，许多企业会在官方网站和微信企业号上及时发布招聘信息。

E.4 高频笔试题 10 道初探

尽早触及高频笔试题，有助于为面试做好充分准备。

以下 10 道高频笔试题是针对技术研发实习生的典型笔试题，涵盖了编程语言基础、Python\Java\C++语言特征、操作系统、数据库、网络通信系统以及架构场景设计等方面。这些题目旨在为读者提供一个初步的了解窗口，帮助形成对笔试的基本印象，尽管并不要求读者能在短期内完全掌握，但可以作为后续学习的参照。

题目 1：编程语言基础——Python

以下 Python 代码的输出结果是什么？请解释原因。

```python
def func(a, b=[]):
    b.append(a)
    return b
print(func(1))
print(func(2))
```

参考答案：

```
[1]
[1, 2]
```

原因：在 Python 中，函数的默认参数在定义时仅初始化一次。后续每次调用函数时，如果使用默认参数，它们会在同一个对象上进行操作。在此例中，b 作为默认参数的一个列表，第一次调用 func(1)时，将 1 添加到列表 b 中，第二次调用 func(2)时，继续在原来的列表 b 上添加 2，所以最终结果是[1, 2]。

题目 2：数据结构

给定一个单向链表的头节点指针 head，编写一个函数来判断该链表是否有环，若有环请返回 True，否则返回 False（要求使用快慢指针法实现）。

参考答案（Python）：

```python
class ListNode:
    def __init__(self, val=0, next=None):
        self.val = val
        self.next = next

def hasCycle(head):
```

```python
    if head is None:
        return False
    slow = head
    fast = head
    while fast and fast.next:
        slow = slow.next
        fast = fast.next.next
        if slow == fast:
            return True
return False
```

代码思路：使用快慢两个指针同时遍历链表，快指针每次移动两步。如果链表有环，快慢指针必然会相遇；如果快指针遇到 None，则说明该链表无环。

题目 3：算法排序

实现快速排序算法，输入一个列表 nums，对其进行排序并返回排序后的列表。

参考答案（C++）：

```cpp
#include <iostream>
#include <vector>
using namespace std;
// 交换两个元素的函数
void swap(int& a, int& b) {
    int temp = a;
    a = b;
    b = temp;}

// 划分函数，选择一个基准元素，将数组划分为两部分
int partition(vector<int>& nums, int left, int right) {
    int pivot = nums[left];        // 选择第一个元素作为基准
    int i = left + 1;
    int j = right;
    while (true) {
        while (i <= j && nums[i] <= pivot) {
            i++;
        }
        while (i <= j && nums[j] > pivot) {
            j--;
        }
        if (i > j) {
            break;
        }
        swap(nums[i], nums[j]);
    }
    swap(nums[left], nums[j]);
    return j;
}
// 快速排序函数
void quickSort(vector<int>& nums, int left, int right) {
```

```
    if (left < right) {
        int pivotIndex = partition(nums, left, right);
        quickSort(nums, left, pivotIndex - 1);
        quickSort(nums, pivotIndex + 1, right);
    }}
// 对外接口函数，方便调用快速排序
vector<int> quick_sort(vector<int> nums) {
    int n = nums.size();
    quickSort(nums, 0, n - 1);
    return nums;
}
```

代码思路：选择一个基准值（这里选择列表的第一个元素），将列表中其余元素分为两部分：小于或等于基准值的放在左边，大于基准值的放在右边，然后对左右两部分分别递归调用快速排序，最后将排好序的左右两部分和基准值合并起来。

题目 4：计算机网络 TCP/IP

请简述 TCP 三次握手和四次挥手的过程及其作用，并用简单的示意图表示出来。

参考答案：

1）三次握手过程

第一次：客户端向服务器发送一个带有 SYN（同步序列号）标志的 TCP 报文段，请求建立连接，序列号为 seq=x（随机生成的初始序列号）。

第二次：服务器收到客户端的 SYN 报文段后，回复一个 SYN/ACK 报文段，SYN 标志表示服务器也同意建立连接，序列号为 seq=y（服务器随机生成的初始序列号），ACK 标志表示确认收到客户端的请求，确认号为 ack=x+1（期望收到客户端下一个报文段的序列号）。

第三次：客户端收到服务器的 SYN/ACK 报文段后，再向服务器发送一个 ACK 报文段，确认号为 ack=y+1，表示客户端也确认了服务器的连接请求，此时连接建立成功。

2）三次握手的作用

（1）确保双方都具有发送和接收数据的能力。

（2）协商初始序列号，保证通信双方的字节流能按顺序传输，避免出现混乱。

3）四次挥手过程

（1）客户端主动发起关闭连接请求，向服务器发送一个带有 FIN（结束标志）的 TCP 报文段，序列号为 seq=u。

（2）服务器接收到客户端的 FIN 报文段后，回复一个 ACK 报文段，确认号为 ack=u+1，表示已收到客户端的关闭请求，但此时服务器可能还有数据未发送完，所以连接还不能马上关闭。

（3）当服务器数据发送完毕后，向客户端发送一个 FIN 报文段，序列号为 seq=v。

（4）客户端接收到服务器的 FIN 报文段后，回复一个 ACK 报文段，确认号为 ack=v+1，等待一段时间（2MSL，最长报文段生存时间的两倍）后，客户端正式关闭连接，服务器收到客户端的 ACK 后也关闭连接。

4）四次挥手的作用

（1）确保双方的数据都能完整传输完毕，避免数据丢失。

（2）有序地关闭 TCP 连接，释放相关的网络资源。

三次握手示意图（简单示意，以数字表示序列号和确认号）：

```
客户端           服务器
 SYN(seq=1) ----->
                 <----- SYN(seq=2), ACK(ack=2)
 ACK(ack=3) ----->
```

四次挥手示意图（简单示意，以数字表示序列号和确认号）：

```
客户端           服务器
 FIN(seq=1) ----->
                 <----- ACK(ack=2)
                 -----> FIN(seq=2)
 ACK(ack=3) ----->
```

题目 5：操作系统——进程与线程

简述进程和线程的区别，并举例说明多进程、多线程适合使用的场景。

参考答案：

进程和线程有如下区别：

（1）资源分配：进程是资源分配的基本单位，它拥有独立的地址空间、代码段、数据段、堆栈等资源；而线程是 CPU 调度和执行的基本单位，它共享所属进程的资源，如内存空间等。

（2）调度开销：进程切换时需要切换整个地址空间等大量资源，开销较大；线程切换只需要保存和设置少量的寄存器内容等，开销相对较小。

（3）独立性：进程之间相互独立，一个进程崩溃一般不会影响其他进程；而一个线程崩溃可能会导致整个进程崩溃，因为它们共享进程资源。

适用场景：

（1）多进程：适合在需要高度隔离资源、稳定性要求高的场景，例如在服务器上运行多个不同的服务，像 Web 服务器、数据库服务器等，每个服务器作为一个独立的进程运行，相互之间互不干扰，即使某个服务器出现问题也不会影响其他服务器正常运行。

（2）多线程：适用于需要共享大量数据、频繁切换执行上下文且对响应速度要求较高的场景。例如，在图形处理软件中，主线程负责接收用户操作，同时开启多个工作线程分别负责图像不同部分的渲染等任务。这些线程共享图像数据等资源，通过线程间协作高效完成图像处理工作，提升软件的响应速度和整体性能。

题目 6：数据库——SQL 查询

表 E-1 所示为 students（学生表）的结构及示例数据。表 E-2 所示为 courses（课程表）的结构及示例数据。

表 E-1　students 表

id	name	age
1	Tom	20
2	Jack	21
3	Lily	19

表 E-2　courses 表

id	course_name	student_id	score
1	Math	1	80
2	English	1	75
3	Math	2	85
4	Physics	2	70

请使用 SQL 语句查询出每个学生的姓名以及他们的平均成绩，按照平均成绩降序排列。

参考答案（SQL）：

```
SELECT s.name, AVG(c.score) AS average_scoreFROM students sJOIN courses c ON s.id = c.student_idGROUP BY s.idORDER BY average_score DESC;
```

代码思路：通过 JOIN 操作将 students 表和 courses 表按照 student_id 和 id 进行关联，然后使用 GROUP BY 按照学生的 id（即每个学生）进行分组，再通过 AVG 函数计算每个学生的平均成绩，并使用 AS 关键字给平均成绩取名为 average_score，最后使用 ORDER BY 按照平均成绩降序排列查询结果。

题目 7：面向对象编程

在 Java 中，定义一个 Person 类，包含 name（姓名）和 age（年龄）两个私有属性，提供相应的 get 和 set 方法来访问和修改属性值，并重写 toString 方法用于输出对象的信息，然后创建 Person 类的对象并调用相关方法进行测试。

参考答案（Java）：

```java
public class Person {
    private String name;
    private int age;

    public Person(String name, int age) {
        this.name = name;
        this.age = age;
    }

    public String getName() {
        return name;
    }

    public void setName(String name) {
        this.name = name;
    }
```

```java
    public int getAge() {
        return age;
    }

    public void setAge(int age) {
        this.age = age;
    }

    @Override
    public String toString() {
        return "Person{" +
            "name='" + name + '\'' +
            ", age=" + age +
            '}';
    }

    public static void main(String[] args) {
        Person person = new Person("Alice", 25);
        System.out.println(person);
        person.setName("Bob");
        person.setAge(30);
        System.out.println(person);
    }
}
```

代码思路：首先按照要求定义 Person 类，使用 private 修饰属性实现封装，然后编写 get 和 set 方法来提供对外的访问和修改接口，重写 toString 方法按照指定格式返回对象的信息，最后在 main 方法（即主函数）中创建对象并调用相关方法进行测试，展示了如何获取和修改对象的属性以及输出对象的信息。

题目 8：算法——动态规划

给定一个整数数组 nums，编写一个函数来计算可以获得的最大连续子数组和。例如，对于数组 nums = [-2, 1, -3, 4, -1, 2, 1, -5, 4]，最大连续子数组和为 6（对应的子数组是[4, -1, 2, 1]）。

参考答案：

```java
public class MaxSubArray {
    public static int maxSubArray(int[] nums) {
        if (nums == null || nums.length == 0) {
            return 0;
        }
        // dp[i]表示以第 i 个数字结尾的最大连续子数组和
        int[] dp = new int[nums.length];
        dp[0] = nums[0];
        int maxSum = dp[0];

        for (int i = 1; i < nums.length; i++) {
            // 状态转移方程，要么当前数字自成一个子数组（即 dp[i - 1]为负数时），
            // 要么加入前面的子数组
```

```java
            dp[i] = Math.max(nums[i], dp[i - 1] + nums[i]);
            maxSum = Math.max(maxSum, dp[i]);
        }

        return maxSum;
    }

    public static void main(String[] args) {
        int[] nums = {-2, 1, -3, 4, -1, 2, 1, -5, 4};
        int result = maxSubArray(nums);
        System.out.println("最大连续子数组和为: " + result);
    }
}
```

代码思路：使用动态规划的思想，定义状态 dp[i]表示以第 i 个数字结尾的最大连续子数组和。状态转移方程为 dp[i] = max(num[i], dp[i - 1] + num[i])，即要么当前数字自成一个子数组（当 dp[i - 1]为负数时），要么将当前数字加入前面的子数组中。然后遍历数组计算每个位置的 dp 值，并不断更新最大的子数组和 max_sum，最后返回 max_sum。

题目 9：数据结构——二叉树

给定一个二叉树的根节点 root，编写一个函数来计算二叉树的最大深度（即从根节点到叶节点的最长路径上的节点数）。

参考答案（Java）：

```java
// 定义二叉树节点类
class TreeNode {
    int val;
    TreeNode left;
    TreeNode right;

    TreeNode(int val) {
        this.val = val;
        this.left = null;
        this.right = null;
    }
}
public class BinaryTreeMaxDepth {
    public static int maxDepth(TreeNode root) {
        if (root == null) {
            return 0;
        }
        // 递归计算左子树的最大深度
        int leftDepth = maxDepth(root.left);
        // 递归计算右子树的最大深度
        int rightDepth = maxDepth(root.right);
        //整棵树的最大深度等于左、右子树最大深度的较大值+1（根节点这一层）
        return Math.max(leftDepth, rightDepth) + 1;
    }
```

```java
public static void main(String[] args) {
    // 构建一个简单的二叉树示例
    TreeNode root = new TreeNode(1);
    TreeNode left = new TreeNode(2);
    TreeNode right = new TreeNode(3);
    root.left = left;
    root.right = right;

    TreeNode leftLeft = new TreeNode(4);
    left.left = leftLeft;

    int depth = maxDepth(root);
    System.out.println("二叉树的最大深度为: " + depth);
}
}
```

代码思路：采用递归的方法来计算二叉树的最大深度。对于根节点，其最大深度等于左子树最大深度和右子树最大深度中的较大值加 1（因为根节点本身也算一层）。递归地计算左子树和右子树的最大深度，直到遇到叶节点（叶节点的深度为 0），然后逐步返回并累加得到整棵树的最大深度。

题目 10：系统设计——简单场景

请设计一个简单的 URL 缩短服务系统，要求能够将长 URL 转换为短 URL，并且可以将短 URL 还原回长 URL，简述系统的整体架构和核心实现思路，可提及关键的数据结构、算法或存储方式等。

参考答案：

（1）整体架构：

- 前端接口层：提供对外的 API，接收用户传入的长 URL 以及根据短 URL 进行重定向请求的处理等。
- 服务逻辑层：负责处理 URL 的转换逻辑，生成短 URL 以及根据短 URL 查找对应的长 URL。
- 存储层：用于存储长 URL 和短 URL 的映射关系，可以选择数据库来进行存储，如关系数据库 MySQL 或键值对数据库 Redis 等。

（2）核心实现思路：

- 生成短 URL：可以采用一种编码方式，比如将长 URL 的信息（如通过对它进行哈希计算得到唯一标识）编码转换为一个较短的字符串。常见的方法有使用自增整数 ID，将其转换为六十二进制（包含数字、大小写字母共 62 个字符）的字符串来作为短 URL 的一部分；或者使用哈希算法（如 MD5、SHA 等）对长 URL 进行处理后，截取合适长度的字符串再进行进一步编码转换。
- 存储映射关系：在存储层中，以短 URL 为键，长 URL 为值建立键值对存储在数据库中，这样当通过短 URL 访问时，可以快速查找并获取对应的长 URL 进行重定向。
- 重定向逻辑：当用户访问短 URL 时，前端接口将请求转发到服务逻辑层，服务逻辑层从存储层查找对应的长 URL，然后将用户请求重定向到长 URL 对应的实际页面。

附录 F
计算机类的三大谜题与六大误区

本章目标

本附录将探讨报考计算机相关专业时，常见的三大谜题和六大误区，涵盖选择学校、就业、城市等关键问题，并澄清关于数学能力、年龄限制、性别差异、职业前景和人工智能威胁的常见误解。本附录将通过详细的分析和实例，帮助读者打破固有观念，拓宽职业发展思路，并鼓励读者根据自身兴趣和优势选择适合自己的发展道路。无论是高考生、在校生还是职场新人，本附录都提供了实用的建议和启发，帮助读者在计算机领域找到适合自己的方向并取得成功。

谜题 1. 选 985 高校的冷门专业，还是选 211 高校的计算机类专业

大部分情况下，笔者的建议是优先选 985 高校，哪怕是冷门专业。

当然，具体情况另当别论，某些较强的 211 高校也可以作为备选。有如下 3 点理由：

（1）计算机相关专业更加注重开放、自主的学习。相关资料和课程在网上随处可见，名校的教授和业界专家也都纷纷在网络平台发布自己的观点。学校里专业的课堂讲解和专业课程设置，固然是良好的支持条件，但是否把技术掌握扎实，是否在项目中精益求精，更多的还是取决于学生本人的主动探索。

（2）大学提供了一个开放自主的学习环境。比如土木工程专业的同学若想学计算机，他完全可以去计算机或软件工程专业蹭课，并利用大量的课余时间学习。即便是计算机专业的同学，也无法只依靠课堂听讲就能掌握好技术，更多的也是靠课后自己去主动实践。

（3）整体环境差别。与大部分普通本科院校相比，985 和 211 大学无论在资源还是师资等方面都有明显优势。

因此，无论是选 985 高校的冷门专业，还是选 211 高校的计算机类专业，只要自主学习，都能在大学里有好的收获。如何发现机会、扬长避短，结合个人具体情况发展，可以从以下几个角度进行探讨。

1. 比较学校资源与平台

985 高校优势：通常拥有更雄厚的师资力量，具备更多的院士、长江学者等高水平专家，在教学和科研方面能提供更前沿、更深入的指导。其科研设施和实验室条件也普遍更先进，学生有机会参与国家级甚至国际级的科研项目，拓宽视野、提升科研能力。学校的学术氛围浓厚，常有各类学术讲座、研讨会等，学生能接触到不同领域的顶尖学者和最新研究成果。例如，清华大学冷门专业的学生也可能有机会聆听杨振宁等大师的讲座。

211 高校热门专业：计算机专业作为热门专业，一般会受到学校的重点扶持和投入，师资配备上也会相对较强，有较多具有丰富教学和实践经验的教师。部分 211 高校的计算机类专业还会与企业合作建立实验室或实习基地，如西安电子科技大学的计算机科学与技术专业与华为等企业有密切合作，为学生提供实践机会和就业渠道，这在就业发展方面是一个显著优势。

2. 比较专业学习与发展

985 高校冷门专业：课程设置可能相对偏向基础学科和理论研究，对于喜欢深入探究学术、追求知识本身的学生来说，能打下坚实的理论基础。但由于专业冷门，课程体系和实践环节的设置相对滞后，且与市场需求的结合不够紧密，学生需要主动寻找实践机会以提升应用能力。例如，考古学等冷门专业要求学生在学习过程中积极参与考古发掘等实践活动，以增强专业技能，提高就业竞争力。

211 高校计算机类专业：课程内容更新较快，紧跟行业发展需求，注重培养学生的编程能力、算法设计能力、系统开发能力等实际应用技能。实践教学环节丰富，通常包括课程设计、实习、毕业设计等多个实践项目，让学生在实践中掌握专业知识和技能。然而，由于计算机类专业热门，竞争激烈，学生需要在学习过程中不断提升自己，才能在众多优秀的同学中脱颖而出。

3. 比较就业前景

985 高校冷门专业：就业方向相对较窄，部分冷门专业可能只面向特定的行业或领域，如地质学专业主要就业于地质勘探、矿产开发等行业，就业机会相对较少。但如果是涉及新兴技术或交叉学科的冷门专业，如生物信息学等，随着技术的发展和应用，就业前景可能会逐渐广阔。此外，985 高校的声誉也能为学生带来一定的就业优势，部分大型企业或国有企业在招聘时可能更倾向于 985 高校的毕业生，即使是冷门专业，学生仍有一定的机会进入这些企业的非核心业务部门或进行跨专业就业。

211 高校计算机类专业：就业市场需求大，毕业生可以在互联网公司、科技企业、金融机构、政府部门等多个领域找到工作岗位，从事软件开发、数据分析、人工智能、网络安全等工作。薪资待遇相对较高，尤其是在一线城市和大型互联网企业，优秀的毕业生薪资水平更是可观。然而，随着计算机类专业人才的不断增加，行业竞争也日益激烈，要求学生具备扎实的专业能力和综合素质。

4. 比较深造机会

985 高校：保研率普遍较高，通常在 30%以上，一些顶尖的 985 高校甚至能达到 40%或 50%，这为学生提供了更便捷的深造途径。在申请国外高校研究生时，985 高校的背景也会更受认可，增加了被录取的机会。此外，985 高校的研究生培养质量较高，学生能参与更多的科研项目，并获得优秀导师的指导。

211 高校：保研率相对较低，通常在 20%左右，但近年来有所提高。由于计算机类专业热门，竞争保研名额的难度也较大。不过，如果学生在本科期间表现优秀，积极参与科研项目和竞赛，仍有机会获得保研资格或申请到国外知名高校的研究生项目。

5. 比较转专业机会

985 高校：转专业的难度较大，许多学校对转专业的学生有较高的成绩要求，通常需要在本专业排名靠前才有资格申请转专业。此外，由于热门专业竞争激烈，即使有转专业的机会，也不一定能顺利转入理想的专业。

211 高校：部分 211 高校的转专业政策相对宽松，计算机类专业作为热门专业，若学生在入学后展现出对该专业的浓厚兴趣和学习能力，可能有机会通过转专业进入计算机类专业学习。

综合来看，如果个人对学术研究有浓厚兴趣，希望在基础学科或冷门领域深入探索，且家庭经济条件较好，能够支持未来可能的长期深造和职业发展初期的低收入阶段，或者有明确的成为高校教师等对学校背景要求较高的职业规划，那么 985 高校的冷门专业是一个不错的选择。如果个人对计算机技术有兴趣，希望毕业后能够快速进入职场，获得较高的薪资待遇和广阔的职业发展空间，并且愿意在大学期间努力学习，提升自己的专业技能和综合素质，以应对激烈的行业竞争，那么 211 高校的计算机类专业会更适合。

谜题 2. 就业好，还是读研好

大多数情况下，笔者建议优先选择就业，原因有以下 3 点：

（1）就业与读研并非水火不相容的单选题，而是相辅相成的学习过程。就业需要的是大学四年中持续不断的实践沉淀。而考研则通常是从大三下学期开始,花费五到六个月的时间强化学习以准备研究生入学考试。

(2)实践和理论结合。保研侧重绩点,就业侧重实践。而理论的深入和实践的探索就如同一个人依靠两条腿行走,彼此支撑。在考研的复试环节中,许多导师会考查动手能力。

(3)好的就业机会,并不影响读研。大学有充足的时间同时准备考试和提升企业所需的技能。随着社会的发展,读研的途径也越来越多,比如留学、申请制等。

当然,最好是通过自己的努力,在毕业时拥有选择的权力:既有好的工作,又有读研的机会。此时再做选择,都不会错。具体到个体的选择,就业和读研各有优劣,不能简单地判断哪个更好,以下是一些对比分析,希望无论是选择就业,还是选择读研,都能吸收各方优点,让自己更加优秀。

1. 就业的优势

经济独立与经验积累:毕业后直接就业可以更快实现经济独立,减轻家庭负担。同时,在工作中可以积累实际的工作经验,提升解决实际问题的能力和职业技能,尤其对于实践性较强的专业,如计算机、护理等,实践经验显得更为重要。例如,计算机类专业的学生在工作中可以接触到真实的项目和业务需求,不断提升编程能力和系统开发能力。

职业发展时间优势:更早地进入职场意味着有更多时间在职业道路上晋升。随着工作年限的增加,可能获得更多的晋升机会和薪资上涨。例如,在互联网行业,一些有能力的本科生可以在工作几年后晋升为技术主管或项目经理,而研究生刚毕业可能仍需要从基层岗位做起。

明确职业方向:通过就业,可以更直接地了解自己所学专业在实际工作中的应用和需求,从而更准确地判断自己是否适合该职业,以及是否需要进一步深造。如果在工作中发现自己的知识和技能不足,再选择读研也会更有针对性。

2. 就业的劣势

初始薪资与职业天花板:在一些大型企业和科研单位,研究生学历通常会获得更高的底薪和更好的福利待遇;而且在某些行业,如高校、科研机构等,研究生学历是基本的入门门槛。如果没有研究生学历,可能会在职业发展的后期遇到瓶颈,难以晋升到更高的职位。

知识储备与竞争力:随着社会的发展和行业竞争的加剧,一些高端技术领域和复杂的管理岗位对人才的知识储备和专业素养要求越来越高,本科学历可能难以满足这些需求。在就业市场上,面对同样的岗位,研究生可能会因其更深入的专业知识和研究能力而更具竞争力。

转行难度较大:毕业后直接就业,如果在工作一段时间后发现自己对当前职业不感兴趣或行业发展前景不佳,想要转行可能会面临较大的困难。因为已经在原行业积累了一定的工作经验,重新学习和适应新行业需要付出更多的时间和精力。

3. 读研的优势

提升学历与竞争力:研究生学历在就业市场上通常具有更强的竞争力,能获得更多的就业机会和更好的职业发展起点。特别是对于一些热门行业和高端职位,如金融、科研、高校教师等,研究生学历是必不可少的。

深入专业学习与研究:可以在自己感兴趣的专业领域深入地学习和研究,拓宽知识面,培养独立思考和创新能力,为未来从事学术研究或专业技术工作打下坚实的基础。例如,在生物学领域,研究生可参与前沿科研项目，探索未知的生物奥秘。

转换专业或职业赛道：对于在本科阶段对所学专业不满意的学生，读研是转换专业或职业赛道的好机会。通过考研可以选择自己感兴趣或发展前景更好的专业，重新规划自己的职业方向。例如本科是机械专业的学生，通过读研可以选择机器人工程、智能制造等新兴专业。

4. 读研的劣势

时间成本与经济成本：读研需要花费 2~3 年或更长时间，在这段时间内不仅没有收入，还需要支付学费、生活费等费用，这对于一些家庭经济条件不宽裕的学生来说，可能会带来一定的经济压力。另外，随着年龄的增长，可能会面临一些生活上的压力，如婚姻、家庭等问题。

就业压力延迟与不确定性：研究生学历虽然在就业市场上有一定的优势，但并不意味着毕业后就能轻松找到理想的工作。随着研究生数量的不断增加，就业市场的竞争也愈加激烈，研究生毕业后可能会面临与本科生竞争同一岗位的情况，就业压力可能会延迟到研究生毕业时才显现出来。

实践经验相对不足：相比于已工作了几年的本科生，研究生在实践经验方面可能会相对不足。在一些注重实践能力的行业，如企业管理、市场营销等，实践经验的缺乏可能会在一定程度上影响研究生的就业竞争力。

谜题 3. 去大城市求发展，还是回小城市求安稳

大多数情况下，笔者建议优先到北、上、广、深等大城市就业。

原因很简单：趁年轻，去看更大的世界，攀登更高的山峰，迎接更高的挑战。

当然，具体到个人，还要根据家庭、特长、个性等诸多因素进行综合考虑。比如，即便选择了小城市，如何确保在其中也能与时俱进，紧跟时代发展？以下从各个方面进行具体分析，希望能帮助读者打开思路。

1. 大城市发展的优势

丰富的工作机会：大城市通常是国家或地区的经济、文化和科技中心，汇聚了大量不同类型的企业，涵盖金融、互联网、传媒、科研、高端制造等众多行业。无论是传统的知名大企业，还是充满创新活力的初创公司，数量都非常可观。例如，北京，既有像工商银行、中国石油这样的大型国企，又有字节跳动、百度等众多互联网科技巨头，它们提供了海量的岗位选择，就业机会更多样化，更容易找到与自己专业和兴趣契合的工作。

优质的资源配置：在教育资源方面，大城市集中了顶尖的高校和专业的培训机构，能提供高质量、多层次的教育服务。对于有意向继续深造的人，在大城市可以接触到前沿的学术讲座和进修课程；对于子女教育，大城市的优质中小学教育资源更多，有利于孩子接受良好的启蒙和基础教育。

医疗资源方面：大城市拥有众多知名的三甲医院，医疗设备先进，专家云集，能够在遇到疑难病症时提供更专业、更全面的诊疗服务。

文化资源方面：各类博物馆、艺术馆、剧院、图书馆等文化场所丰富多样，经常举办高水准的展览、演出、讲座等活动，可以拓宽人们的视野，丰富精神文化生活。

广阔的发展空间：大城市的行业发展更为前沿和快速，新兴技术和商业模式等更容易在这里诞生和推广。人们在工作中能够接触到行业内最新的理念、技术和资源，获得更多参与大型项目的机会，积累丰富的经验，提升个人能力和竞争力。职业晋升的通道相对更宽广，只要自身能力足够，

可以更快获得晋升并实现职业理想；薪资水平也普遍较高，能更好地满足物质生活需求以及实现个人价值。

多元化的社交圈子：大城市汇聚了来自全国各地甚至世界各地的人，形成了多元化的人口结构。在这里，可以结识不同背景、不同文化、不同专业领域的人士，这种多元的社交圈子能够带来更多的思想碰撞，激发新思维，提供更多个人发展的机会和启发。例如，通过朋友介绍，参与跨行业合作项目，或获得新的投资、创业信息等。

2. 大城市发展的劣势

高昂的生活成本：大城市的房价普遍很高，无论是租房还是购房，都需要承受较大的经济压力。此外，物价水平较高，日常生活开销如餐饮、交通等花费不菲，尤其对于初入职场、收入尚不高的人群来说，经济负担较重，可能需要较长时间才能实现收支平衡，过上相对舒适的生活。

激烈的竞争环境：由于大城市的工作机会多，吸引了大量人才，导致每个岗位的竞争异常激烈。在招聘时，用人单位往往会有更高的要求，不仅看重学历、专业技能，还注重工作经验、综合素质等多方面，求职者想要脱颖而出难度较大。此外，在职业发展过程中，身边优秀的同事众多，晋升竞争同样激烈，压力较大。

高压力的生活状态：快节奏的生活、拥堵的交通、高强度的工作等因素叠加，容易让人产生较大的身心压力。长时间的通勤、加班成为常态，可能会影响个人的身心健康以及生活质量。缺乏足够的时间去陪伴家人、放松休闲，长期处于这种紧张的状态容易产生焦虑、疲惫等负面情绪。

3. 小城市安稳的优势

较低的生活成本：小城市的房价和物价相对较低，租房或购房的经济压力较小，日常生活开销也不大，人们可以用较少的收入维持较高的生活水平，经济上相对轻松自在。例如，在一些三线城市，花几千元就能租到一套条件不错的房子，而在大城市，同等条件的房子月租可能上万。

舒适的生活节奏：小城市的工作节奏相对较慢，交通拥堵情况较轻，居民有更多时间陪伴家人、培养个人兴趣爱好、参与社交活动等，能够更好地享受生活，身心状态相对放松，生活质量在一定程度上更容易得到保障。

熟悉的人际关系网络：在小城市往往有相对稳定和熟悉的人际网络，亲戚朋友大多都在本地，在生活中遇到困难时更容易获得帮助和支持，情感上有较强的归属感。基于这种熟人关系，找工作时也能带来一些便利，比如通过亲戚朋友的介绍进入当地口碑较好的企业工作。

4. 小城市安稳的劣势

有限的工作机会：小城市的经济发展水平相对滞后，产业结构较为单一，大多以传统制造业、农业、服务业等为主，缺乏像大城市那样丰富多样的新兴产业和高端行业，就业岗位数量有限，可供选择的工作种类也比较少，可能很难找到与自己专业高度匹配、有较大发展空间的工作。对于有较高职业追求的人来说，可能会感到职业发展受限。

资源相对匮乏：小城市的教育、医疗、文化等资源相较于大城市要逊色不少。优质的学校和医院的数量有限，教育和医疗水平相对较低，在获取前沿的学术知识、享受高质量的医疗服务以及参与丰富的文化活动等方面存在一定的不足。这些因素不利于个人的学习深造、健康保障以及文化素养的提升。

缺乏创新和活力：小城市整体的社会氛围相对保守，缺乏大城市那种创新和创业的氛围以及对新事物、新技术的快速接纳和推广能力，人们的思维方式可能相对局限，对于追求创新、渴望接触最新潮流和理念的人来说，可能会觉得生活有些乏味，难以满足个人在创新和发展方面的需求。

总结：选择去大城市还是回小城市，要综合考虑自身的职业规划、生活喜好、家庭情况以及经济实力等诸多因素。如果追求事业上的快速发展、愿意接受挑战并能承受较高的生活成本和压力，大城市可能更适合；如果更看重安稳舒适的生活、注重亲情友情以及希望享受相对轻松的生活节奏，小城市则是不错的选择。

误区 1：数学不好，就学不好计算机

首先，数学成绩好，学计算机肯定有优势；反之，并不必然成立。各大互联网科技公司的招聘要求中，通常并未特别强调高考数学分数高或数学专业优先，企业面试中也极少涉及大量的数学题目。计算机科学经过几十年的发展，已经是一个相对独立的学科方向，当然，这一学科是建立在数学、物理等基础科学的框架上的。特别是近几年，人工智能的发展，更加重视从"知识学习"转向"问题解决"的导向，强调从做题者转型成为出题者。

计算机是一个极为庞大且多元化的领域，计算机软件开发相关工作更注重复合能力（如数理化的知识，文史哲的素养，商业思维等）。讨论这个问题的目的，是帮助读者消除信息差，打开思路，而非简单地得出结论。无论你的数学成绩如何，以下几点都有参考价值：

（1）计算机具有多元化的方向：例如，前端工作更侧重审美能力、交互设计思维和代码熟练度，与高等数学、离散数学等传统数学知识的关联性较小。即便数学基础稍弱，只要具备创意和研究的热情，完全可以在该领域做出优秀的项目，打造吸引人的网页界面或美观易用的软件前端。

（2）计算机相关工作有不同的层次和分工：包括从基层的计算机系统维护、基础网络配置与管理，到中层的软件开发、测试，再到高层的算法优化、人工智能研究等。在基层和中层的很多工作中，掌握相应的操作系统知识、编程语言语法规则以及常用的开发框架等更为关键。例如，一名系统管理员的主要职责是保障计算机系统的稳定运行，处理日常的网络故障等，这些工作更依赖于对 Linux 操作系统命令、网络拓扑结构等方面的熟悉程度，而不需要高深的数学知识。

（3）编程能力的独立性：在计算机学习中，编程能力是一项核心技能，编程更注重逻辑思维、算法流程设计以及代码的实现和调试能力。编程是将实际问题通过代码逻辑转换为计算机可执行的指令，这一过程主要依赖于问题分析、程序结构（如顺序、选择、循环结构）的合理运用以及不同数据类型和变量的有效处理等。例如，用 C 语言编写一个简单的学生成绩管理系统，重点在于如何设计数据结构来存储学生信息，以及通过循环语句实现成绩的录入和查询等功能。这些都可以通过清晰的逻辑思维来构建。即使没有深厚的数学功底，只要经过系统的编程训练，也能编写出功能完善的程序。

（4）实践经验的重要性：在计算机领域，实践经验的积累往往比单纯的数学理论知识更为重要。许多计算机知识和技能是通过不断地动手操作、参与项目实践获得的。例如，在参与软件开发项目时，需要与团队成员沟通需求、进行模块划分、反复测试和修复漏洞等。这个过程是对编程能力、沟通能力、项目管理能力等多方面的综合锻炼。一位有丰富实践经验的程序员，即便数学不太好，也能凭借对开发流程的熟悉、对常见问题的解决办法以及对不同开发平台特性的了解，快速开

发出符合要求的软件产品,在实际工作中发挥重要作用。

（5）有针对性地补充数学知识：即便数学基础薄弱,在计算机学习过程中,如果意识到某些数学知识对于特定计算机领域（例如数据挖掘中可能需要用到概率论、线性代数等知识）是必要的,完全可以有针对性地去学习相关数学内容,进行专项突破。现在有很多通俗易懂、面向应用的数学教材和线上课程,可以帮助学习者在需要时补充相应的数学知识。通过结合计算机应用场景去理解数学知识,反而能更好地记住和运用这些知识。因此,数学不好并不会成为学习计算机不可逾越的障碍。

只要对计算机学习充满兴趣,并愿意付出努力,就能在计算机领域不断取得进步。兴趣是最好的老师,当一个人热衷于探索计算机世界,像痴迷于制作游戏或开发有趣的小程序等,他就会主动去克服遇到的各种困难,包括弥补可能欠缺的数学知识。随着在计算机领域学习的深入,对相关数学知识的理解也可能会逐渐加深,二者相互促进。凭借自身的努力,完全可以打破"数学不好就学不好计算机"这一错误认知的束缚。

误区 2：计算机是吃青春饭的，35 岁以后就不行了

现在有一个误区认为计算机是吃青春饭的,程序员在 35 岁以后就没有优势了,会被淘汰掉。实际上,"青春饭"并不是计算机从业者所特有的,在各行各业,特别在这个瞬息万变的时代,不学习就会落后。终身学习是持续成长的关键,才能不被日新月异的社会抛弃。这应该成为一种共识。而且,无论是就业市场还是科技进步,目前引领发展的仍然是以计算机科学和人工智能为龙头的领域。

我们分析这个问题,并不是为了论断对错,而是为了推动持续进步。毕竟,无论你是否情愿,只有不断学习,才能对抗岁月的侵蚀。对于计算机从业者,即便年龄增长了,依然具有一定的优势,例如：

（1）丰富的项目经验是宝贵财富：随着年龄的增长,计算机从业者积累了大量的项目经验,这些经验是在长期实践中对不同业务场景和技术难题的应对和解决过程中获得的。例如,在开发企业级大型软件系统时,年长的程序员可能参与过多个类似的项目,具备深厚的系统架构设计、性能优化、数据安全等方面的理解和实践经验,能够更快速、准确地判断问题并提出解决方案,而这些能力是刚入行的年轻人所不具备的。

（2）行业洞察力和风险预判能力：35 岁以上的计算机从业者通常对行业发展趋势有更敏锐的洞察力,他们经历了多次技术变革和市场波动,能够更好地预判行业未来的发展方向和潜在风险。在技术选型、产品规划等方面,他们凭借丰富的经验,可以为企业提供更具前瞻性和战略性的建议,帮助企业避免不必要的损失。

（3）保持强烈的进取心：能否在计算机行业持续发展并不取决于年龄,而是个人的学习能力和学习意愿。虽然年轻人在接受新知识方面具有一定的优势,但这并不意味着 35 岁以上的人就无法学习新的技术和知识。事实上,许多计算机领域的资深人士一直保持着强烈的学习热情和好奇心,通过不断学习新的编程语言、框架和技术理念,始终站在行业的前沿。

（4）善于利用开放学习资源：现代社会提供了丰富多样的学习资源,无论是线上的课程平台、技术论坛,还是线下的培训讲座、行业会议等,都为计算机从业者提供了便捷的学习途径。35 岁以

上的人可以根据自己的时间和需求，选择适合自己的学习方式，不断提升自己的专业技能。同时，他们在学习过程中，往往能够将新的知识与以往的经验相结合，从而更深入地理解和应用。

事实上，高端技术人才在计算机行业中长期处于稀缺状态：计算机行业发展迅速，对高端技术人才的需求始终存在，尤其是在一些新兴领域，如人工智能、大数据、云计算等，具备深厚技术功底和丰富经验的35岁以上的专业人才更是供不应求。企业在招聘时，往往更看重候选人的实际能力和经验，而非单纯的年龄因素。对于这些高端人才，企业会提供优厚的待遇和良好的职业发展空间，以吸引他们加入并留住他们。

最后，培养综合素质和软技能，提前规划职业发展路径，转型为管理岗位或在技术领域不断深耕，成为某个细分领域的专家，提高自己的不可替代性，这些都是消解35岁被淘汰危机的有效途径。

误区3：低分段高考生，不适合学计算机

毫不夸张地说，计算机已经是这个时代科技进步的发动机；人人都离不开计算机，人人都有必要学习使用计算机。高考分数低可能意味着进入的是普通大学，相较于重点大学的毕业生，竞争力的确弱些。但正因如此，更有必要下功夫去学好计算机。"君子生非异也，善假于物也"，职业成长是一条漫长且需要不断学习的路，大学是这条路的起点，未来的十年、三十年里，长足奋进，只要跟上计算机乃至人工智能的发展趋势，定能走上一条宽广的大路。

如何在计算机学习之路上取得好成果，才是我们要分析的关键问题：

（1）兴趣是最好的老师：如果一个人对计算机有着浓厚的兴趣，那么他在学习过程中往往会更有动力和积极性。兴趣能激发他主动去探索和学习计算机知识，克服学习过程中遇到的困难。例如，有些学生虽然高考分数不高，但他们对游戏开发、编程代码有着强烈的热爱，进入大学后通过自己的努力和不断学习，在这些领域取得了不错的成绩。

（2）努力可以弥补差距：高考分数并不能完全代表一个人的学习能力和未来发展潜力。低分段考生只要在大学期间肯努力，制订合理的学习计划，利用课余时间不断提升自己的专业技能，同样能够在计算机领域取得成功。例如，通过每天坚持练习编程、参加计算机相关的社团或竞赛活动、自主学习在线课程等，长期的积累和努力可以逐渐缩小与高分段考生的差距。

（3）计算机类就业多种多样：计算机行业涵盖了众多不同的技术方向和岗位，如软件开发、软件测试、网络工程、数据库管理、系统运维、数据分析、人工智能、网络安全等。不同岗位对人才的技能要求和知识储备各不相同，低分段考生可以根据自己的实际情况选择适合自己的方向。例如，对于一些动手能力较强、逻辑思维稍弱的学生来说，软件测试、网络工程等岗位可能更为适合，这些岗位对数学和理论知识的要求相对较低，更注重实践操作和经验积累。

（4）行业对人才需求呈增长趋势：随着数字化转型的加速，各行各业都在不断加大对计算机技术的应用和投入，计算机人才的需求量持续增长。无论是大型互联网企业、金融机构、传统制造业，还是新兴科技公司、政府部门等，都需要大量的计算机专业人才来支持其业务发展。因此，低分段考生在计算机领域依然有广阔的就业空间和机会。

（5）要重视软技能的提升：除了专业技术能力外，计算机行业还非常注重从业者的综合素质和软技能，如沟通能力、团队协作能力、问题解决能力和创新能力等。低分段考生可以在大学期间积极参加各种社团活动、社会实践项目等，锻炼自己的软技能。这些软技能在未来的工作中能够帮

助他们更好地与团队成员、客户和合作伙伴进行沟通和协作，提升工作效率和质量。

（6）持续学习的意识：计算机行业发展迅速，技术更新换代频繁，因此持续学习的能力至关重要。低分段考生只要具备持续学习的意识和习惯，关注行业发展动态，学习新的技术和知识，就能够在行业中立足并不断发展。例如，利用业余时间学习新的编程语言、框架和工具，参加线上和线下的技术培训和研讨会等。

误区4：女生不适合学计算机

截至目前，并没有明确的科学实验或理论证明性别会导致智力上的差异。因此，从人类发展的角度看，现代社会更有必要鼓励女性从事计算机、人工智能等前沿发展领域的工作。

我们讨论这个问题，更多的是希望鼓励女生选择计算机类专业：

（1）逻辑思维能力并非男性的专利：计算机学习确实需要较强的逻辑思维，但女生同样具备优秀的逻辑思考和分析推理能力。在面对程序设计中诸如算法构建、代码流程梳理等问题时，女生完全可以凭借自身的逻辑思维去拆分和解决。例如，在数学、物理等学科的学习中，很多女生展现出了出色的逻辑推理能力，而计算机编程中的逻辑与这些学科有着相通之处，因此女生在计算机专业学习中具备坚实的思维基础。

（2）兴趣驱动学习：只要女生对计算机类专业有浓厚的兴趣，就会产生强大的学习动力，克服学习过程中遇到的各种困难。兴趣是最好的老师，在现实中，有大量女生因为热爱游戏开发、软件开发、数据分析或人工智能等，而选择进入计算机专业学习。她们在兴趣的驱动下，积极主动地投入时间和精力，参与项目实践、研究算法改进等，在专业学习上不断进步，展现出了很高的专业素养。这说明性别并不会影响因兴趣驱动而投身计算机专业学习的热情和成果。

（3）行业发展激发热情：如今计算机行业蓬勃发展，不断涌现出的新兴应用和有趣的技术方向，吸引着大量女生的关注。像虚拟现实（VR）、增强现实（AR）技术在文化娱乐、教育等领域的应用，以及人工智能在医疗影像诊断、智能家居等方面的创新，都激发了女生想要参与其中、用技术改变世界的热情。越来越多的女生抱着对这些前沿领域的憧憬，进入计算机专业，并凭借热情和努力，在专业学习中发光发热。

（4）女性沟通协作能力优势：计算机相关工作往往需要团队协作完成项目，而女性通常在沟通协作方面有着独特的优势。她们更善于倾听他人的想法和意见，能够更好地协调团队成员之间的关系，避免冲突，进而提高了团队的凝聚力和工作效率。在开发一个大型软件项目时，女程序员或女性项目管理人员可以通过有效沟通，准确地了解需求方的期望，并清晰地传达给团队成员，协调各方资源，保证项目顺利推进。这种沟通协作能力在计算机专业的学习和后续工作中非常重要，是女生适合学习计算机专业的有力体现。

（5）多元视角贡献价值：团队中的女性成员能带来多元的视角和思维方式，有助于激发创新思维和解决复杂问题。不同性别的团队成员在面对算法优化、产品设计等问题时，往往会从不同角度思考，女生基于自身的观察和思维特点提出的想法和建议，可能为项目带来意想不到的新思路和新解法，从而提升整个团队的创造力和竞争力。这也体现了女生在计算机相关的专业学习与工作中的不可替代价值。

所以，笔者认为，"女生不适合学习计算机类专业"这一观点是毫无根据的偏见。女生在能力、兴趣、行业表现以及所处教育环境等多方面，展现出了完全适合学习计算机类专业的特质，并能够在这个领域取得优异成绩，为计算机行业的发展贡献自己的力量。

误区 5：学了计算机只能当程序员

"学了计算机只能当程序员"是一种狭隘的观点，就像说学了驾照就只能去当出租车司机一样。计算机不仅是一项技能，也是一种思维模式，比如计算思维、批判性思维。计算机的技能不仅可以应用到其他行业，学习计算机的方法论也可以迁移到其他专业的学习中。

当然，分析这个问题的目的是帮助读者拓宽思路，激发探索未来的热情。所以，笔者的建议是：请相信，学习计算机，前途广阔。

（1）大量的数字化转型需求：在数字化时代，各行各业都在进行数字化转型，如金融行业的线上支付、风控系统，医疗行业的电子病历、远程医疗，制造业的智能制造、供应链管理等。计算机专业人才在这些领域中可以从事系统分析师、数据分析师、网络安全专家等多种工作，帮助企业优化业务流程、提高效率和创新能力，而不仅仅是编写代码。更值得期待的是"互联网 + 传统行业"的融合，"人工智能+传统领域"的变革，这些都会为掌握计算机的同学带来施展才华的机会。

（2）逻辑思维与问题解决能力：计算机专业的学习过程注重培养逻辑思维和解决问题的能力，这些能力在各个领域都非常重要。无论是从事市场营销、项目管理还是人力资源等工作，都需要具备清晰的逻辑思维和解决复杂问题的能力。例如，在市场营销中，需要运用数据分析和逻辑推理来制定营销策略和评估市场效果；在项目管理中，需要运用逻辑思维来规划项目进度、分配资源和解决项目中的问题。

（3）创新能力与学习能力：计算机行业的快速发展要求从业者具备创新能力和持续学习的能力。在数字化时代，创新是企业竞争力的关键，计算机专业人员可以利用自己的技术背景和创新思维，在各个领域提出新的解决方案和创新产品。同时，由于计算机技术的不断更新换代，计算机专业人员需要具备持续学习的能力，不断掌握新的技术和知识，以适应行业的发展变化。这种创新能力和学习能力也可以迁移到其他领域，为个人的职业发展提供更多的可能性。

（4）自由职业与远程工作：随着数字化工作方式的普及，自由职业和远程工作成为越来越多计算机专业人员的选择。他们可以通过网络平台为客户提供软件开发、网站设计、数据分析等服务，不受地域和时间的限制。这种工作方式不仅可以提高工作效率和生活质量，还可以为个人提供更多的自由和灵活性，同时也拓宽了就业渠道和收入来源。

误区 6：学编程，会被人工智能取代

确切地说，人工智能恰恰是计算机、程序专家们推动发展的。编程不仅仅是编写代码，更是一个具有创造性的过程，需要将抽象的想法转换为具体的、可执行的程序。人类程序员能够运用直觉、想象力和对复杂问题的深入理解，创造新的算法，设计独特的软件架构，并解决前所未有的技术难题。而人工智能目前只是基于已有的数据和模式进行学习和生成，缺乏真正的创造性思维和对未知领域的探索能力。

有观点认为：图灵停机定理、哥德尔不完备定理、耗散结构定理等说明人工智能不会像人类一样涌现自我意识。即人有人的用处，机器有机器的作用。

当然，必须重视人工智能在编程中的辅助作用。人工智能在编程领域取得了很大进展，如 Copilot 代码生成工具和自动化测试等，能够非常高效地提高程序员的工作产出，AI 参与工作必然成为新常态。

人工智能的高速发展为许多传统技能带来了职业危机，这是有目共睹的。我们讨论这个问题，目的是帮助读者掌握如何在利用好人工智能的同时，保持自己的职业竞争力。建议如下：

（1）培养解决复杂问题的能力：在实际编程工作中，程序员会遇到各种各样复杂且模糊的问题，需要程序员根据具体情况进行灵活的分析、判断和决策。人类程序员凭借经验、知识和逻辑思维能力，可以从多个角度思考问题并寻找最佳解决方案。而人工智能在面对超出其训练范围或需要综合考虑多种因素的复杂问题时，往往表现出局限性，难以像人类一样进行全面而深入的思考。

（2）加强对业务和用户需求的理解：程序员需要与业务人员和用户进行沟通，理解他们的需求，并将其转换为合适的技术方案。这需要对业务领域有更深入的了解，以及对用户情感和期望的同理心。人类程序员能够更好地理解和把握这些非技术因素，从而开发出更符合实际需求和用户体验的软件产品。而人工智能缺乏对业务和用户需求的真正理解，无法进行有效的沟通和需求分析。

（3）技术的不断更新与学习能力：编程领域的技术和工具在不断更新和发展，需要程序员具备持续学习和适应变化的能力。人类具备强大的学习能力和自我提升的动力，能够不断掌握新的编程语言、框架和技术趋势。而人工智能的学习和更新需要依赖大量数据和人工干预，且其学习能力受到算法和模型的限制，难以像人类一样快速适应新的技术环境。

（4）探索新机遇：新兴技术的不断涌现，如区块链、物联网、量子计算等，为编程工作带来了新的机遇和挑战。这些领域需要具备专门的知识和技能的程序员进行开发和创新，而人工智能在这些新兴技术的应用和发展方面仍处于起步阶段，无法满足其复杂的编程需求。因此，学习编程的人可以在这些新兴领域中找到广阔的发展空间。